国家出版基金项目
NATIONAL PUBLICATION FOUNDATION

强力推进 **网络强国战略** 丛书

网络人才篇

网络强国 主引擎

网络人才先行

主 编 吴一敏
副主编 晁志伟　司剑岭

U0209597

知识产权出版社

全国百佳图书出版单位

图书在版编目（CIP）数据

网络强国主引擎：网络人才先行/吴一敏主编. —北京：知识产权出版社，2018.6
（强力推进网络强国战略丛书）
ISBN 978 - 7 - 5130 - 5547 - 5

Ⅰ. ①网… Ⅱ. ①吴… Ⅲ. ①互联网络—人才培养—研究—中国 Ⅳ. ①TP393.4

中国版本图书馆 CIP 数据核字（2018）第 089693 号

责任编辑：段红梅　石陇辉　　　　　　　责任校对：谷　洋
封面设计：智兴设计室·索晓青　　　　　　责任印制：刘译文

强力推进网络强国战略丛书
网络人才篇

网络强国主引擎——网络人才先行
主　编　吴一敏
副主编　晁志伟　司剑岭

出版发行：**知识产权出版社** 有限责任公司	网　　址：http：//www.ipph.cn
社　　址：北京市海淀区气象路 50 号院	邮　　编：100081
责编电话：010 - 82000860 转 8175	责编邮箱：shilonghui@ cnipr.com
发行电话：010 - 82000860 转 8101/8102	发行传真：010 - 82000893/82005070/82000270
印　　刷：三河市国英印务有限公司	经　　销：各大网上书店、新华书店及相关专业书店
开　　本：720mm×1092mm　1/16	印　　张：17
版　　次：2018 年 6 月第 1 版	印　　次：2018 年 6 月第 1 次印刷
字　　数：300 千字	定　　价：79.00 元

ISBN 978-7-5130-5547-5

强力推进网络强国战略丛书
编委会

丛书主编： 邬江兴

丛书副主编： 李　彬　刘　文　巨乃岐

编委会成员（按姓氏笔画排序）：

王志远　王建军　王恒桓　化长河

刘　静　吴一敏　宋海龙　张　备

欧仕金　郭　萍　董国旺

总　序

20 世纪人类最伟大发明之一的互联网，正在迅速地将人与人、人与机的互联朝着万物互联的方向演进，人类社会也同步经历着有史以来最广泛、最深刻的变革。互联网跨越时空，真正使世界变成了地球村、命运共同体。借助并通过互联网，全球信息化已进入全面渗透、跨界融合、加速创新、引领发展的新阶段。谁能在信息化、网络化的浪潮中抢占先机，谁就能够在日新月异的地球村取得优势，获得发展，掌控命运，赢得安全，拥有未来。

2014 年 2 月 27 日，在中央网络安全和信息化领导小组第一次会议上，习近平同志指出："没有网络安全就没有国家安全，没有信息化就没有现代化"，"要从国际国内大势出发，总体布局，统筹各方，创新发展，努力把我国建设成为网络强国。"

2016 年 7 月，《国家信息化发展战略纲要》印发，其将建设网络强国战略目标分三步走。第一步，到 2020 年，核心关键技术部分领域达到国际先进水平，信息产业国际竞争力大幅提升，信息化成为驱动现代化建设的先导力量；第二步，到 2025 年，建成国际领先的移动通信网络，根本改变核心关键技术受制于人的局面，实现技术先进、产业发达、应用领先、网络安全坚不可摧的战略目标，涌现一批具有强大国际竞争力的大型跨国网信企业；第三步，到 21 世纪中叶，信息化全面支撑富强民主文明和谐的社会主义现代化国家建设，在引领全球信息化发展方面有更大作为。

所谓网络强国，是指具备强大网络科技、网络经济、网络管理能力、网络影响力和网络安全保障能力的国家，就是在建设网络、开发网络、利用网络、保护网络和治理网络方面拥有强大综合实力的国家。一般认为，网络强国至少要具备五个基本条件：一是网络信息化基础设施处于世界领先水平；二是有明确的网络空间战略，并在国际社会中拥有网络话语权；三是关键技术和装备要技术先进、自主可控;四是网络主权和信息资源要有足够的保障手段和能力;五是在网络空间战略对抗中有制衡能力和震慑实力。

所谓网络强国战略,是指为了实现由网络大国向网络强国跨越而制定的国家发展战略。通过科技创新和互联网支撑与引领作用,着力增强国家信息化可持续发展能力,完善与优化产业生态环境,促进经济结构转型升级,推进国家治理体系和治理能力现代化,从而为实现"两个一百年"目标奠定坚实的基础。

实施网络强国战略意义重大。第一,信息化、网络化引领时代潮流,这是当今世界最显著的变革特征之一,既是必然选择,也是当务之急。第二,网络强国是国家强盛和民族振兴的重要内涵,体现了党中央全面深化改革、加强顶层设计的坚强意志和创新睿智,显示出坚决保障网络主权、维护国家利益、推动信息化发展的坚定决心。第三,网络空间蕴藏着巨大的经济、科技潜力和宝贵的数据资源,是我国社会经济发展的新引擎、新动力。它与农业、工业、商业、教育等各行业各领域深度融合,催生出许多新技术、新业态、新模式,提升着实体经济的创新力、生产力、流通力,为传统经济的转型升级带来了新机遇、新空间、新活力。第四,互联网作为文化碰撞的通道、思想交锋的平台、意识形态斗争的高地,始终是没有硝烟的战场,是继领土、领海、领空之后的"第四领域",构成大国博弈的战略制高点。只有掌握自主可控的互联网核心技术,维护好国家网络主权,民族复兴的梦想之船才能安全远航。第五,国家治理体系与治理能力现代化,需要有效化解社会管理的层级化与信息传播的扁平化矛盾,推动治理的科学化与精细化。尤其是物联网、大数据、云计算等先进技术的涌现为之提供了更加坚实的物质基础和高效的运作手段。

经过20多年的发展,我国互联网建设成果卓著,网络走入千家万户,网民数量世界第一,固定宽带接入端口超过4亿个,手机网络用户达10.04亿人,我国已经是名副其实的网络大国。但是我国还不是网络强国,与世界先进国家相比,还有很大的差距,其间要走的路还很长,前进中的挑战还很多。如何实践网络强国战略,建设网络强国,是摆在中华民族面前的历史性任务。

本丛书由战略支援部队信息工程大学相关专家教授合作完成,丛书的策划、构思和编写围绕以下问题和认识展开:第一,网络强国战略既已提出,那么,如何实施,从哪些方面实施,实施的路径、办法是什么,存在的问题、困难有哪些等。作者始终围绕网络强国建设中的技术支撑、人才保证、文化引领、安全保障、设施服务、法律规范、产业新态和国际合作等重大问题进行理论阐述，进而提出实施网络强国战略的措施和办法。第二，网络强国战略既是一项长期复杂的系统工程，又是一个内涵丰富的科学命题。正确认识和深刻把握网络强国战略的内涵、意义、使命和要求，无疑是全面贯彻落实网络强国战略的前提条件。丛书的编写既是作者深入理解网络强国战略的认知过程，也是帮助公众深入理解网络强国战略的一种努力。第三，作为身处高校教学一线的理论工作者，积极投身、驻足网络强国理论战线、思想战线和战略前沿，这既是分内之事，也是践行国家战略的具体表现。第四，全面贯彻落实网络强国战略，既有共同面对的复杂现实问题，又有全民参与的长期发展问题。因此，理论研究和探讨不可能一蹴而就，需要作持久和深入的努力，本丛书必然会随着实践的推进而不断得到丰富和升华。

为了完成好本丛书的目标定位，战略支援部队信息工程大学校党委成立了"强力推进网络强国战略丛书"编委会，实行丛书主编和分册主编负责制，对我国互联网发展的历史和现状特别是实现网络强国战略的理论和实践问题进行系统分析和全面考量。

本丛书共分为八个分册，分别从技术创新支撑、先进文化引领、基础设施铺路、网络产业创生、网络人才先行、网络安全保障、网络法治增序、国际合作助推八个方面，对网络强国建设中的重大理论和实践问题进行了梳理，对我国建设网络强国的基础、挑战、问题、原则、目标、重点、任务、路径、对策和方法等进行了深入探讨。在撰写过程中，始终坚持突出政治性，立足学术性，注重可读性。本丛书具有系统性、知识性、前沿性、针对性、实践性、操作性等特点，值得广大人文社科工作者、机关干部、管理者、网民和群众阅读，也可供大专院校、科研院所的专家学者参考。

在丛书编写过程中，得到了中央网信办负责同志的高度关注和热情鼓励，借鉴并引用了有关网络强国方面的大量文献和资料，与多期"网信培训班"的学员进行了研讨，在此一并表示衷心的谢忱。

邬江兴

目　录

第一章　网络人才主要概念及其结构

当今世界，随着信息网络技术的深入发展和广泛应用，互联网已经全面融入社会生活的方方面面，深刻地影响和改变了人们的生产、生活和思维方式。现代信息技术的飞速发展，不仅使信息传递和扩散的速度增快、范围扩大，使传统的国家、民族界限变得日益模糊，而且出现了以现代信息技术为核心的新的经济形态——网络经济。这种经济形态目前正以极快的速度影响着社会经济与人们的生产生活，极大改变了企业的经营模式、经营理念，而且催生了一种新型人才——网络人才。加强网络人才队伍建设，加速培养大批适应时代需要的网络人才，充分发挥网络人才在建设网络强国中的核心和主引擎作用，已经成为决定一个国家、民族生存发展的重大战略问题。

一、网络人才的基本含义

人才是第一资源，是兴国之源、创业之本。近年来信息网络技术发展日新月异，全球范围内网络人才流动加速，高端网络人才供不应求，成为各国竞相争夺的稀缺战略资源，网络人才的培养、管理、使用也呈现新常态、展现新趋势，并引发各方高度关注。

（一）人才的基本含义

研究网络人才，首先要明晰人才的概念。从起源看，《诗经》最早论及人才。《诗经·小雅》序："菁菁者莪，乐育材也，君子能长育人才，则天下喜乐之矣!"① 这句话用生长茂盛的植物比喻茁壮成长的人才，喻意人才能够成为天下人民喜爱的、有才华的人中精华。

一般意义上，人才是指知识和能力兼具的个体，具有较强的管理能力、研究能力、创造能力和专门技术能力的人。② 关于人才的内涵，一般有以下几种界定。

一是指有学问的人。如《辞海》认为，所谓人才，主要指"有才识学问的人；德才兼备的人。"③ 1986 年王通讯出版的《宏观人才学》将人才定义为："德才兼备的人或有一定专长学问的人"④。

二是指通过自己的创造性劳动为人类社会做出贡献的人。如 1979 年雷祯孝、蒲克在《人民教育》刊登的《应当建立一门"人才学"》文章中指出："人才，是指那些用自己的创造性劳动效果，对认识自然改造自然，对认识社会改造社会，对人类社会进步做出了某种较大贡献的人。"⑤ 学者刘圣恩在《人才学简明教程》中指出："只有在认识世界和改造世界的社会实践中，在精神生产和物质生产的社会实践中表现出来，并为社会做出实际贡献的人才能称之为人才。"⑥ 2004 年 12 月，著名成人教育专家叶忠海在他主编的《人才学基本原理》一书中指出："人才是指在一定社会条件下，具有一定知识和技能，能以其创造性劳动，对社会或社会某方面的发展，做出某种较大贡献的人。"⑦ 人才学理论则把人才定义为："凭借创造性劳动，为人类进步和社会发展做出一定贡献的人"。2010 年 6 月 7 日，我国颁布的《国家中长期人才发展规划纲要（2010—2020 年)》将人才界定为："具有一定的专业知识或专门技能，进行创造性劳动并对社会做出贡献的人，是人力资源中能力和素质较高的劳动者。"⑧

三是指经过教育培训，具备适应某种工作要求的人。如教育学理论把人才定义为，"只有经过院校教育训练，在德、智、体、美、劳等各方面具备适应某种

① 诗经·小雅·菁菁者莪·序 [EB/OL]. (2014 - 10 - 16) [2016 - 02 - 13]. http://guoxue. k618. cn/sdzy/201410/t20141016_5694476. htm.

② 张静. "人才结构"理论与高职院校人才培养规格 [J]. 科教文汇，2012 (10)：174.

③ 辞海编辑委员会. 辞海（1999 年版缩印本）[M]. 上海：上海辞书出版社，2000：368.

④ 王通讯. 宏观人才学 [M]. 北京：人民出版社，1986：5.

⑤ 雷祯孝，蒲克. 应当建立一门"人才学"[J]. 人民教育，1979 (7).

⑥ 刘圣恩，马抗美. 人才学简明教程 [M]. 北京：中国政法大学出版社，1987：3.

⑦ 叶忠海. 人才学基本原理 [M]. 北京：蓝天出版社，2004：115.

⑧ 国家中长期人才发展规划纲要（2010—2020 年）[N/OL]. 人民日报（海外版），2010 - 06 - 07 (2) [2016 - 04 - 06]. http://paper. people. cn/rmrbhwb/html/2010 - 06/07/content_537049. htm.

工作要求的人"。

从以上观点看，所谓人才，首先要具备良好的人品；其次具备一定的才识学问，并在某个领域或某些领域有一定技术专长；最后具有一定的创新创造能力，对社会有所贡献。

(二) 网络人才的含义

一般意义上，网络人才是指从事与网络相关工作的专门技术人才。具体来说，网络人才是指掌握一定网络技术专业知识和多种网络操作系统应用与管理技能、具备网络思维创新能力，能独立组建计算机网络系统能力并有一定经营管理能力的高级应用型技术人才①。他们掌握网络技术相关的基础理论知识，具有较强的网络技能，能够从事包括网络系统的设计、安装、维护，网络软件的开发、测试、管理，网络规划、网站建设、网络施工、局域网管理与维护以及网络安全监测等方面的工作，同时还要具备良好的职业道德和较强的创新能力、协作能力等。

(三) 网络人才的特点

网络人才除具有一般人才的属性外，还有以下鲜明的特点。

1. 高层次性

一般意义上，高层次人才至少具有三个基本要素："一是具有较高的知识或技能；二是在人才队伍中起核心作用；三是有重大创新创造成果并做出突出贡献。"② 网络人才的高层次性主要表现在以下两方面：一是网络社会已成为现代社会的新形态，网络人才迅速成为社会急需的稀缺人才；二是互联网迅猛发展，网络规模不断扩大，新的网络应用不断出现，急需大批高层次高水平网络人才来应对现实的严峻挑战。要保证经济社会健康发展和国家信息安全，推动网络强国战略深入实施，一般人才远远满足不了国家建设发展需要，而系统掌握网络基本原理、网络设计开发、网络安全维护等技能的高层次网络人才地位作用将日益突

---

① 王慧，沈凤池. 高职计算机网络技术专业人才培养体系的探索与研究 [J]. 教育与职业，2008 (11)：124.

② 刘建贤. 高层次人才队伍建设要抓好四个重点 [J]. 中国人才，2009 (1)：24.

出，发挥着更加重要的作用。这都体现了网络人才的高层次性。

2. 稀缺性

古人云，千军易得，一将难求。我国网络发展起步较晚，对网络专业人才的需求面临着巨大的缺口，互联网发展进程中我国面临的网络人才短缺问题日益突出，这凸显出我国网络专业人才培养的严重不足，同时也体现出网络人才资源的稀缺性特点。因此，建立科学高效的网络人才培养体系，是我国互联网产业取得突破性发展、建设网络强国的当务之急和重中之重。

3. 迭代①性

任何事物都不是一成不变的，唯一不变的是变化。网络技术迅猛飞速发展，一方面要求网络人才不断更新网络技术知识，及时提升自身能力素质，另一方面要求网络人才要在全面把握现有网络技术基础上有所创新。尤其是网络安全领域中的网络攻击风险问题，要求网络专业人员要不断提升技术，对网络威胁和漏洞进行监测。因此，网络人才的知识结构一定是一个不断适应、不断创新的动态平衡系统。全新专业、新型人才将会随着网络社会实践的持续丰富和深入发展而不断出现，不断出现的新的网络专业方向和新型网络人才，又会推动网络技术不断升级。这使得网络人才呈现出迭代性发展的特征。

二、网络人才的层次结构

世界上万事万物都具有一定的结构，结构中又有层次，结构层次普遍地存在于事物之中。人才的层次结构作为人才现象的一个重要特征，是人才存在和运动的形式。研究网络人才的层次结构，既要注重从一般层面划分网络人才群体层次结构，也要重视从特殊层面研究网络人才的个体层次结构。

（一）网络人才层次结构的含义特点

网络人才作为网络系统的主要管理者、维护者，遍布于网络系统结构中的各

---

① 这里的"迭代"借用数学名词，是指重复反馈过程的活动，其目的通常是逼近所需目标或结果。每一次对过程的重复称为一次"迭代"，而每一次迭代得到的结果会作为下一次迭代的初始值。

个层面，支撑着网络系统的正常运转。网络人才层次结构具有人才层次结构的一般特征。

1. 网络人才结构的含义

"结构"是建筑学的一个词汇，指建筑物的内部构造、整体布局，也指"组成整体的各部分的搭配和安排"①，反映系统内各要素之间相互联系、互相作用的一种整体性的组合方式。人才结构可以定义为"在一个组织系统内，构成人才群体的各类人才比例及其组合方式"，② 是构成人才整体的各个要素之间的组合联系方式。③ 也有观点认为，"人才结构是指人才在组织系统中的分布与配置组合。"④ 人才结构倾向于以社会的需求为标准，一般指人才的专业、年龄、智能、素质等的组合方式以及在经济、社会不同空间的配置方式，是构成人才队伍诸要素的比例及其相互关系。它包括三个内容：一是人才的种类和性质；二是各类人才的规模分布或规模比例；三是各类人才的相互联结方式。人才结构一般包含"质"与"量"两个方面。人才结构中的"质"主要反映人才的知识水平、健康状况、技术能力等方面，既包括人才个体，又包括人才群体。而人才结构中的"量"，是指各类人才在整体布局中分布与构成的量化表现，这种量化式的分布与构成，直接反映一定区域或范围内的人才结构配置是否合理、平衡与协调。⑤

网络人才结构是指网络人才依其职能发挥、工作性质和相互关系等因素在网络系统中的布局、配置和组合方式。由于互联网行业的技术和技能要求，形成了不同的网络人才结构。不同的网络人才结构，不仅反映出当代社会进步发展的水平，而且和互联网系统及其行业的发展、演变，以及网络科技水平的先进程度密切相关，如网络人才的年龄结构、质量结构、数量结构、专业结构、地域结构、教育结构等。因而，研究网络人才结构的内涵特征，不断优化网络人才结构，使之形成一个多维的最佳结合，是互联网发展的时代要求。这种最佳构成应当符合

---

① 结构 ［EB/OL］. ［2016 - 04 - 08］. http：//baike. baidu. com/link? url = YSeBT - TmWBtURFJ 9BGy34MygyREg8kofKXOpdV0cuxv7CBM3rPO9m - yfufvHCmk _ Sl8wbN79Ty3puRZl - KIQACdWCQM 7WiWiBjkLHo5 - 3AG.
② 赵光辉. 信息产业人才结构与产业结构互动研究 ［J］. 科技与经济，2006 (5)：36.
③ 人才结构 ［EB/OL］. ［2016 - 04 - 08］. http：//baike. baidu. com/link? url = SmZPIMKjmXg UpX5Zffvmc7pCE4do - lm - RPfH9HrCKO9lA9lRbX2slBjGL8dc_wg9bwaxHkjT3tifTHu4n8XMDK.
④ 钟龙彪. 优化我国宏观文化人才结构的思考 ［J］. 岭南学刊，2014 (1)：37.
⑤ 张静. "人才结构"理论与高职院校人才培养规格 ［J］. 科教文汇，2012 (10)：174.

三条标准：一是适应互联网发展战略需要，形成构成互联网组织系统的核心竞争力；二是能够充分发挥网络人才群体内的各因素作用，充分调动各类网络人才的积极性；三是能够发挥整体效能，使网络人才群体共同发展。

2. 网络人才层次的含义

与人才结构紧密联系的是人才层次。层次是指"系统在结构或功能方面的等级秩序。"一般来说，层次具有多样性，可按物质的质量、能量、运动状态、空间尺度、时间顺序、组织化程度等多种标准划分。不同层次具有不同的性质和特征，既有共同的规律，又各有特殊规律。[①] 人才层次"是指人才才能在能级上的差别。"[②] 每个专业、每种类型的人才都处于不同的能级状态。人才层次通常分为高级、中级和低级三个人才层次。如2012年我国开始实施的国家高层次人才特殊支持计划就将人才区分为三个层次：一是杰出人才层次；二是领军人才层次；三是青年拔尖人才层次。[③] 人才层次划分和设计有利于加强人才梯队建设，为人才向更高层次发展提供通道，支持具有潜力的青年拔尖人才成长为各领域领军人才，支持领军人才成为代表国家核心竞争力的杰出人才，形成人才的梯次配置，逐步形成人才体系。网络人才归属于人才系统中的一个类别，其结构划分也可依据人才能级上的差别，可以区分为不同的层次和类别。

3. 网络人才层次结构的特点

网络人才层次结构，除具有各种结构体的一般共性特点之外，还具有自身的鲜明特点，这些特点主要表现在网络人才层次结构的系统性、差异性和多变性上。

（1）系统性

网络人才层次结构是一个纵横交错、层次多重的系统结构，既有纵向的，如不同年龄结构、不同层级结构的网络人才分布与组合；又有横向的，如不同职业类别、不同行业以及地区、城乡的人才分布与组合，这种分布与组合不是孤立的存在，也不是单一产生影响，而是相互作用、相互影响，与社会不断地进行着物

---

① 层次 [EB/OL]. [2016 – 05 – 07]. http：//baike. baidu. com/view/722157. htm.

② 人才层次 [EB/OL]. [2016 – 05 –07] . http：//baike. baidu. com/view/2206107. htm.

③ 三大层次形成人才梯次配置——"国家高层次人才特殊支持计划"解读之二 [EB/OL]. 经济日报,2012 – 09 – 23 [2016 – 02 – 13]. http：//dangjian. people. com. cn/n/2012/0923/c117092 – 19082379. html.

质、能量以及信息等方面的沟通和交流，并通过一定的系统配置形成合力，从而构成相对稳定的网络人才层次结构系统。

（2）差异性

网络人才层次结构的差异性表现在网络人才按照一定的内在关系和秩序配置组合而形成多种层次结构样式。网络人才的层次结构按不同的标准有不同的划分方法，这是与社会需要、人才能力素质和人才的主观努力程度的层次性分不开的。网络社会对网络人才的需求呈现多样态的级别和序列，这是网络人才系统产生发展变化的内生动力。网络人才的这种发展的前后相继和内部各要素的相互维持与和谐互动，构成网络人才层次结构的差异性。

（3）多变性

网络人才层次结构的多变性是指网络人才层次结构分布与构成具有动态发展变化的特点。社会需求或岗位要求是不断变化的，人才也要根据社会需要的变化和岗位要求的调整做出相应的变化，这必然引起网络人才流动加快，进而做出网络人才的配置与分布的调整，以保证合适的人有合适的岗位工作。网络人才层次结构的多变性还表现在随着社会产业布局的变化，人才总量会有所变化，人才增量增加或存量减少，即使总量不变，原有存量也会随着人才个体结构的变化更新替代。因此，网络人才结构始终处于变动不居的状态。

（二）网络人才层次结构的具体内容

信息网络是一个以人为主导，利用计算机硬件、软件、网络通信设备以及其他办公设备，进行信息的收集、传输、加工、储存、更新、拓展和维护的系统。网络人才分布于网络系统的各个层面和层级，根据不同的标准可以分为不同的层次结构。在人力资源的配置中，必须考虑多种相关结构层次，如知识结构的层次性、工作分工的层次性、能力结构的层次性、学历结构的层次性等。网络人才的层次结构具体可分为以下几类。

1. 根据网络人才职能定位分类

职能是指人、事物、机构所应有的作用。职能定位是指在职能范围内行使的职权。在网络系统中，分布于不同层级和层面的网络人才承担不同的任务、职能，发挥不同的功能作用。从我国目前互联网发展的现状来看，网络应用的趋势不断向更广的领域、更深的层次、更高的要求发展。网络应用的热潮必将带动大规模的网络设施建设，社会需要一大批精通网络规划、设计、集成、管理、维护和应用开发的多层次专业人才。① 根据网络人才在网络系统中发挥的职能，网络人才大致可以分为四类，即网络规划人才、网络管理人才、网络技术人才和网络服务人才。

（1）网络规划人才

这里的网络规划人才，主要是指担负网络系统发展战略规划及总体设计职能的人员，他们处于网络系统结构中的最高层，在网络人才结构体系中居于高端，负责对网络进行总体规划、战略分析和宏观设计。最上层是决策层，塔尖是领导者，其中最重要的是网络建设规划和总体设计者。他们熟悉特定的网络规划设计目标，熟悉网络设备与系统的体系结构与工作原理，掌握主流网络设备与系统的安装、配置与使用方法，能准确把握网络系统潜在需求，在充分掌握网络发展前沿技术和趋向的基础上规划、部署或升级网络系统。

（2）网络管理人才

网络管理人员属于网络系统的领导中层，担负网络正常运行、经营管理的主要任务和责任，他们既要"对上"，负责贯彻落实网络战略层面规划和宏观设计方案，又要"对下"，连接下一层级网络机构和人员。网络管理人才熟悉一般网络设备与信息系统的工作原理、功能、结构和配置，掌握故障排除、安全维护、网络性能评价与优化等技术与方法，了解常用网络产品的规格和市场供求关系，能为各种类型的企业、各层级的政府机构管理和部署网络系统并提供技术支持。② 当前，"企业急需的人才主要是（按先后顺序）：软件编程，网络建设及管理，技术服务，硬件维护和产品开发。"③ 原因在于从事网络管理的人员很多是非计算机专业人员，即使是计算机专业的大学毕业生，也大多缺乏针对网络管理岗位技能的系统学习。高职院校毕业生主要从事网络行业的基础工作，特别优秀的可以从事一些网络研究工作，但大部分是从事计算机网络系统的组建、维护和

---

① 21 世纪企业最需要的 7 种人才 [EB/OL]. (2012－11－20) [2016－05－08]. http：//www. china. com. cn/education/txt/2006－11/08/content_7333016_2. htm.

② 万征，刘谦，凌传繁. 财经院校网络规划与应用人才培养模式创新 [J]. 实验技术与管理，2010 (10)：147.

③ 网络技术方向人才调查报告 [EB/OL]. (2016－08－23) [2016－04－01]. http：//www. docin. com/p－1715333572. html.

管理等业务工作。目前国内很多政府机构、企事业单位的网络没有得到有效管理，特别是在提高网络运行效率、抵御黑客攻击等方面不尽如人意，真正适合一般企事业单位的中层网络管理人员并不多。从这个角度上说，优秀的网络管理人才将在今后信息化建设中保持较大的人才需求。

（3）网络技术人才

网络技术人才是指"具备计算机网络实务技能和相关理论知识，在政府机构和企事业单位中从事分析、设计、安装、配置，并维护、管理计算机网络的技术性人才。"[1] 网络技术人才是信息技术人才的一个重要组成部分。"网络技术人才的大量短缺已经成为制约我国信息化发展的主要'瓶颈'之一。"[2] 某高校针对网络人才培养现状，责成网络技术方向相关教师通过走访用人单位、问卷调查、资料收集与分析等手段，对 IT 企业和非 IT 企业进行人才需求专题调研，其调研结论是：高科技时代的发展造就了新的专业需求，信息产业越来越离不开网络技术。有关调查数据显示，我国 830 万家中小企业目前只有 47% 的企业链接进入国际互联网，但这些企业大多只是把主页挂到网上，仅仅是起宣传作用，有的留下了链接信息和 E-mail 地址、联系电话，但企业网站信息却长期不更新，加之访问量少，这都影响到网上电商的交易量。而国内重点企业的情况也不容乐观。据对国内 500 多家重点企业的网络调查，结果显示，虽然绝大多数企业接入了国际互联网，有 83.7% 的企业主动开设了网站，但企业的网络应用重点主要集中在发布企业产品信息、企业内部新闻、企业产品售后服务以及客户信息反馈等方面。究其原因，主要是因为网络技术人才的缺乏。据我国信息部门统计，今后 5 年，我国从事网络建设、网络应用和网络服务的新型网络人才尤其是网络工程师需求将达到 60 万～100 万人，而现有符合新型网络人才要求的人才还不足 20 万人。[3]

① 网络技术人才的职业发展 [EB/OL]. (2011-01-13) [2016-04-02]. http://wenku. baidu.com/link? url = hO4kSUjO3FNx6JJ5Bc54EJLwTunIanmPGrPAe7nhAsEouuuelczdKzSGuapSBDSLOFsaBWPQ_KMiV5WdLc5knqu2uihmebGDBTG75pkwRK.
② 网络技术方向人才调查报告 [EB/OL]. (2016-08-23) [2016-10-11]. http://www.docin.com/p-1715333572.html.
③ 网络工程师发展前景与发展方向分析 [EB/OL]. (2014-07-26) [2016-04-02]. http://www.myzhidao.com/zczx/4224.html.

（4）网络服务人才

网络服务人才是泛指涉及网络公共信息服务以及网络运行的维护保障人才。涉及网上购物、商业网络信息服务、网络媒体广告服务、网络技术信息咨询服务以及网络法律救助和维权服务等。当前，信息网络技术的发展使人们对网络信息的依赖越来越大，网络信息服务也成为社会上的一个重要行业。由此产生了一系列的网络服务人才。2016年上半年，各类互联网公共服务类应用均实现用户规模增长，在线教育、网上预约出租车、在线政务服务用户规模均突破1亿人，多元化、移动化特征明显：在线教育领域不断细化，用户边界不断扩大，服务朝着多样化方向发展，同时移动教育提供的个性化学习场景以及移动设备触感、语音输出等功能性优势，促使其成为在线教育主流；网络约租车领域，基于庞大的市场需求和日益完善的技术应用，行业规模不断扩大；在线政务领域，政府网站与政务微博、微信、客户端的结合，充分发挥互联网和信息化技术的载体作用，优化政务服务的用户体验。①

2. 根据网络人才工作属性分类

网络专业人才总体上应具备网络研发设计、网络管理维护、网络安全、网络应用等多方面知识。他们分布在网络系统各个部分、各个层面，发挥不同作用。根据网络人才在网络系统中的工作属性，可以将网络人才划分为以下几类。

（1）网络分析人才

今天的互联网从业者比过去任何时候都重视数据。专门从事互联网数据分析相关工作的人才备受重视也就不足为奇。网络分析人才是指能熟练运用计算机数据分析技术和工具，对网络上的历史数据和动态信息进行提取、分析、处理，并做出预测性分析判断，为政府机构、企事业单位提供有效信息咨询的专门网络人才。网络分析是一项综合技能很强的工作，在专业技能上这类人才必须精通计算机的数据库技术，用于提取、管理和分析数据，要熟悉各种脚本语言，用于编写程序；要具有较好的数据建模能力，精通统计知识和统计分析软件，用于挖掘数据关系；在通识素质上要善于从少量数据中总结规律，具有敏锐的观察力，能及

---

① 第38次中国互联网发展状况统计报告［EB/OL］.［2016 – 08 – 19］. http：//www. cnnic. net. cn/hlwfzyj/hlwxzbg/hlwtjbg/201608/P020160803367337470363. pdf.

时根据数据发现问题。2016 年 2 月 14 日，职业社交平台"领英"发布的《2016 年中国互联网最热职位人才库报告》显示，研发工程师、产品经理、人力资源、市场营销、运营和数据分析是当下中国互联网行业需求最旺盛的六类人才职位。其中研发工程师需求量最大，而数据分析人才最为稀缺。① 在与美国及全球的数据对比中发现，"统计分析与数据挖掘"类技能人才在最热职位中国榜和全球榜排名均高居第一，在美国最热职位排行榜中也仅排在云和分布式计算技能之后。"在美国具备高度分析技能的人才供给量，2008 年为 15 万人，预计到 2018 年将翻一番，达到 30 万人。然而，预计届时对这类人才的需求将超过供给，达到 44 万 ~49 万人的规模。这意味着将产生 14 万 ~19 万人的人才缺口。"② 由此可见，拥有数据挖掘能力的网络分析人才正在受到越来越多企业的重视，可以不过分地说，网络分析人才在中国和全球已经成为最抢手和最热门的人才。③ 当前"数据分析人才稀缺主要有三个原因：第一，近几年互联网在垂直细分领域，如互联网金融、O2O 等，竞争愈加激烈，呈现出精益化运营的发展趋势，这需要大量的数据分析人才来应对；第二，随着硬件成本降低，分布式计算技术的发展，大数据相关的理论和技术也在发生着重大突破，而掌握最新大数据技术的人才还不多；第三，在人才培养方面，尽管数学、统计、计算机专业的优秀毕业生储备量很大，但实际上，数据分析工作首先需要了解企业业务特点和需求，缺乏经验的应届生往往还不具备这样的能力。"④

（2）网络安全人才

"网络安全是一门以计算机技术为核心，涉及操作系统，网络技术、密码技术、通信技术和应用数学等多种学科的综合性学科。"⑤ "网络安全人才是指受到计算机网络技术、信息安全教育或培训，懂得计算机技术或是网络安全方面的知识并且能够解决实际问题的专门人才。"⑥ 具体来说，网络安全人才要熟悉网络

① 互联网业数据分析人才最稀缺 [N/OL].北京日报（2016 – 02 – 14）[2016 – 04 – 05]. http：// news. xinhuanet. com/tech/2016 – 02/14/c_ 128715688. htm.

② 黄林，王正林. 数据挖掘与 R 实战 [M].北京：电子工业出版社，2014.6.

③ 陈晓."互联网 +"时代 什么人才更吃香 [EB/OL]. （2015 – 05 – 15）[2016 – 04 – 05]. http：// it. southcn. com/9/2015 – 05/15/content_ 124331659. htm.

④ 2016 互联网数据分析人才高度稀缺 [N/OL].国际金融报，（2016 – 02 – 21）[2016 – 04 – 05]. http：//www. cbdio. com/BigData/2016 – 02/21/content_ 4637067. htm.

⑤ 张小松.网络安全人才培养的一种新模式 [J].实验科学与技术，2008（6）：96.

⑥ 康建辉，宋振华.高校网络安全人才培养模式研究 [J].商场现代化，2008（1）：257.

系统安全的基本理论和工作原理，系统掌握主流网络安全设备及其衍生产品的性能特点、配置要求、适用环境，具备从事网络安全系统的设计与开发、网络系统安全防护策略制定、网络系统被动攻击监测跟踪、网络系统主动防御与系统恢复等方面的能力，还要了解掌握一般防火墙系统、入侵检测系统、漏洞扫描系统以及病毒防杀系统的安装配置和使用方法，等等。网络安全人才在"网络管理与网络安全协议及相关技术研究、网络管理与网络安全需求分析、方案设计与系统部署、网络故障分析与维护、网络性能测试、评估与优化、网络安全策略制订与实施"[①] 等方面发挥着决定性作用。

随着我国经济社会和信息化进程全面加快，我国互联网基础设施和金融、能源等重点行业信息系统被探测、渗透和攻击的情形逐渐增多，网络与信息安全面临的形势日益严峻，网络基础设施安全和信息安全的问题已经引起全社会的密切关注和高度警觉。网络与信息系统的基础性、支撑性作用日益增强，网络与信息安全已成为国家安全的重要组成部分。从长远来看，决定我国网络安全建设成败的主要因素是网络安全人才缺失的问题，这日益成为严重制约和阻碍我国网络安全产业可持续发展的主要瓶颈。有关资料显示，我国"信息安全专门人才的需求量高达 50 余万人，而每年信息安全专业毕业生不足 1 万人，社会培训学员也不足 2 万人"。[②] 网络安全人才在解决安全隐患和威胁方面的作用越来越突出。当前，我国正在加速组建自己的网络安全队伍，信息安全主管单位主办的中国网络安全系统正在紧锣密鼓建设之中，数十家网络安全公司将在各地兴起，网络安全正在成为一门新兴产业。[③]

（3）网络研发人才

网络研发人才是指接受过专业网络技术知识学习和网络技能训练，能够根据网络发展的前沿动态和市场需求有针对性地设计和创造网络应用产品的高级网络人才。主要由网络技术管理者、信息系统开发者、信息分析处理者等组成，包括各类技术开发人员、技术工作人员和技术分析人员。他们熟悉网络理论与网络体系结构，系统掌握网络硬件系统设计与研发、网络协议分析研发、基于网络的通

---

① 曹介南，徐明，蒋宗礼，陈鸣. 网络工程专业方向设置与专业能力构成研究 [J]. 中国大学教学，2012（9）：32.

② 九三学社. 关于加快培养网络安全人才的建议 [J]. 中国建设信息，2015（7）：19.

③ 章雯. 八类网络人才奇缺（职场分析）[N]. 市场报，2001 – 07 – 08（2）.

用服务系统设计与研发、基于行业的网络应用系统设计与研发等方面的知识与技术，并熟悉网络应用新技术与新型网络计算模式等。网络研发人才具有逻辑思维能力强、独立贡献多、技术导向性明显、流动意向明显的特点。在现代互联网企业中，企业的技术创新离不开广大网络研发人员。"研发人员的创新能力是企业进行创新活动成败的关键。"① 互联网企业直接经济效益的增长、市场销售能力的提高、网络产品能力的增强都在一定程度上依赖于研发人员的创新活动。网络研发人才的自身素质是成功进行创新的人格保证，一个优秀的研发人员，必须具备职业道德素质、专业知识技能与文化素质、心理素质、创造性思维、市场观念等。网络研发人才的知识结构具有高度综合性，既要有深厚的计算机与网络理论功底及计算程序设计能力，又要有组网、建网、管网等方面高素质的应用能力；既要有网络底层的理论与实践基础，又要有高层应用的理论与实践经验。② 研发人员自身素质的高低影响着创新能力的高低，在开发培养研发人员创新能力的过程中，如何提高专业研发人员的创新能力越来越成为了广大企业亟待解决的问题。

（4）网络应用人才

网络应用人才主要是指"具备扎实的网络基础理论和基本知识，同时应具有较强的网络工程业务能力，毕业后能直接服务于生产、管理、服务等岗位的技术应用型高级专门人才。"③ 要求具备良好的综合素质、科学素养和创新能力，较好地掌握计算机网络的基本理论和基本知识，熟练地掌握网络的规划、设计、性能分析、运行维护及管理、网络编程、安全防护等方面的技术，能够熟练地利用相关理论和技术发现问题、分析问题和解决问题。这一层级人数最多、基数最大，他们掌握一定的网络技术，借助网络技术成果创业或工作，享受网络带来的一切便利。

---

① 如何提高专业研发人员的创新能力 [EB/OL]. (2014 – 05 – 28) [2016 – 04 – 06]. http://www.hrloo.com/rz/192760.html.

② 杨金山. 网络应用型创新人才培养实践教学体系的构建 [J]. 承德民族师专学报，2011 (8)：105.

③ 赵晋琴，彭剑，肖杰，席光伟 [J]. 网络应用型人才培养实践教学环境的创新研究，计算机与网络，2015 (9)：42.

3. 根据网络人才培养目标分类

随着我国互联网行业的全面发展以及网络应用在更高层次上大规模展开，在网络规划，系统集成，网络运营和管理，网络安全，网络产品研发、生产、销售，网络技术服务等领域，对各类网络技术人才的需求量持续快速增长，这对网络人才培养提出了迫切需求。网络人才可分为学术型、工程型、技术型和技能型四种。工程型人才又分为工程研究型和工程应用型两种，工程应用型人才是从事生产第一线的设备制造、应用开发、工程设计、设备集成与安装、运行维护和管理工作的应用型工程师。[①] 根据网络人才的培养目标，本书将网络人才大致分为工程型网络人才、学术型网络人才和复合型网络人才三类。

（1）工程型网络人才

工程型网络人才是指掌握深厚的自然科学基础知识和扎实的专业基础知识，具备较强的网络工程专业能力，能够"从事网络设备和网络协议研发、网络应用系统开发、组网工程和规划设计与实施、网络系统的管理与维护、网络安全保障等技术工作，具有一定的工程管理能力和良好的职业道德与团队协作精神的中、高级网络技术人才。"[②] 工程型网络人才主要侧重于网络系统的规划、设计与实施，对网络系统知识的定期更新和设备维护进行开发和应用等。他们"具备扎实的网络技能，善于灵活应用所掌握的知识和新技术，善于学习掌握新知识和技术，技术实践能力、技术应用能力和技术创新能力是其能力结构中的关键组成部分"[③]，这也是他们有别于学术型人才与复合型人才的主要特点。

（2）学术型网络人才

一般来说，学术型人才指专门从事某学科理论研究型人才，是运用别人发现的客观规律或技术原理进行社会实践活动从而为社会创造效益的人。在这个意义上，学术型网络人才是指熟悉网络发展历史脉络、网络系统化理论知识及网络特点规律，突出基础知识、基本技能与能力融通的人才，这些人才一般要继续深

---

① 曹介南，徐明，蒋宗礼，等. 网络工程专业方向设置与专业能力构成研究［J］. 中国大学教育，2012（9）：31 – 34.

② 曹介南，徐明，蒋宗礼，陈鸣. 网络工程专业方向设置与专业能力构成研究［J］. 中国大学教学，2012（9）：32.

③ 张纯容，施晓秋，吕乐. 面向应用型网络人才培养的实践教学改革初探［J］. 电子科技大学学报：社会科学版，2008（4）：62.

造，获得更高的学位，然后从事计算机或者相关核心软件的研发工作、研究计算机的基础理论工作。他们侧重基础知识、基本技能与能力培养的融会贯通，其目标是培养高素质、高层次、具有创新精神的计算机网络科学理论研究与教学人才。

（3）复合型网络人才

复合型人才就是多功能人才，包括知识复合、能力复合、思维复合等多方面。复合型网络人才，是指掌握一定的网络技术专业知识，具备多种网络运行管理的实际操作能力，能灵活应对各种局域网与互联网等复杂网络环境的高层次网络人才。随着网络规模的不断扩大和新的网络应用的不断出现，对网络的管理、安全和性能等技术提出了新的要求和挑战。网络环境的日益复杂化及企业的快速发展，社会需要更多既精通网络专业知识又懂得管理的复合型网络人才。如2014年11月22日，"北京大学—斯坦福大学—牛津大学"互联网法律与公共政策研讨会在北京大学法学院召开，北京卓亚经济社会发展研究中心周成奎在致辞中表示，互联网法律人才目前非常稀缺。"专业方面的律师也很缺，既懂技术又懂法制，这样的人才很少，往往法律方面很强，但是技术方面不懂，或者技术方面很强，法律方面不懂，我们这种复合型的人才，知识交叉的人才太少了。"[1] 随着我国信息化水平的不断提高，几乎所有政府部门、学校、科研院所、各类企业等都有自己内部的局域网络，并通过宽带与国际互联网相连，网络平台在政府部门和企事业单位日常工作中的地位越来越重要，网络的规模越来越大，对网络系统高效运行的管理要求也愈来愈高，由此极大地推动了网络产品和市场的蓬勃发展。在网络规划、系统集成、网络运营和管理、网络安全、网络产品研发、生产、销售、技术服务等领域，对实用型、复合型网络技术人才的需求量持续快速增长，就业前景十分广阔。

（三）网络人才层次结构划分的依据

研究网络人才层次结构划分的依据，既有助于网络人才根据社会现实和自身实际情况调整发展方向，也有助于网络人才正视自我，找准定位，为社会提供有效服务。

---

① 互联网法制人才稀缺 复合型人才少［EB/OL］.（2014 – 11 – 22）［2016 – 04 – 06］. http：// tech. qq. com/a/20141122/024304. htm.

1. 社会需要具有层次性

网络人才结构的划分与社会需求的层次性是密不可分的。社会需求的多元化和层次性是网络人才层次结构划分的基本依据。社会作为一个复杂的系统结构，本身就具有层次性。社会分层和阶层划分正是社会学研究的重要概念范畴。社会是系统的，人才也是系统的。就社会需要本身来说，社会既需要各种各样的人才，也需要各种层次的人才。比如在人事管理体系中，有高级管理、中级管理和初级管理人才，它们所处的层次是不一样的。没有这样的层次划分，社会既无法运行，也不会有效率。因此，这种不同社会需要的划分，也是对人才不同层次的划分。一个社会对人才的需要不会处在一个层面上，无论社会发展到什么程度，大家不可能都在一个层次上，都做一样的工作。社会需要的发展对人才能力素质和水平要求的提高，不是抹煞人才层次划分，而是提高了整个社会需求水平。①人类发展的最高形态和最理想形态，也不是一个社会的人都在一个层次上。因此，我们要培养数以亿计的高素质劳动者，要造就数以千万计的高级专门人才，就是因为社会需要具有层次性。对网络人才来说，社会需要的这种层次性，决定了网络人才结构划分的层次性，不同类别、不同专业的网络人才在满足社会需要的发展过程不断分化成各个层级和各类专门性人才。

2. 人的能力素质具有差异性

经验和理性告诉我们：在社会生活现实中，人和人之间在能力和素质上是有差异的，人的体力、智力及其发展水平受个体不同的生理心理因素制约，存在着客观的差异，这种差异是人才层次结构划分的重要客观基础和主要依据。比如从学历的角度来说，有中学毕业的，也有硕士毕业或博士毕业的。虽然学历并不一定代表能力，但学历毕竟是一个人接受教育训练并达到相应能力素质的一个标志。我们不能不现实地承认学历至少反映和代表了人在某一个方面的能力。即使是这样，同样是大学毕业生或硕士研究生，甚至同样是教授、副教授，在能力素质上也是有很大差异的。造成这种差异的原因，既有个人先天的遗传因素，也有

---

① 人才结构层次性的根据 ［EB/OL］. （2014 – 03 – 26）［2016 – 04 – 07］. http：//www. xyshz. net/jiaoyukeyan/jiaoxueyanjiu/zhuanjiaketang/2014 – 03 – 26/1356. html.

后天的努力学习和所处环境影响。人在后天环境中，例如不同的教育、不同的家庭环境、不同的生活条件等，会使人与人之间在能力上和素质上表现出差异性。这种差异性最终决定了社会分层结构及其流动。再从社会需求来看，社会需求是多层面的，对人才的需求必然呈现多形态的排序和级差，由此才构成一个合理的人才配置序列。一个科学有序的人才结构必然呈现出一定的差异性，这种差异性意味着一个人才结构自身生命发展的前后相继和内部各要素的相互维持与和谐互动。

3. 人的主观努力具有差别性

在现实生活中，不仅社会需要和人的能力素质具有差异性，而且人的兴趣爱好、人的价值追求、人的主观努力程度，也存在差异性。正是这种差异，使人才在社会结构布局中产生了差别和层次。这是网络人才层次结构划分的一个重要依据。美国密歇根大学行为科学家丹尼逊就把人才分为七个层次：第一层次的人才是指具有高度想象力和创造性，面对复杂问题时能机智解决问题的人；第二层次的人才善于用首创方法来解决问题，并能提出许多好方法、好意见；第三层次的人才相比一般人才，能提出较多新意见，并思考用不同的解决方法，偶尔也会提出有一定想象力的意见建议；第四层次的人才虽然自己的见解和认识大多是陈旧的和众所周知的，但能充分发挥和理解别人的见解；第五层次的人才遇事经常向别人请教，并听从和依靠别人的建议；第六层次的人才缺乏创造性，没有明显的解决问题的方法；第七层次的人才工作方法老套，不合时宜也不想修改，满足于得过且过，让干什么就干什么。[①] 从丹尼逊对人才划分的七个层次看，个人的主观努力程度在其中占据了重要比例。在社会分化的角度上，正是网络人才在先天素质和后天环境的共同作用下，才形成和发展起来具有稳定性和倾向性的不同心理特征、意志品质和价值观念，这些个性特征包括了一个人的志向、兴趣、动机、信念、理想和价值等要素，这些均对人的主观能动性产生影响，并最终在人才发展的方向和层次上影响人才成长。

社会需要的层次性，人才能力素质的层次性，人才主观努力的层次性，这些构成了网络人才层次结构划分的主要依据和条件。

---

① 罗新安. 人才的能力结构 [J]. 人才开发, 2013 (3)：32.

三、网络人才的能力结构

　　能力结构问题是现代心理学中一个非常重要的研究课题。一般来说，"能力结构是指一个人具有的能力要素（如观察力、记忆力、想象力等）组成的多序列、多要素的动态的综合体"，① 也"指一个人所具备的能力类型及各类能力的有机组合"。② 人与人之间的能力是不同的。每个人的能力结构也是不一样的。网络人才的能力结构是网络人才多种能力的有机结合体，它是保证网络人才在开展网络和信息化活动实践中，在创造开发网络产品、提供网络服务的实践活动中，成功运用知识、解决问题的各种能力的统一体。探讨研究网络人才的能力结构，分析网络人才能力构成要素，对于建立起网络人才能力评价体系、有针对性地加强网络人才的培养和使用，都是非常必要的。

（一）网络人才能力结构要素

　　分析研究能力结构要素，对于深入理解能力的本质内涵，合理设计、科学规划，有针对性地对人才进行能力测量，科学拟定人才能力培养原则，都有重要意义。能力不是某种单一的特性，而是具有复杂结构的多种心理特征的总和。具体来说，"能力是直接影响活动效率并使活动顺利完成的个性心理特征，它是掌握知识，运用知识，成功地进行实践活动的本领。"③ 关于能力构成要素，目前有"二因素说"④"群因

---

① 付微，秦书生. 拔尖人才的能力结构探析 ［J］. 科学与管理，2007（1）：56.
② 能力结构 ［EB/OL］. ［2016 – 08 – 12］. http：//baike. baidu. com/link？ url = 81uZP3ewwHEbA6 XHC4YlBhvQQ8JLS_DoCN4iaLqvUJtAxMQ4NIgZqe_UH9M62U0suLg_xsXYWkIJjucpfYGrK.
③ 张永清. 试论人才的能力结构与测评方法 ［J］. 江苏科技信息，1996（1）：7.
④ 20 世纪初，英国心理学家和统计学家斯皮尔曼提出了能力的"二因素说"（1904 年）。这个学说认为，能力是由两种因素构成的，一个是一般因素，称为 G 因素；另一个是特殊因素，称为 S 因素。G 因素是每一种活动都需要的，是人人都有的，但每个人的 G 的量值有所不同；所谓一个人"聪明"或"愚笨"，正是由 G 的量的大小决定的。由此，斯皮尔曼认为，G 因素在智力结构中是第一位的和重要的因素。S 因素因人而异，即使是同一个人，也有不同种类的 S 因素，它们与各种特殊能力如言语能力、空间认知能力等相对应，每一个具体的 S 因素只参加一个特定的能力活动。完成任何一种活动，都需要由 G 因素和某种特殊能力的 S 因素共同承担。斯皮尔曼用 G 因素来解释不同测验间的相关。他指出，不同测验测的总是 G 因素和某种特殊 S 因素，既然各测验都含有 G 因素，那么它们就必然有一定相关。

素说"①。能力构成究竟是由一般因素和特殊因素构成，还是由多种特殊的不相干的能力因素构成的混合物，从目前研究的倾向看，基本上可以认为：能力的结构中，确有一些特殊的成分对某些特殊的能力活动起特定的作用，但也还有某种一般的能力，它对所有的能力活动都起着必要的作用。本书认为，包含知识、技术、经验和人格精神等在内的各种要素在人的能力构成中发挥着至关重要的作用，它们是能力构成的基础要件和关键因素。

1. 知识要素

知识是网络人才能力构成中的基础性要素。"知识是人类在社会实践中积累起来的经验的概括和总结，是对客观世界，包括人类自身活动认识的成果，简单来讲就是人类在认识世界和改造世界的过程形成的成果，是人类智慧的结晶。"②"技术知识来自于三个方面：一是人类在劳动过程中所学掌握的技术规则；二是科学的技术应用；三是技术理论。"③ 我们这里的知识要素是以网络技术性知识为主，包含相应的网络规则、准则与规律，并可以明确地表达出来。知识要素之所以成为能力构成中的一个基础性要素，是和知识与能力的紧密联系分不开的。知识是能力的基础。大量地占有知识是能力形成的基础。知识积累到一定程度，才能转化为能力。要想在某一领域有所建树，必须掌握一定的专业知识。同时，知识作为人类认识世界和改造世界的理论成果，它的形成有益于能力的提高。因此，知识在人的能力形成过程中有着不可替代的基础性地位。一般来说，一个掌握大量知识的人，他的能力也比较高。同时，掌握知识的质量、效益和速度也有赖于能力的不断发展，一个能力强的人较容易获得某种知识，凡不以知识为基础

---

① "群因素说"是由美国心理学家塞斯顿经运用由他创造的另一种因素分析方法对能力因素进行处理而提出的。塞斯顿反对斯皮尔曼的强调一般能力的"二因素说"，而是认为，任何能力活动都是依靠彼此不相关的许多能力因素共同起作用的，可以把能力分解为诸种原始的能力。塞斯顿对56种测验的结果进行了因素分析，最后确定了7种原始的能力，即词的理解、言语流畅性、数字计算能力、空间知觉能力、记忆能力、知觉速度和推理能力。塞斯顿用这7种基本因素构造了一个智力测验。按他本人的理论，既然任何能力都由这7种不相关的原始能力共同起作用，那么关于这7种原始能力的测验结果之间应当是毫不相关的。但塞斯顿并未如愿以偿，结果发现，所谓的7种原始能力之间仍有一定的相关，并不是完全独立的。后来，塞斯顿及其追随者们又做了大量的补充工作。但人们已意识到，要找出所谓"纯"的基本因素，似乎是不可能的。

② 张荣国. 论素质与知识、能力的辩证关系 [J]. 学校党建与思想教育, 2009 (5): 17.

③ 马光，胡星星. 从技术本身的三要素看技术人才的素质结构 [J]. 襄樊职业技术学院学报, 2008 (1): 48.

的能力充其量只能是一种低级的技能或本能。本书中所指的"知识要素"主要是以网络人才掌握和拥有的技术性知识，特指以技术知识为标志，强调受网络技术理论和网络科学技术应用直接影响的知识性体系。

2. 技术要素

技术是网络人才能力结构中的关键性要素。信息化条件下，随着技术变革的总体速度呈加速状态，特别是微处理技术、网络技术以及其他计算机软件技术的迅猛发展，当代世界渗透于各行各业中的技术因素大大增加，使得技术要素日益成为推动科技发展和社会进步的重要因素。本书中的"技术要素"主要是指以网络技术手段和网络技术产品为标志的、推动网络系统创新发展的网络科技，是"管理者用来设计、生产、销售产品和服务的技术发生变革后的结果。"① 技术要素作为技术能力基本结构中的一个具有独立成分的因素，如技能、工具、机器和知识等任何在生产过程中起作用的任何一项技术都可以构成技术要素，它在人才能力结构中发挥的作用越来越重要，地位越来越突出。可以说，技术成为网络人才能力素质提升的决定性标志。

3. 经验要素

经验是网络人才能力结构中的辅助性要素。经验"在哲学上指人们在同客观事物直接接触的过程中通过感觉器官获得的关于客观事物的现象和外部联系的认识。"② 辩证唯物主义认为，经验是在社会实践中产生的，是客观事物在人们头脑中的反映，亦指对感性经验所进行的概括总结，或指直接接触客观事物的过程，是认识的开端。在知识的传承和发展中，经验或经验性知识不可忽视，尤其在实践性较强的专业和职业中更是如此。这是因为，第一，经验是形成和创立新理论的感性认识的基础；第二，经验是理论向实践过渡的桥梁。这在于，对理性知识的理解、消化和吸收，必须有经验性的知识参与才能发生，并随着经验性知识的积累而深化。一切知识，尤其是理性知识，只有被真正理解、消化和吸收，

---

① 技术因素［EB/OL］.［2016 – 08 – 12］. http：//baike. baidu. com/link？url = _y_tb45QbdXmuRsQM3KV – gNbKpHwLD5Owqse37LyHv4Nec99aNo0PdRA4M_bZXduhnYUothPrXWnhd1LUrmGa.

② 经验［EB/OL］.［2016 – 08 – 12］. http：//baike. baidu. com/link？url = ywYDpoF9ryG2pSyHyLEvULxOKmrehZ4l2k – dW3gFrRylVs6YnLRrusT5dfa0wr64Zb9u28iMW6UvJ2BYygBZk5 – 7uPQbQDI_nT5DyI_BK4m.

才能变为认识问题和解决问题的能力。经验要素具有非文本性，具有默会性质，这即是俗语说的"只可意会，不可言传"。经验要素还具有不确定性，比如，使用同样一个工具或机器，不同的使用者，其经验是否丰富、技能是否熟练将会影响工具或机器的最终效果。[①] 本书中的"经验要素"主要是指网络实践工作中以管理、维护和经营网络的经验和网络技能等为主的主观性技术要素，同样具有非文本性、不确定性等特征，它是网络人才能力结构中的辅助性要素。

4. 人格要素

人格是网络人才能力结构中的心源性要素。人格也称个性，是指"人的性格、气质、能力等特征的总和，也指个人的道德品质和人的能力作为权力、义务的主体的资格"[②]，具有整体性、稳定性、独特性和社会性等特征。在心理学上，人格是指一个人在社会化过程中形成和发展的思想、情感及行为的特有统合模式。这个模式包括了个体独具的、有别于他人的、稳定而统一的各种特质或特点的总体。人的任何活动都烙有人格特征的印迹，同时也反映出个体的能力，所以，人在从事某项活动及影响活动效率的能力表现中时时处处都反映出人格的影响。研究表明"创新型人才的共同人格要素主要有：旺盛的好奇心和求知欲、独立思考和突破常规的精神、敢于质疑挑战权威的勇气，以及不达目的誓不罢休的意志力等。"[③] 既显示出个人的思想、情绪和行为的独特模式，同时又影响着个体与环境的交互作用，使人才在不同的时间和地点，展现出不同的能力。正是由于人格影响着一个人的思想、情感和行为，使之形成区别于他人的、独特的心理品质，这使人格在人才能力结构上具有了特殊意义。网络人才作为人才的重要组成部分，人格要素是网络人才能力结构中必不可少的一部分。

(二) 网络人才能力结构内容

能力结构是有机联系的能力系统，是能力系统中各因素之间相互作用的一种

---

① 马光，胡星星. 从技术本身的三要素看技术人才的素质结构 [J]. 襄樊职业技术学院学报，2008 (1)：48.

② 人格魅力 [EB/OL]. [2016 - 08 - 12]. http：//baike. baidu. com/link? url = Z97htJm85uVwVPF hg3cSSWhvS7pFzlsflwBVDGyhvSUdLDeLdUFIG4zA6CYxpWrvQ1i4nFUwAvohVTfEyCVDm.

③ 宋大力. 创新型人才素质结构及其培养——以行政管理专业为例 [J]. 教育教学论坛，2015 (9)：54.

关系。根据斯皮尔曼修正后的二因素说，以及网络人才能力结构的知识要素、技术要素、经验要素和人格要素结构体系，本书将网络人才能力结构具体划分为基本能力、专业能力、发展能力三大类。基本能力、专业能力和发展能力相互联系、相互作用，形成能力结构的有机统一体。

1. 基本能力

基本能力属于一般能力，也叫智力，它是人们完成任何活动都不可缺少的能力，是人们从事任何职业都应具备的基本能力，如观察力、注意力、记忆力、想象力和思维能力等。网络人才的基本能力，是指网络人才拥有的、能确保自己的基本素质适合于网络系统从业要求的能力，主要包括学习思考能力、信息获取能力和价值判断能力等。

（1）学习思考能力

这是网络人才职业能力提高和发展的基础。在大数据和"互联网＋"时代，信息和知识传播的速度和频度越来越快，如何在海量信息中甄别和筛选出有效信息变得越来越重要、越来越关键。网络人才要想在激烈的竞争中占领一席之地，就必须具备很强的学习思考能力，要能够熟练运用各种信息检索技术，及时了解本专业发展的现状和趋势，并在此基础上进行系统分析和利用，不断更新自身知识结构，在学习知识和掌握技能的过程中发展和提升自身的各种能力。

（2）信息获取能力

信息获取能力是综合分析、判断、选择、整合和使用各种信息的能力，这是信息网络条件下，网络人才职业发展过程中必须具备的一种能力。网络人才要能够运用信息技术学会选择信息，知晓自己想要的和必须掌握的信息，有自己的信息选择标准，确定有意义的信息，摒弃多余的信息，真正做到"去粗取精，去伪存真"。

（3）价值判断能力

网络虽然是信息技术架构的平台，但网络承载的内容却包含着很强的价值性。网络人才要适应职业发展需要和岗位要求，就必须对网络内容有一定的价值判断和价值选择能力。要在比较、分析、判断的基础上，自主合理地选择与社会主流价值观相一致的道德和价值观念，并形成符合网络社会要求的道德品质与价值取向，最大限度地发挥价值判断能力对其人生发展的作用。

2. 专业能力

专业能力是指一定的专门人才从事专门领域工作的基本实践能力。这些能力是各类人才专业基础知识、专业基本技能和专业基本素质在其擅长专业领域实践活动中的外显结果，在本专业领域的职业岗位通用。专业能力也是专业教育体系下人才职业发展的基础。网络人才的专业能力是网络从业人员熟练运用网络专业知识、工具、方法和技巧，准确、高效、优质地解决网络工作实践中复杂问题的能力。网络人才的专业能力与其职责等级密切相关，岗位责任越大，对网络人才的专业能力要求就越高。具体来说，网络人才的专业能力包括以下几种。

（1）组网建网能力

这是指能够熟练搭建网络软硬件平台，按设计要求使用恰当的工具和方法，根据项目的流程、规范和质量标准搭建出合格网络平台的能力。要求明确理解技术标准要求，进行安装所需工具的准备，熟练运用综合布线技术、局域网技术、广域网技术、主机服务器技术、信息安全技术等进行设备的安装调试，熟练使用单元测试和集成测试技术进行网络工程检测，严格执行规定的工程流程、规范与质量标准，确保工程质量，完成网络工程质量评价，能主持网络工程的验收工作等。

（2）管网维网能力

这是指能够对通信网络线路、主机系统、数据库系统进行系统管理与维护的能力。可熟练进行数据中心机房环境维护，进行网络通信线路，局域网络、广域网络、服务器主机系统、存储系统、网络机房运行环境的管理与维护，进行数据存储与备份管理，进行网络应用系统和数据库的日常维护，能够对通信线路、网络设备、主机系统、应用系统等运行平台进行日常监控、故障诊断与维护、具有网络系统优化升级的能力。

（3）网络安全能力

这是指能够熟练应用信息安全相关技术和相关安全工具，进行信息系统安全保障工作，处理维护安全工作中的各类问题的能力。能够按照信息系统整体架构的要求，进行信息系统安全性管理维护、部署安全策略、处理应急事件。能根据信息系统体系架构，配置、维护主机及网络基础通信平台等硬件设施的安全、配置、维护网络应用系统的安全、进行系统的病毒防范、入侵检测与防御，具备应急事件的处理技能。能掌握网络系统（园区网、广域网），主机系统（主机与存储），Windows、Linux、Unix 等主流网络操作系统，常用 TCP/IP 应用层协议的安全技术，数据库安全技术，数据加密技术，数据验证与数字签名技术，计算机病毒防护技术，入侵检测、防火墙技术等进行信息系统的安全提升与日常维护，掌握数据备份与容灾技术，进行数据的备份与灾难恢复，建立灾难应急机制。

3. 发展能力

发展能力是指在专业能力基础上通过强化学习与实践而发展形成的一种能够胜任职业岗位前沿需求，并进行职业转换、行业迁移的能力。网络人才的发展能力是网络人才专业能力在"精""深""广""博"等基础和维度上的延伸与拓展，是伴随网络人才兴趣、情感、态度、认同感、使命感、责任感等专业精神日趋发展逐步形成的，也是网络人才未来"个性化"发展的需要。网络人才的发展能力具体包括以下几种。

（1）自主学习能力

自主学习能力是指网络人才在现有的专业知识和专业能力基础上不断获取更专业更前沿的知识和信息的能力。"互联网＋"时代，知识更新的速度更快，网络人才只有掌握更多更新的知识、技能，才能适应网络社会发展的需要和自身未来的职业发展规划，自主学习、终身学习成为网络人才生存、发展的必然选择，提高自主学习能力，成为网络人才不断提高发展能力的前提和基础。

（2）网络思维能力

恩格斯说过，"每一时代的理论思维，包括我们时代的理论思维，都是一种历史的产物，在不同的时代具有不同的形式，并因而具有非常不同的内容。"① 计算大师迪科斯彻说过，"我们所使用的工具影响着我们的思维方式和思维习惯，从而也将深刻地影响着我们的思维能力"。② 在"互联网＋"时代的今天，网络技术在人们日常工作、社会生活的各个领域的广泛应用，培养、训练和塑造了人们新的思维模式，网络思维习惯逐渐形成，网络思维也成为网络化时代网络人才

---

① 中共中央马克思恩格斯列宁斯大林著作编译局.马克思恩格斯选集（第三卷）[M].北京：人民出版社，2012：873.
② 朱培栋，郑倩冰，徐明.网络思维的概念体系与能力培养[J].高等教育研究学报，2012，(35)：106.

思维的重要内容，网络思维能力成为网络人才适应时代要求的一种基本能力素质。

（3）网络开发能力

网络开发能力是指网络人才依托自身现有网络科技专业基础知识和专业能力素质，着眼网络发展需求和现实社会需要，不断产生新思想、运用新方法，推动新的网络科研成果及网络产品的发明创造能力。

第二章　当前我国网络人才培养概览

当今时代，"互联网＋"已悄无声息地渗透到我们生活的每一个角落，人们的生产生活受到网络的全方位影响，几乎没有不被网络力量渗透、裹挟和席卷的。经过20多年发展，我国互联网企业迅速发展壮大并日益成熟。我国网络人才也经历了从无到有、从少到多、从弱到强、从粗放到集约的快速发展过程。网络人才在经济、社会、军事、文化等各个领域发挥了重要作用。当前，我国网络人才建设虽然取得了显著进步，但与建设网络强国目标要求相比仍有较大差距，还存在一些亟待解决的突出矛盾和问题。

一、当前我国网络人才培养现状及问题

为适应世界互联网信息技术发展需要，从20世纪90年代开始，我国在多个综合性高等院校开设了计算机网络专业，培养了一大批社会急需的计算机网络技术方面的人才，他们在网络信息化建设中发挥了重要作用。但是，当前我国网络人才总量不足、结构不够合理、人才流失严重等问题却日益凸显，尤其是在涉及国家网络信息安全和网络核心技术等方面，网络科技人才缺口依然很大，高水平的网络领军人才还十分匮乏。

（一）网络人才供求严重失衡

我国已然是人力资源大国。但网络人才培养与经济社会发展需求相脱节，人才不够用、不适用、不能充分使用等问题还突出存在。随着"互联网＋"时代

的来临，各类网络人才需求急剧增长和扩大，特别是随着网络强国战略的提出和大力推进，对高素质高技能网络人才的需求更加迫切，网络人才供求严重失衡、人才总量相对严重不足的问题，使网络人才建设面临的形势更加严峻。

1. 网络人才总量相对严重不足

相对于传统行业，互联网行业的人才和企业之间的供需关系是失衡的，人才的需求量远远大于供给量。随着国家"互联网 +""分享经济"发展战略的提出，国家经济、军事、文化、生活等方面建设对网络人才的需求进一步加大，网络人才总量不足、整体缺口很大的问题日益凸显，这也成为许多互联网企业招聘部门头疼不已的问题。数据显示，中国网民数量早在 2008 年就跃居全球第一，目前仍在持续增长之中。截至 2015 年 6 月，中国网民已达 6.68 亿人，比整个欧盟的人口数量还要多。[①] 虽然网络人才建设有了长足发展，但是网络人才总量不足和高水平网络人才匮乏的问题，已严重影响了我国网络强国建设的进程，制约了网络信息技术的创新发展。在"互联网 +"发展呈现形势一片大好的背景下，以互联网为载体的大众创新企业大量涌现，与此同时，网络人才紧缺、千方百计争抢网络人才已成为互联网企业间每天都在上演的"大戏"。广州好市网公司创始人之一的张伟豪说，在"互联网 +"热潮带动下，整个行业出现人才供不应求的状况。比如经验一般和经验丰富的网络工程师需求缺口达到了 30:1 和 100:1，也就是说，市场上需要 100 个有经验工程师，却只有 1 个人来应聘，尤其是高端人才的需求紧俏。[②] 据预测，未来 5 年，我国互联网人才缺口将达 1000 万人。

2. 重点专业网络人才需求巨大

随着近年来更多的传统行业互联网化，网络安全人才、网络金融人才、移动互联网人才等重点专业网络人才需求越来越大的趋势愈发明显。

（1）网络安全人才紧缺

自 2015 年出台《国务院关于积极推进"互联网 +"行动的指导意见》以

---

① 2015 中国互联网十大总结，2016 中国互联网十大展望 [EB/OL]. (2016 – 01 – 13) [2016 – 06 – 05]. http：//learning. sohu. com/20160113/n434505823. shtml.

② 互联网人才受热捧 初创公司上万月薪招不到 IT 人才 [N]. 广州日报，2015 – 04 – 02.

来，"互联网+"已与各行各业深度融合，日益成为促进大众创业、万众创新，加快形成经济发展新动能的重要推手。要使"互联网+"更好地为我国经济社会服务，就必须打造互联网长城，高度关注网络安全，加强网络安全人才培养。网络安全人才作为保障"互联网+"经济安全、军事安全的基础支撑，必须夯实筑牢。据国家互联网应急中心发布的《中国互联网站发展状况及其安全报告（2016）》显示，截至 2015 年 12 月底，我国网站总量已超过 420 万个，但其中近 40% 的网站存在漏洞，13% 的网站存在高危漏洞。① 这足以说明我国网络安全人才缺口很大，而且已经到了令人忧心的地步。目前，全国的网民有 7 亿多人，而全国网络安全专业的本科、硕士、博士学历人才加在一起却不超过 8000 人。虽然互联网企业高薪颇具诱惑，但仍然是"一将难求"。

（2）网络金融人才紧俏

随着互联网金融行业的快速发展，网络金融人才也日益紧缺。特别是近年来兴起的 P2P② 行业，网络金融人才缺口更是高达数百万人，真可谓"僧多粥少"。除了 P2P 外，众筹、大数据等新型互联网金融企业更是面临人才匮乏的局面。在人才市场上，同时具有互联网和金融数据分析经验的人才都成了行业的"金饽饽"，但与市场需求相比仍差距甚远。2015 年 11 月 7 日猎聘网发布的《上海互联网行业人才紧缺指数③（TSI）报告》显示，WEB 前端开发工程师已成为上海互联网行业中最紧俏的职位。据此报告，2015 年前三季度，互联网在上海全行业中成为人才需求最紧迫的行业；而在当地互联网各种紧缺职位中，各类研发技术类岗位稳居前列。报告指出，上海互联网行业 TSI 高达 2.49，在上海所有行业中排名第一，并以明显的差距与其他行业拉开差距。上海互联网行业自 2014 年第三季度以来，始终保持着较高的 TSI，网络人才严重供不应求。到 2015 年第三季度，上海互联网行业 TSI 达到历史新高，高达 2.49。④

---

① 中国互联网站发展状况及其安全报告发布［EB/OL］.（2016 - 03 - 18）［2016 - 06 - 05］. http://tech. qq. com/a/20160318/029177. htm.

② P2P 指网络借贷，其增长模式各异：第一种是传统模式，借助网络平台撮合借贷双方达成交易；第二种是以宜信为代表的线下债权转让模式，赚取利差；第三种是担保模式，引入金融机构为线上交易双方提供担保；第四种引入金融机构进入平台。

③ 人才紧缺指数（Talent Shortage Index，TSI）＝需求岗位数/求职人数。TSI 大于 1，表示人才供不应求；小于 1，表示人才供大于求。如果 TSI 上升，表示人才紧缺程度加剧。

④ 上海互联网紧缺人才报告发布 WEB 前端开发工程师最紧俏［EB/OL］.（2015 - 11 - 13）.［2016 - 06 - 05］http://sh. people. com. cn/n/2015/1113/c134768 - 27093245. html.

（3）移动互联网人才缺口日益扩大

领袖 HR 商学院院长、国内知名人力资源专家杨平英在接受媒体记者采访时说，作为互联网新兴行业的移动互联网行业，其人才供需矛盾已很突出，人才缺口很大，尤其是高端人才缺乏。预计未来三年约 200 万家中小企业将会设立移动营销部门或岗位，我国移动网络人才缺口或将突破 600 万人。据《广州日报》报道，我国移动互联网行业 2014 年需要应用开发人员数量为 200 多万人，可实际人才供给数量还不到 70 万人，预计整个网络人才缺口在 400 万人以上，未来 5 年，中国移动网络人才缺口将达 1000 万人。雅虎公司北京全球研发中心关闭、约有 350 名员工被裁的消息一经发出，国内许多互联网企业就开始了"抢人大战"。尤其是相关消息在朋友圈公布后，两个小时内相关微信群里就涌入了 300 多名互联网公司招聘人员和猎头，这其中至少有 200 家互联网公司的创始人甚至投资人。仔细回顾一下，其实互联网公司研发部门员工遭裁员后被哄抢的事件已不新鲜，几年前的摩托罗拉、微软、诺基亚裁员就引起了各 IT 巨头的哄抢。

（二）网络人才结构不够合理

人才结构是指构成人才系统的诸要素以及它们之间的排列组合方式。[①] 从结构的构成来看，人才结构由以下三方面构成：第一，构成人才结构的基本要素；第二，构成人才结构的要素数量比例；第三，构成人才结构的诸要素之间的配合方式。[②] 人才学认为，人才结构合理与否，不仅关系到社会的发展，而且还关系到人才自身价值的实现。就我国网络人才发展状况来说，其结构不尽合理主要表现在以下三个方面。

1. 网络人才结构性矛盾突出

传统观念里，网络人才即是单纯的网络工程技术人才，这就导致了网络人才培养目标的单一化，结果是普通网络技术人员相对过剩，网络服务人才、企业管理人才、行业技术带头人及高层次、复合型网络人才严重短缺。据统计，我国信息技术产业科学家、工程师就业者密度仅为美国的 1/4，拔尖人才密度只有美国

---

① 罗洪铁. 人才学原理［M］. 四川：四川人民出版社，2006：344.
② 叶忠海. 人才学基本原理［M］. 北京：蓝天出版社，2005：140.

的 1/230。"千军不易得，一将更难求"的局面短期内难以缓解。原教育部部长袁贵仁曾在十二届全国人大四次会议回答记者提问时指出，中国的高等教育结构不合理，这个不合理表现在培养理论型、学术型人才的学校比较多，培养技术、技能型人才的学校比较少，也就是大家经常批评的学校同质化的现象比较严重，都在培养学术型的人才。这种结构不合理直接导致大学毕业生难以找到适合的工作岗位，同时用人单位难以找到合适的人才，这就是我们讲的结构性矛盾。对于网络人才来说，这种结构不合理的问题同样存在，尤其是那些专业型人才、复合型人才、领军型人才明显短缺。网络人才结构性矛盾突出不但与我国快速发展的网络信息化建设不相适应，而且还将严重影响我国网络安全建设，制约我国网络信息化的长远发展。职业社交平台"领英"发布的《2016 年中国互联网最热职位人才库报告》指出，网络人才结构整体呈现出"将多兵少"、职位虚高的明显特征。相关数据显示，我国网络人才中，初级职位占 43%，高级专业人员占21%，经理占 18%，总监、副总裁、企业主、所有人等决策层共占 18%。高级以上职位级别人员比初级职位要高出 14 个百分点。①

2. 网络人才体系化程度不高

体系是指若干事物或某些意识互相联系而构成的一个整体②。体系化是指使事物成为体系的过程。人才体系化是指使人才在所属组织内在无序和有序之间寻求平衡，局部之间相互协调、相互促进、相互补充、相互强化，以产生强大的组织力。我国目前网络人才体系化程度不高，主要表现为各层级网络人才发展比例不平衡、不协调。互联网行业的高技术密集度、快节奏、强竞争的行业特点，决定了其人才队伍年轻化、高学历的特点，决定了这个行业更需要年轻人。资料显示，互联网行业网络人才的平均年龄为 28.3 岁，平均工作年限为 2.5 年，以本科学历为主。与网络人才的年轻化相伴而生的是网络人才发展不平衡问题。国家信息中心吕欣处长曾表示，我国网络空间人才体系建设是一项系统工程，面对的对象是一个涵盖 6 亿多网民的巨系统，需要利用系统学的方法设计实施。通过要素分解，网络空间人才体系具体应涵盖以下七个方面：网络空间战略人才、网络

---

① 互联网业数据分析人才最稀缺［N］. 北京日报，2016 – 02 – 14.
② 中国社会科学院语言研究所词典编辑室. 现代汉语词典［K］. 6 版. 北京：商务印书馆，2015：1281.

安全与信息科技领军人才、网络空间法律人才、优秀的网络企业家、网络安全和信息技术工程师、普通网民、初涉网络的中小学生。① 在这七个方面中，初级网络人才占据了相当大的比例，而具有一定工作经历和经验的、对网络发展起中坚力量的中级人才数量还远远满足不了现实需求，至于那些技术过硬、能够把握行业发展趋势的高级人才，如网络空间战略人才和网络安全与信息科技领军人才，数量奇缺，更属凤毛麟角，直接影响到我国在全球信息化建设中的优势竞争地位。

3. 网络人才国际化程度不够

互联网进入我国时间相对较短。在互联网发展历程中，国内大多数新兴互联网企业都是通过模仿和引进世界先进行业模式发展起来的，这种先天外来性特征决定了我们的"互联网＋"战略更应注重与国际发展同步，不断获取国际先进信息，建立国际网络，形成网络人才国际化的结构与格局。在"互联网＋"时代，互联网与传统产业的融合，不仅是简单地构造线上物流、线上营销，从其本质上来说，更应该实现产业形态的深度融合。依靠互联网技术的国际间深度融合，才能有效拉动经济增长，这就需要国内互联网企业站在全球高度与他国产业开展积极竞争。这其中起决定性作用的因素，就是需要更多国际化网络人才的有力支撑。例如，北京中关村是"中国的硅谷"，作为我国科技创新最活跃的地区之一，北京中关村虽然是我国首个人才特区，但从中关村网络人才结构看，其国际化程度并不高。此外，互联网行业对人才的需求正在悄然发生变化，网络人才除了需要学历和工作经验之外，尤其需要具备"互联网精神"的"软能力"，其核心要素主要包括快速学习能力、以人为本的思维方式以及快速迭代、不断试错的创新精神，而这种精神更需要通过网络人才的国际化来实现。

（三）网络人才流失速度加快

人才学认为，人才流失是指在一个组织内部，对组织成长发展起着重要作用，甚至关键性作用的那部分人才主动离开组织，或者人虽然没有离开但已发挥不了积极作用的现象。人才流失可以分为显性流失和隐性流失两种，显性流失是

---

① 吕欣. 网络空间人才体系涵盖七大方面 [J]. 信息安全与通信保密，2014（5）：34.

指一个组织的人才由于种种原因离开该组织而另谋出路，使该组织人力资源管理紊乱甚至陷入困境，从而影响组织长远发展。隐性流失是指虽然组织的部分人才并没有主动离开组织，但这部分人才由于受到的激励不够或者受其他因素影响已失去了工作积极性，其才能并没有发挥出来，从而影响该组织长远发展。

1. 网络人才流失加速的主要表现

认真分析当前网络人才流失速度日趋加速情况，主要有如下五种表现。

（1）从不发达地区加速流向发达地区

由于落后地区的互联网企业提供的工资水平往往低于发达地区，为了满足其基本物质生活需要，加之大多数年轻人才渴望实现自我价值，相当部分的网络人才往往会从欠发达地区流向发达地区。在我国最明显的表现就是从中西部和内地等欠发达地区流向东部和沿海等发达地区。越是发达地区越能吸引人才、越是落后地区则越难留住人才的趋势愈发突出。

（2）从民营企业加速流向外企或国企等大型企业

外资和国企等大型互联网企业，由于实力雄厚、企业发展前景明朗，加之提供的福利待遇和薪酬高、制度完善，尤其是人才在其中发展前景明显优于中小企业等原因，其对大多数年轻人才形成很大的吸引力，这也是导致人才主动流向外资和国企等大型互联网企业，或被他们以高薪挖走的重要原因。

（3）核心人才流失比重增大

企业的核心高端网络人才，大多拥有丰富经验或高超技术等优越条件，他们是众多猎头公司竞相挖掘的对象。网络高端人才是互联网企业的核心人才，如果他们工作一段时间后没有获得提升，或者企业的发展前景不够明朗时，抑或企业文化不足以吸引他们留下来，他们往往就会离开该企业另谋出路。随着世界互联网的飞速发展和我国"互联网＋"战略的实施，互联网企业的人才竞争逐渐成为企业与企业、国与国之间竞争的焦点，人力资源发展成为组织的"第一要素"。当前，在移动互联网、大数据、云计算等科技因素迅猛发展的背景下，网络人才流失的现象越来越普遍。尤其是随着"80后"走上管理岗位或成为骨干员工，"90后"渐渐在职场上崭露头脚，被冠以"自我意识觉醒""互联网思维"的独生子女一代已是职场主流，他们呈现出明显的职业特征：更加关注自己与企业的价值观、思维和行为模式的契合度；大多具有网状思维模式，跨界和转行已不再是不可逾越的障碍；等等。这些特征使网络人才流动速度加快。此外，受高素质人才供求不匹配、竞争对手之间激烈的薪酬竞争，以及愈发激进的招聘模式等外部因素影响，保留网络人才的难度也越来越大。

（4）人才集体流失现象较为普遍

近年来互联网企业人才在原企业高管率领下集体出走已成为网络人才流失的一个新特征。这些人才之所以选择集体出走，主要基于两个方面原因：第一是该高管在他们心目中已经成为团队生死存亡的关键，第二是合作过程中形成的团队共同体的利益受到了较大威胁。对于一个企业而言，其组织竞争力的关键是优秀的员工骨干，如果缺乏对这部分员工的有效保留政策，即使企业员工流失率再低对企业也是没有价值的。

（5）年轻人才流失比率高

通过相关数据分析发现，人员流失与年龄呈负相关关系。目前大多数互联网企业人才队伍非常年轻，年轻人占了中层、基层员工的绝大部分。年轻人才思想活跃、创造力强、不安于现状、有着强烈的进取心，加之又处于一个年轻人占多数的群体之中，示范效应往往很容易引起人才的群体激动，进而更容易引起人才的流失。

2. 网络人才流失加速的主要原因

关于互联网行业人才流失加速的原因，马云曾说，员工的离职原因很多，只有两点最真实：第一，钱没给到位；第二，心委屈了。认真分析起来，主要有以下三个方面的原因。

（1）企业竞争激烈

一是互联网企业竞争异常激烈。互联网企业开放兼容的特征决定了企业之间构建较高的准入门槛并不容易，一种新技术或一种新模式就可能会掀翻一个行业巨头。比如，360靠着自身产品的技术创新从百度手中抢走了10%的市场份额；京东则靠着大商场的商业模式，加上快速送货、上乘的质量保证等特点短短几年时间就达到销售额百亿元的规模，从而成为淘宝的有力竞争对手。如今的互联网行业每天都像是在进行一场又一场的战争，国内互联网企业大多数都如履薄冰，竞争非常激烈。二是国内大型互联网企业垄断现象严重。像腾讯、阿里巴巴、百度等互联网巨头在各自领域的市场占有率都超过了80%，它们凭借着超高利润，可以相对轻松地高价笼络、吸引人才，让小型互联网企业步履维艰。三是恶意挖角现象突出。由于对知识产权的保护还没有引起足够重视，加之现行法律法规还不够健全，不可避免地出现了部分产品、技术抄袭严重的现象。某个企业认为某个产品很有潜力时，会采用从竞争对手企业里挖走核心人才的方式很快追赶上甚至超越竞争对手。比如，当年谷歌专门在西雅图设置人力资源部，其目的就是专门挖微软的技术人才，随后崛起的脸谱又狂挖谷歌的技术人才，等等。四是工作强度过大。加班加点、通宵达旦已经是国内互联网企业的潜规则，长时间、高强度的工作对于职场新人、年轻人来说还比较容易接受，但中高端人才却相对比较排斥。大部分中高端网络人才上有老下有小，倘若不能很好地处理工作和生活之间的矛盾，往往容易产生职业倦怠感，从而出现跳槽甚至于改换行业的现象。

（2）人力资源管理效益低下

一是缺乏科学的人力资源战略规划。国内互联网企业大多只关注眼前需要，对企业长期发展究竟需要什么样的人才了解并不十分透彻，有些甚至盲目扩张，遇到问题时却又简单地盲目裁员，人力资源缺乏科学长远的战略规划，这种做法只会使人才对企业失去信心。二是普遍存在重专业轻管理的问题。目前国内大部分互联网企业人才的发展和晋升多以专业能力为主要标准，很多企业的管理者"软素质"较差，缺乏有效激励员工的素质能力，多数时候只是从工程师角度管理人力资源，忽视甚至轻视与下属的交流沟通。据某人才网站调查，目前互联网企业人才流失、员工离职在很大程度上是因为跟领导理念不合、诉求得不到满足。三是缺乏人性化人力资源管理。互联网是一个工作复杂且需要大量创新的行业，更需要人性化的人力资源管理。人才是渴求有尊严的生活、渴求被尊重的。然而国内多数互联网企业采取的主要激励手段是"胡萝卜加大棒"，这是一种简单、低级的对机械类劳动有效的手段，对于难度大、需要大力激励员工创新创造活动的网络人才，这种手段不但失去了效用，而且还可能起到负作用。四是企业文化缺乏吸引力和凝聚力。客观地说，中国互联网企业成立时间相对较短，企业文化底蕴还不够深厚，人才对企业缺乏较强的归属感，还有相当一批企业又常常短视，对企业文化建设重视不够，这种缺乏吸引力和凝聚力的企业文化必然导致人才缺乏归属感，人才流失也就不足为奇了。

（3）网络人才自身压力过大

一是心理素质弱，承受不了巨大的工作压力。互联网企业竞争激烈的现象在一定时期一定范围内难以有效解决，那么这个行业的人才工作压力大也就在所难免。这就要求从事互联网职业的人才需要很强的承受、化解高强度工作压力的能力，需要较强的心理素质，如若不具备这些能力，离职、被离职也就不可避免。二是人际关系紧张，欠缺自我情绪管理能力。互联网企业大部分人才相对年轻，客观上存在社会经验较少、自我情绪管理能力较弱、遇事爱冲动、常常搞不好人际关系等问题，当这些问题积累、发展到一定程度又无法协调和解决时，大多数人才的做法往往就是离开。三是家庭、个人压力等因素。目前国内实力雄厚的互联网知名企业大多分布在一线大城市，生活、工作在这些城市，就不得不承受工作压力大、生活成本高等方面的考验，虽然互联网企业较一般职业薪酬较高，但对于年纪尚轻、工作时间不长的网络人才，在户口、房子、车子、孩子上学、医疗保障等实际问题上并不是人人都可以得到合理合适的安排。如果这些实际问题得不到妥善解决，也会在一定程度上引发部分人才流失。

正所谓人往高处走，水往低处流。互联网行业间的这种人才之争周而复始地上演，那么人才相对流失的问题也必将长期存在，对此，还需引起互联网企业高度重视。

二、当前我国网络人才培养问题透视

自 1994 年至今，我国互联网产业从无到有，短短 20 多年的时间，在电子商务、网络视频、社交网络领域等诸多层面已经接近了美国。我国互联网发展迅猛的背后，不可避免存在网络人才供求失衡、结构不够合理以及人才流失等问题。认真分析产生这些问题背后的深层次原因，有助于推动我国在互联网领域从跟跑并跑向并跑领跑转变。

（一）网络人才培养观念相对滞后

诺贝尔经济奖得主凯恩斯说，观念可以改变历史的轨迹。纵观当今世界国与国之间的激烈竞争，最终败下阵来的无疑是那些科技落后的国家。科技落后的原因则是思想、文化的落后，究其根本还是思想观念的落后，国家民族都是如此，教育事业和人才培养亦概莫例外。人才观念是人们对人才的识别、选拔、管理、培养、保护等方面的根本看法。它决定着人才的选拔标准和用人制度的基本导向。人才观念在不同系统之间或者同一系统的不同时期都是不同的。作为一种长期形成的思想意识，人才观念影响并支配着整个人才队伍的建设与发展。一般来讲，人才培养观念、培养目标、培养模式和培养质量四者之间，观念决定目标，目标影响模式，模式影响质量，观念、目标、模式和质量，前一个决定并支配着后一个，这是人才培养的基本逻辑规律。从这个逻辑规律出发，人才培养观念从根本上决定着人才培养质量的高低。网络人才作为转变经济发展方式和建设网络强国的重要因素，是一个国家竞争力的重要标志，对提升一个国家的经济、军事、科技发展水平和国际竞争地位发挥着关键性作用。当前网络人才发展的最大障碍，仍然是陈旧思想观念和落后体制机制的束缚。

1. 人才培养观念不够端正

当前我国网络人才培养存在的诸多问题，大都与人才观念落后形势发展、观念不够端正有关，主要表现在以下方面。

一是片面重视培养过程，忽视了培养结果。网络人才培养的大众化观念冲淡了人才培养的精英意识。在人才培养过程中，这种思想认识上的局限性主要是：片面追求招生规模扩大化而忽视培养质量这一根本性要求，片面强调知识传授而忽视培养实践能力这一重要环节，片面追求统一性而忽视培养人才独特的个性发展，片面重视学生培养过程而忽视是否培养好了这一结果。这些思想观念和认识上的差距如果长期存在，长此以往，必将导致人才培养质量层次不高，进而很有可能使我们输掉与他国的人才竞争优势。

二是片面重视学科发展的统一性，忽视了互联网学科的独特性。网络人才培养观念不能与时俱进、因地制宜。一方面，人才培养观念长期陷于系统性、完整性、基础性等怪圈中。另一方面，网络人才培养过程中过分强调教学的作用而忽视了科学研究的作用，过分强调科学研究的研究功能忽视了科学研究的育人功能，过分强调知识的系统性而忽视了现代信息网络知识交叉融合的交集性、发展性，过分强调教材的统一性而忽视了教材的多样性，等等。

三是片面重视落实环节，忽视了政策制度保障。网络强国、"互联网＋"战略的相继提出，各地与之对应的相关发展政策出台很快，落实网络人才培养的力度总体来说也比较大。但客观地说，各地对中央的战略还仅仅停留在落实的层面上，还缺少与本地区网络人才培养情况密切相关的配套政策，缺乏相应的人才培养体制机制保障。在实际培养过程中，仍然存在着一些束缚网络人才培养的制度性障碍。

2. 人才观念特征把握不准

信息网络社会的飞速发展不断产生新的需要，伴随出现与之相适应的新兴互联网行业。行业中长期存在的旧的人才观念，尤其是对科学网络人才观特征把握不准的问题日益成为互联网企业前进的沉重包袱。概括地说，科学的网络人才观具有两个突出特征：一是网络人才观与市场经济、网络经济相吻合，二是网络人才观的现代化与互联网企业的现代化相吻合。然而，由于互联网在我国发展的时间相对较短，我国在网络人才的培养方面对于科学网络人才观的突出特征还存在把握不够准确的问题，具体表现在以下方面。

一是网络人才的培养缺乏科学网络人才观的有效指引。在网络人才培养过程中，人们往往只是简单地把网络人才作为社会发展过程中出现的一种人才类型来看待、去培养，而没有真正把网络人才作为知识型、科技型、创新型人才主体，没有最大程度地发挥网络人才的才能，没有在全社会形成重视、优先发展网络人才的良好氛围，也没有实现网络人才的优化配置。因此，也就难以发挥网络人才带动社会或群体的整体发展的作用。这些都是社会发展中必然会出现的问题，对此，我们要正确认识、客观看待，努力加以改进。

二是互联网企业的现代化与科学网络人才观的现代化相脱节。我们知道，人才观念的现代化是企业现代化的先导。在互联网企业发展过程中，首先要认清的问题就是必须要有科学的网络人才观的指导。然而，部分互联网企业缺乏科学的网络人才观的指导，致使企业往往把对网络人力资源的投入看作一项无用的花费，不愿投入、尽量少投入，甚至不投入的现象也是存在的，根本没有把对人力资源的投入看作一项长远的、有产出的、有更多回报的投资。此外，科学网络人才观还具有相对的独立性，它与整个社会的发展也并不是完全同步的。比如，针对海南一些互联网企业留不住人才的问题，海南大学经济管理学院江明朝教授表示，海南互联网企业留不住人才并非无法可解的困局，能否留住人才，关键还在于企业是否树立起健康的人力资源观念，掌握行之有效的人力资本运作方式。这就要求互联网企业需要不断加大对员工的培训力度，从而达到员工与企业一起发展、一起成长的目标。

（二）网络人才培养政策前瞻不够

科学完备的人才政策，既是人才发挥作用的有效保障，也是人才体制机制改革创新的重要前提。在全面实施网络强国战略背景下，只有充分发挥人才政策的作用，实行更加积极、更加开放、更加有效的人才政策，才能最大限度地调动网络人才的积极性创造性，使网络人才的创新思想不断涌现、创业激情竞相迸发。如果只是基于满足眼前需要而制定推出一批政策，制定的网络人才政策是一些"应急措施"，缺乏长远的目标设计，本质上缺乏发展性，其后续性、相关性问题必将无休止地反复出现。这就要求制定政策必须兼顾长期性和前瞻性。互联网进入我国20多年了，但网络人才政策从战略高度、长远发展来看，缺乏前瞻性，科学性、针对性不够等问题还突出存在。

1. 对网络社会发展变化战略性准确性预测不足

社会总是不以人的意志为转移，时刻处于不断发展变化之中，无论是出于引导的目的，还是出于解决现实问题的目的，政策的前瞻性都是重要而又必不可少的要素。就中国目前网络人才政策制度的"智库产品"而言，"一招一式"的应急性对策占主导，很多问题不能向前看两步、三步，往往不能把握现实全局或发展趋势。缺乏前瞻性的战略思想是中国智库普遍存在的问题。[①] 政策的制定要充分考虑现实情况的不断发展变化，找准切入点和结合部。网络人才政策要有前瞻性，政策本身至少体现在以下三个方面。

一是研究掌握和分析判断网络人才政策制定的对象的现实表现及其未来发展可能趋势。这是我们制定政策、设计制度的前提基础，更是人才部门的基本业务要求。如果这项工作做得好、做得实，那么出台的政策就会有坚实的现实基础，解释政策就会有可靠的依据。反之，则会出现说不清、道不明、受质疑等问题。不难想象，受到质疑尤其是受到广泛质疑的政策是不可能取得预期政策效果的。

二是对网络人才政策执行中可能出现的问题进行前瞻性研究，并做好相应的对策准备。政策只有付诸实施、得到贯彻执行才会有现实意义。政策执行过程中，由于各地情况千差万别、经济社会发展不平衡、各种利益诉求不一致等因素

---

① 郝时远. 应急性研究太多 前瞻性思想太少［N］. 中国社会科学报，2013 - 10 - 09.

的影响，不同的群体和对象，对政策的认知程度总是不一致的，会出现理解上的一些偏差，加之政策自身可能存在的不足或漏洞，两者结合在一起，会使政策在执行时出现诸多问题。因此，对可能出现的问题以及对出现问题的相应对策考虑，是体现政策前瞻性必须考虑的重要要素。政策只有有预见、有准备、有对策，执行时才可能取得好的效果，达到预期目的。

三是对网络人才政策效果的合理预见和科学评价。政策执行后，一般都会较快发挥政策效果，但多数情况下预期效果与实际效果还是存在一定的差距。具体来看，一方面，政策制定要以预期效果作支撑，此处应让政策回归本来面目，切忌把政策理想化、万能化；另一方面，为了便于后续政策的制定，要建立政策效果评估机制，对政策执行过程中的实际效果进行科学评价，此时切忌政策实施缺乏连续性。因为很多问题不是依靠政策一次性就可以解决的，需要不断跟踪、不断用后续政策深化前期政策效果才能达到目的。

2. 对人才政策实施后的调整完善不够及时有效

政策的生命在于实施，而实施政策就要求政策本身具有很强的针对性、适应性和可操作性。因此，当一项网络人才政策出台后，要结合实际尽快制定切实可行的实施细则，把大家关心的那些原则性的表述变为清晰的界定，最大限度地消除政策执行上的模糊性、随意性和不确定性，从而让各类网络人才心中有一本明白账，更好地释放政策效益，确保好钢真正用在刀刃上。另外，政策时效性强的特点决定了政策必须随着时间的推移不断调整完善，由此才能更好地发挥作用。网络人才政策亦是如此，需要随着经济社会发展不断调整、优化和完善。需要着重指出的是，人才政策的调整不是"另起炉灶"，而要承前启后、继往开来，搞好新老政策的衔接，积极稳妥地推进原有政策的"接轨""转轨"，该统一的要统一，该调整的要调整，该并存的应当允许并存，努力让网络人才政策科学有序运转、形成最佳合力。当前，随着人才竞争国际化愈演愈烈，"互联网＋"需要更加开放的人才战略，我们的网络人才政策更应适时调整，与国际接轨、合拍。其实，发达国家依靠互联网创新创业早已趋向国际化。在欧洲，"欧盟科技发展框架计划"（FP）集合了50多个国家的近百万个高水平科研机构、大学和企业参与。由此可见，"互联网＋"时代，网络人才政策的开放度还要继续增加。

3. 高校人才培养政策体系与社会需求衔接不够

高等院校在人才培养方面起着十分重要的作用，应增强人才政策的前瞻性、适应性，走以提升质量为核心的内涵式发展道路，着力提高服务经济社会的责任感和善于解决问题的实践能力，主动衔接好、适应好经济社会发展需求。以网络金融人才为例，为什么人才缺口成为当前互联网金融行业发展的瓶颈呢？一方面，互联网金融行业是一个新兴行业，是"互联网＋金融"的结合体，我国传统教育并没有与之相对应的专业设置，也不存在所谓的科班出身的人才，人才供给难免存在先天不足。加之近几年行业的快速发展，人才需求始终居高不下，供需矛盾突出也就在所难免。另一方面，互联网金融行业所需要的复合型人才难找。互联网行业节奏快，金融专业要求专，两者结合自然会对人才的专业要求更高。因此，懂一个专业的人才好找，而两头都"玩得转"的人才却少之又少。比如，成立一个P2P平台，不仅需要市场营销人才，还需要技术人才，如果单纯懂一些金融知识是根本无法满足互联网金融行业需要的。此外，互联网金融行业还是一个"跨学科"行业，它融合了金融、通信、信息网络等相关行业，要求从业者必须具备复合型能力。但由于是新兴行业，其人才培养机制尚未建立起来，这就使人才供需矛盾成为了互联网金融行业发展的瓶颈。我们知道，增强人才政策的前瞻性是经济社会发展规律的客观要求，这就要求高等院校要树立以社会需求为导向、能力培养是关键的办学育人思想，从学科发展角度出发，大力培育交叉学科，利用综合性大学的多学科优势不断挖掘学科发展潜力，开辟学科新的增长点，形成有前瞻、有特色的交叉学科；注重提高学生就业能力，可适当申请增加经济社会发展急需专业的招生计划；着眼市场新需求，始终抓住人才培养质量这个生命线。实施过程中，要充分考虑学科内涵和产业发展趋势，积极拓宽专业设置口径，着力增强人才适应行业需求变化的创新精神、实践能力以及职业转换能力。一方面，可以在学科内适当增加、扩充培养内容。另一方面，在学科间进一步调整、归并专业大类，统一专业基础课设置，通过多学科交叉培养，实现人才培养的"一专多能"。此外，还应进一步加大实践教学比重，积极与本地区互联网相关企业开展联合实践教学，切实提高学生的实践能力。

（三）网络人才培养模式不够科学

人才学认为，人才培养模式，是在现代教育理论和教育思想指导下，按照社会发展不同历史时期对人才的需求，确定的人才培养目标和具体的人才培养规格，并通过相对稳定的教学内容、课程体系、管理制度和考评方式，对人才实施培养教育全过程的总和。简言之，就是不同历史时期所确定的人才培养目标和具体的培养规格，以及为实现培养目标、达到培养规格所采用的方法或手段。人才培养模式是人才培养的规格与方法，人才培养目标则是人才培养的具体方向。当前高校专业设置与社会需求出现一定偏差，尤其是互联网行业相关技术蓬勃发展，但国内多数高校在与互联网对应专业的设置上针对性不强，缺乏系统性，缺乏与新知识体系的大规模对接等问题还普遍存在。因此，高校只有科学合理地确定网络人才发展的培养模式和目标，才能更好地促进人才的综合发展，培养出合格的网络人才。

1. 网络人才培养体系性不强

体系性是网络人才培养的关键，这是当前教育模式下亟待解决和突破的问题。

（1）网络人才培养学科群落不够成熟

目前，虽然国内一部分高校已经开设了信息网络技术专业，初步形成了本科、硕士、博士等不同的培养层次和学科群落。但是网络技术专业毕竟是一门多学科综合的交叉性学科，涉及数学、计算机、微电子、通信、网络工程、密码学等诸多学科领域，高校在培养网络专业人才过程中，由于没有很好地把握各学科群落的比例关系，盲目、随意地开设一些相关课程的现象还较为普遍，培养的学术型人才偏多，能够有效解决现实网络技术专业问题的实践型、应用型、创新型人才偏少，重数量轻质量、重文凭轻素质、重学科单向发展、轻学科综合集成等学科群落不够成熟的问题，仍然是我国现行网络人才培养体系存在的突出问题。

（2）网络人才培养课程体系不够完善

现行培养模式中，网络专业课程体系建设的指导思想、人才培养的目标和方向都是各高校根据其具体情况而制定的，课程建设体系缺乏战略性、系统性和规划性。缺乏对长远目标的科学认识、缺乏对网络人才培养规格的正确认知，这种摸索过程固然不可避免，但这只是问题的次要方面。如果这些问题的次要方面演变成现实中某些高校人才培养的主要方面，由其引发的网络人才综合素质不高、实践能力欠缺、创新能力不足等问题将会长期制约高校的人才培养质量，这是应该引起各方高度重视并努力加以克服的现实问题。

（3）网络人才培养实践教学相对缺位

网络信息技术专业具有很强的理论性、实践性，许多信息技术与手段需要在实践过程中去认识、去体会。而目前开设网络信息技术专业的高校为学生提供实践操作和锻炼的机会少之又少，甚至有许多高校无法为学生提供实践锻炼机会，更不用说提供处理网络信息技术问题的模拟实践了。担负网络人才培养重任的高校应把工程应用型人才培养作为重点突出出来，使之具备扎实的网络专业知识、较强的实践能力，能解决现实中的具体问题，具有一定的创新能力和意识，具有良好的思想道德、身体和心理素质，具有较强的学习能力①，解决好网络人才培养实践教学相对缺位的实际问题。

2. 网络人才培养定位不精准

高等院校进行教育改革，需要准确定位人才培养目标，强化专业特色，积极与互联网企业的需要和实际岗位要求相对接。当前，网络人才培养存在的一个突出问题是人才培养的定位不精准，仍是"知识技术本位型"的，没有深刻洞察互联网与传统产业日益融合的发展趋势，人才培养仍然是传统的注重技术、注重知识积累，而忽视了未来岗位要求、社会发展需求的有效牵引。对此，2014年3月教育部副部长鲁昕在中国发展高层论坛上表示：教育部对600多所地方本科高校进行向应用技术、职业教育类型转变的工作。地方本科院校要立足于培养工程应用型人才，突出实践能力培养，加快向应用技术、职业教育类型转变。这就要求网络人才培养要实现由"知识技术本位型"向"能力素质创新型"的真正转变，注重培养创新思维和创新能力，不仅要培养技术开发型人才，更要培养具有创新融合思维的"战略"型人才，培养对产业发展规律具有综合分析能力和前瞻思考能力的人才将成为"互联网＋"时代的领导者，这应成为我国网络人才培养应有的方向。基于此，在人才培养过程中，要科学定位人才培养模式，积极开展人才职业生涯设计。互联网企业在现实条件许可的前提下，应尽可能为人才提供培训与学习的机会。一方面，要考虑人才的兴趣特长，尽可能地把人才安排到便于其发挥才能的岗位上去，使人才的价值在工作中充分体现，使人才的精神

① 陈代武，彭智朝. 地方本科院校网络工程特色专业建设［J］. 计算机教育，2012（24）：33－36.

需要在工作中得到满足。另一方面，要重视企业文化对员工潜移默化的影响，在通过教育培训提升员工综合素质的基础上，合理规划员工职业发展生涯，创造员工成长发展进步空间，增强对员工的人文关怀，增进员工对企业的归属感。另外，互联网企业在规划员工职业生涯时，应提前筹划，科学分批次实施，不同层次的员工目标规划也要不同，从而使员工与企业同发展、共进步，实现企业与个人的双赢。

3. 网络人才培养开放度不够

开放的人才培养模式，有利于促进人才交流，尽快形成国际化的人才发展环境。当前，"互联网＋"战略倒逼人才教育改革，互联网行业更迭快，对人才的需求可谓瞬息万变，市场力量在网络人才培养中的作用得到加强，这些都对我国网络人才开放式培养提出了更高要求。然而作为一种近些年来才出现并被逐渐重视的人才类型，网络人才在培养过程中，还存在开放度不够的问题，主要表现在三个方面。

一是高校专业设置开放度不够。目前我国高校人才培养专业目录设置权限仍归属教育部，由教育部统一制定，这种统一规划的方式一方面使网络人才培养专业设置缺乏足够的开放度。同时，也使得高校在人才培养相关专业的设置方面缺乏自主权，由此也导致了对新出现类型人才的敏感性不够、政策滞后于网络人才队伍实际需要的突出问题。比如，互联网创业潮已经产生了诸如创客、筑梦师、股权架构师等新兴职业，网络人才专业领域呈现进一步细化的趋势，但高校并没有诸如此类的专业设置。其实，可以采取更加灵活、更加开放的方式"兼听八方"，例如吸引国外人才、企业、智库参与制定专业目录，给予高校更多的制定目录的自主权。

二是吸引外来人才开放度不够。互联网技术的飞速发展，使得人才在全球流动趋势增强。在此过程中，人才全球竞争也愈演愈烈。西方国家作为互联网的发明国家，已经有了相对成熟完善的网络人才培养经验，对此，我们应充分借鉴吸收其积极性的一面。在吸引外来人才留华工作方面，我们的开放度还不够，仍然有很大的提升空间。比如，来华留学生目前还不能充分地在华实习、就业，外国青年精英人才也缺乏普适性的签证渠道来中国工作。

三是发展在线教育开放度不够。"互联网＋"战略的深入实施对网络人才的数量质量都提出了新的更高的要求。目前看来，要解决网络人才缺口大这一突出问题，单纯依靠线下教育，即传统的学校教育已不现实。必须充分利用网络优势，紧紧抓住在线教育这个突破口。然而，目前我们对在线教育不够重视，缺乏相应的政策制度保障，缺乏相应的组织结构，更缺乏相应的人才来具体实施，在线教育开放度不够的问题十分突出。据了解，目前国内比较成熟的在线教育机构不多，相对较好的是"中国金融教育在线"。这是一家专业从事在线金融教育的平台，与国家人力资源与社会保障部合作，在线开展"互联网金融岗位能力认证"教育。该平台共设"网贷分析和风险管理师""金融大数据工程师""网络征信管理师""金融网络营销师""网络支付清算师""互联网金融产品设计师""众筹项目管理师"七项互联网金融行业急需的岗位能力培训。学员可以在线学习、在线考试、在线认证，全程实现线上完成。

（四）网络人才评价体系不尽完善

人才评价是按照规定的原则、程序和标准对人才素质、业绩及价值进行的综合测评。构建科学的人才评价体系，有利于实现人事相宜、人适其事、事得其人，促进人才培养与社会需求的有效衔接与平衡统一。亚当斯的公平理论认为，个人在组织中要注意的不是他得到报酬的绝对值，而是与别人比较的相对值。那么，这就意味着人才评价体系首先要体现公平性。所以，构建科学的网络人才评价体系，必须坚持客观公正原则，注重细化评价指标，量化评价标准，改进评价方法，规范评价程序，从根本上确保评价结果的真实有效，从而为网络人才安心本职工作，为经济发展和社会进步提供有力保障。

当前，"互联网＋"浪潮使各行各业都面临着新的挑战，同时也意味着有更多的机遇。互联网是一种工具，更是一种思维。只有掌握了"互联网＋"时代的新思维，才能更好地进行网络人力资源考评，促进企业形成高效的考评管理体系，从而在激烈的人才竞争中获得更大的优势。目前，一方面，互联网行业对高校毕业生存在质疑，认为毕业生无法迅速适应岗位对其知识与技能的要求。另一方面，高校的人才培养缺乏对用人单位实际需求的深入调查和准确理解，缺乏对网络人才所需系统性知识的传授和实际工作所需实践能力的培养。高校与用人单位两者之间供需失衡、对接不准的矛盾在一定范围内还比较普遍。经分析，导致这种矛盾的根本原因还在于现行网络人才评价体系缺乏分层、分岗位的评价方法，缺乏对网络人才结构的分类研究。

1. 人才潜力标准不够突出

网络人才评价需要一个科学的尺度，这个尺度就是评价标准。评价标准在网络人才评价过程中发挥依据、参照和规范作用。因此，标准制定的科学与否直接影响着人才评价工作的成败。科学的人才评价标准，是一个由相关评价指标组成的评价体系，既能充分发挥现有人才的发展潜力和聪明才智、激励人才的进取精神和创新能力，又能对人才队伍现状做出客观分析评价，发现问题，找出差距，进而形成一种浓厚的学习、研讨氛围，确保网络人才队伍建设的正确方向。传统的人才评价体系包括1.0时代"体力评价"、2.0时代"智力和经验评价"、3.0时代"能力评价"，而"互联网＋"新思维下的人才评价体系已然进入了4.0时代，更加注重"潜力"这一标准。比如，某多元化零售家族企业战略转型走电商道路要招聘新的CEO。如果使用传统人才评价标准，招聘的人才要求毕业于顶级院校、担任过有国际声望大公司的区域经理，等等。但是，这样的人才在实践中未必能适应网络信息技术、竞争和法规等方面出现的变化。所以，互联网时代需要的是具有成长为复合型人才和适应复杂多变环境能力的人才，尤其是当技术革命和产业融合让职位要求变得越来越复杂时，这就使过往经验和业绩与新职位的相关度降低。"互联网＋"时代，在注重用素质和技能评价网络人才的基础上，更应突出人才"潜力"这一评价标准，尤其对于网络人力资源管理者，更要用这些标准来预测他们未来的表现和潜力。

2. 时代发展特点不够明显

人力资源专家认为，在"互联网＋"时代，那些集业务知识、网络信息技术、市场营销等多种知识技能于一体的"互联网复合型人才"将是人才市场的主流，传统的单一型人才将被边缘化。网络人才需要更加尊重、包容、透明、协作的企业组织环境，需要企业人力资源管理者探索先进高效的考核评价体系，打通人才统筹的扁平化道路，更好地满足网络人才创新的诉求和企业转型的需要，而当前我国网络人才评价体系不尽完善的问题将制约和妨碍网络人才积极性创造性的激发。这是因为互联网不仅改变了人才评价相关数据获取的渠道和便利性，更强化了数据的巨大数量和分析能力。所以，有效利用各类数据为互联网企业人才评价提供科学、有价值的分析，是符合网络时代发展要求的。以往，企业获得的人才评价管理建议大多来自有限的考评样本，而如今的大数据分析能够有效突破样本局限，不仅分析背后的因果关系，更能够分析未来的发展趋势。比如，作为一家资深的专业人才网站，"中国国家人才网"在线推出全国人才测评系统部分测评模块，为个人用户与企业用户开通网上测评服务。网上人才测评服务是以先进的人才评价体系和手段为依托，利用互联网信息共享、即时传输的特点，为企业和个人进行异地测评提供服务平台并结合专业人士的反馈报告，实现高效率人才测评的一种现代化人才测评手段①。运用这种手段，可以实现人才评价主体多元化，避免功利化，突出公平化，促进科学合理的常态稳定的人才评价体系建立。这完全可以也应该作为我们评价考核网络人才的主要手段。

3. 绩效考核管理不够清晰

互联网企业能否最大程度地留住人才，其中很重要的一项工作就是是否建立清晰有效、科学合理的绩效考核管理机制。这是带有长期性、战略性、全局性和稳定性的问题。互联网企业只有建立并实施科学的绩效考核管理制度机制，人才工作才能充满活力。这是因为，互联网企业的战略管理和自身运营是不断变化的，与此相伴，网络人才的工作内容和性质也是不断变化的，对网络人才的考核管理也是随之不断变化的。当前网络人才考核管理不够清晰表现在两个方面。

一是人力资源管理者只重视结果，忽视了过程性考核。部分管理者往往只注重对网络人才考核最终结果的审查，而忽视了考核管理的目标计划性、过程有序性。虽然管理者与成员具有相同的目标，但在具体的工作方法上、在具体的落实中多数是由员工自己进行实践，管理者很少或几乎没有参与过程性考核管理。这样，一方面使得网络人才在落实过程中缺乏有效指导而能力提升不快，另一方面还导致了对人才的考核管理不够全面、不够客观、不够科学的问题。

二是激励机制不够健全有效。有两个方面问题：第一，不同类型、不同层次、不同能力的网络人才收入水平差距不大，没有建立根据个人能力高低、贡献大小的收入分配制度，有的企业即使有相关制度，但在执行过程中并没有充分拉开档次。第二，奖励机制不健全。多数企业在网络人才培养过程中还缺乏完善的

---

① 中国国家人才网推出在线人才测评 [N]. 北京晚报, 2002 – 04 – 03.

奖励制度，没有建立企业奖励基金，对那些为企业做出突出贡献的人才没有实行有效的物质和精神奖励，还不能够充分调动人才的积极性、主动性和创造性。

科学的网络人才评价体系能够给予人才全面、科学、客观的评价，能够使互联网企业在掌握本单位人才数质量的基础上，为进一步选拔、培养、使用好人才，明确人才待遇，制定人才发展规划，尤其是为人才资源向人才资本转变提供科学依据，使被评价人才的综合素质以及所做贡献得到企业或者社会的承认，从而真正激发人才干事创业的热情，真正形成动态的、持续的、人才辈出的创新型网络人才。

三、"互联网＋"时代我国网络人才培养面临的机遇与挑战

当今世界，科技进步日新月异，互联网、云计算、大数据等现代信息技术深刻改变着人类的思维、生产、生活和学习方式。得人者兴，失人者崩。建设网络强国，需要打造一支优秀的网络人才队伍，需要大批网络人才创造力竞相迸发、活力充分涌流。随着"互联网＋"战略和网络强国战略的全面实施和深入推进，我国网络人才建设迎来了难得的发展机遇，同时也面临着国内外人才激烈竞争的严峻挑战，加速网络人才培养势在必行。

（一）"互联网＋"时代我国网络人才大发展面临全新机遇

"互联网＋"时代，人才是决定"互联网＋"战略成败的关键。"互联网＋"是指利用互联网平台、信息通信技术把互联网和包括传统行业在内的各行各业结合起来，从而在新领域创造出的一种新生态。2015年3月5日，在十二届全国人大三次会议上，李克强总理提出"要制定'互联网＋'行动计划，推动移动互联网、云计算、大数据、物联网等与现代制造业结合，促进电子商务、工业互联网和互联网金融健康发展，引导互联网企业拓展国际市场。"2015年7月4日，经李克强总理签批的《国务院关于积极推进"互联网＋"行动的指导意见》发布实施，这是推动互联网向传统行业领域拓展，增强各行各业与互联网融合创新能力，进一步提高产业发展水平，形成我国经济社会发展新优势、新动能的重要举措。随着国家"互联网＋"战略全面落地，地方各级政府和企业越来越重视网络人才的培养和储备，"互联网＋"应用型人才的发展前景光明。从猎聘网发

布的《2016年上半年互联网行业中高端人才生态报告》来看，互联网行业热门职能排名前八位的分别是程序、产品、运营、销售、市场、人力、设计和测试，程序员依旧是互联网行业里最热门的职位。由此来看，随着"互联网＋"发展战略的全面深入实施，中国互联网行业将进入快速发展阶段，产品更新升级快，各类网络人才需求量大的现象将在一定时期内普遍存在。据资料统计，在人才流动中，有84%行业外人才流向互联网行业，有50%互联网人才流向其他行业，可见互联网行业在人才竞争中处于优势。目前，以中国的体量和互联网的发展，整个产业对网络人才的需求存在巨大缺口。不仅是互联网企业，而且在"互联网＋"战略下各大传统企业也纷纷触网，形成了全产业对网络人才的渴求，其中云计算和数据科学的缺口最大。这些都充分说明现阶段我国网络人才迎来了难得的大发展机遇。

1. 党和政府高度重视网络人才培养

自"互联网＋"行动计划提出以来，党和政府对网络人才的重视提升到全新高度。习近平总书记十分关注我国网络人才队伍建设问题，多次强调要大力培养高素质网络人才，建设高水平网络创新团队。2014年2月，习近平总书记在中央网络安全和信息化领导小组第一次会议上强调："建设网络强国，要把人才资源汇聚起来，建设一支政治强、业务精、作风好的强大队伍。'千军易得，一将难求'，要培养造就世界水平的科学家、网络科技领军人才、卓越工程师、高水平创新团队。"[①] 习近平总书记这句话，既指出了网络人才应具备的能力素质和人才培养重点，又为人才培养工作指明了方向，提供了遵循。2015年6月11日，国务院学位委员会、教育部正式发文，在"工学"门类下增设"网络空间安全"一级学科，并制定了该学科学位的基本要求和国家教学质量标准。现阶段，网络安全、保密管理、信息对抗三个专业在全国各高校布点共121个，计算机类、电子信息类等与网络人才培养相关的专业布点大约4800余个。可以说，这些举措为系统化、科学化开展网络人才培养、尤其是网络空间安全人才高等教育奠定了基础。当前，"十三五"规划明确了建设网络强国的战略部署与"两个一百年"

---

① 总体布局统筹各方创新发展 努力把我国建设成为网络强国［N］. 光明日报，2014 – 02 – 28 (1).

的奋斗目标是要同步推进的，要保证网络强国和"互联网＋"战略全面稳定有序深入实施，必须要有自己过硬的技术作基础，要有繁荣发展的网络文化来提供全面的信息服务，要以实力雄厚的信息经济铺就良好的信息基础设施，要以广泛的国内外合作拓展互联网企业发展空间，更为重要的是要有一支综合素质全面、实践能力突出的网络人才队伍作支撑，以此打造我国互联网建设的铜墙铁壁，以网络化信息化来推动国家经济、军事等方面的现代化，从而实现习近平总书记所提出的"网络基础设施基本普及、自主创新能力显著增强、信息经济全面发展、网络安全保障有力"的建设目标。《2006—2020 年国家信息化发展战略》提出，提高国民信息技术应用能力，提高国民受教育水平和信息能力，强调培养信息化人才，构建以学校教育为基础、在职培训为重点、基础教育与职业教育相互结合、公益培训与商业培训相互补充的信息化人才培养体系。因此，积极探索和建立网络人才培养模式，为网络人才培养提供更为广阔的空间和平台，构建更加坚实的网络人才培养保障体系，是大力推进网络强国战略的根本支撑。党和国家对网络人才培养的高度重视，伴随网络人才培养各项政策制度和体系的不断健全完善，我国必将迎来网络人才培养工作的跨越式发展。

2. 企业竞争极大改善网络人才发展环境

网络人才培养通常需要花费很大的时间、精力和财力，而科学合理地引进、培养人才则能够直接推动企业高速发展。进一步说，好的人才架构会让一个互联网企业永远保持高效的发展动力。在互联网金融这个新兴行业中，技术产品的快速迭代升级驱动着网络人才战略也必须保持不断更替，从而使企业保持强大的活力。特别是网络高端人才的引进吸收，已成为推动互联网企业高速发展的重要支柱之一。互联网企业如果想要进一步发展壮大，就必须加大人才引进培养力度，为企业提供源源不断的人才储备。

（1）知名企业引进人才竞争激烈

人力资源专家表示，在互联网金融人才大战中，主要有三类公司参与竞争：第一类以"三马"为代表，包括京东、小米、万达等公司，它们往往不惜重金招兵买马，有银行背景的金融人士更是他们的青睐对象；第二类是新型互联网金融公司和布局互联网金融行业的上市公司，比如第三方支付、P2P、众筹等，它们对互联网金融人才的引进数量要大于技术人才，其人才需求与第一类公司大致相同；第三类是传统金融机构，比如银行、证券和基金公司，它们则侧重于引进网络技术人才。比如平安集团旗下的陆金所，现有高管团队中一半为新的成员，分别是：被任命为副董事长的杨晓军，他原来是银监会业务创新监管部的副主任；"阿里系"空降而来的现任总经理叶朋；被任命为常务副总经理的陈伟，原来是平安银行的执行董事、副行长；还有被任命为副总经理的黄文雄和杨峻，分别来自兴业银行和浦发银行。目前，陆金所原有 13 人的庞大高管团队也缩减至 11 人。从 2011 年 9 月成立起，陆金所在 5 年多时间换了 4 任总经理，但是董事长则没有变动，一直为计葵生，这就是媒体所说的"铁打的董事长，流水的经理人。"另据 2015 年中研普华发布的《互联网行业发展前景分析及投资风险预测报告》数据显示，国内互联网行业，2011～2014 年天使基金或者风险投资机构对 100 多家互联网、IT 企业进行了风险投资，总融资额度高达 240 亿元人民币。与此同时，天使基金或者风险投资机构为互联网企业带来的现金流大部分被用来挖掘人才，以此来快速搭建人才团队，保证企业的长远高速发展需求。国内传统"BAT"（百度、阿里巴巴、腾讯）等互联网大企业也在不断地扩充人才，易观国际发布的《中国人才市场专题研究报告》数据显示，这些大型互联网企业，近年来的应届生招聘数量基本都维持在千人左右，用于人才招聘的费用每年普遍高达上亿元人民币。

（2）部分企业引进与培养人才并重

招才引智，引进与培养并重，尤其强调以用为本，这是目前国内知名互联网企业的主要做法。比如国内知名的 P2P 企业恒昌公司，奉行"引牛人"和"育精英"的双体系人才引进发展战略，在网络人才竞争角逐中占得了先机。恒昌公司自创立以来一直秉承"良性竞争""认同价值"和"知行合一"的人才招聘引进原则，公司在发展的同时，尤其强调团队和人才素养的提升并取得了显著成效。目前，其核心团队里有很大比例是具有多年全球金融行业从业背景的国际化精英。作为恒昌公司的首席风控官，陈以平博士不但是美国乔治华盛顿大学的运筹学及计算机学博士，而且拥有 23 年深厚从业经验，曾先后在美国担任过普天信金融集团、M4 金融集团、NEXTCARD INC、富国银行、EBAY/PAYPAL 等公司的高管职位。2015 年 5 月恒昌公司与清华大学签订战略协议，与清华大学共同推进首个互联网金融人才培养合作项目——"苏世民学者项目"，主要用以培养具有国际视野的互联网金融精英。恒昌公司在执行层面拥有一大批网络经验丰富的执行和运营人才储备。正因为如此，恒昌公司能够更加坚定地在行业大潮中稳扎稳打，立于不败之地。在具体实践过程中，"招引"只是手段，用好人才、实现智力支撑、为本地经济社会发展和发展方式转变做贡献，才是其最终目的。同时，人才引进又是一项系统工程，除了聘以高薪、许以高位，更应在改革用人机制、营造重才环境、培育创新文化上下真功夫、做实文章，否则的话就会变成叶公好龙、贻笑大方。对此，党中央、国务院在鼓励各地积极吸引人才的同时，一再强调要量力而行、按需引进、质量为先，千方百计地创造条件、营造环境、优化机制，让引进来的人才人尽其才、才尽其用，让他们留得住、用得好，从而使网络人才创新智慧竞相进发，创业活力充分涌现。

（3）知名企业注重实行开放的人才储备

美国硅谷以外国族裔为主要人才支撑，这为世界所周知。来自世界各地的网络人才思想相互碰撞，不同文化、语言背景的人才汇集到一起，使得新的点子、新的思路随时有产生的可能。这里的人才氛围极为开放，每个企业并没有自己的餐厅或食堂，那些不同公司、不同岗位和来自不同国家的网络人才，午休时间走出办公室，通常在咖啡厅或快餐店聚集一堂高谈阔论，不定时的头脑风暴往往激发起无穷的创意。全世界创新创业最发达的国家之一以色列同样如此。以色列建国时候只有60万人，现在有800万人，其中约80%以上的人口都是来自世界各地的犹太人和非犹太人。这些人才为以色列发达的科技产业奠定了坚实的基础。当前，创新是驱动"互联网＋"实现的唯一正确途径。从美国和以色列的发展可以发现，一个国家、一个地区的创新文化根本上源于多元化的人才集群效应。美国通过长期享受国际人才红利保持了领先世界的创新步伐。在美国，1/3专利创造来自国外移民，1/3诺贝尔奖获得者来自国外。对于我国来说，联合国数据分析显示我国外国人口比例几乎为世界最低水平。移民型国家的外国人口占该国人口的比例大多超过了20%，即使欧洲非移民国家（如英国、德国、法国等）的移民人口占总人口的比例也超过11.5%，日本的移民人口比例为1.9%，韩国为2.5%，同样是人口大国的印度为0.4%，而我国的外国人口只有0.06%。另外，我国在华留学生比例也仅为0.04%，远低于OECD① 国家的平均比例8%，

① OECD（organization for economic cooperation and development）即世界经济合作与发展组织，秘书处设在巴黎，其三十个成员国为澳大利亚、奥地利、比利时、加拿大、日本、韩国、卢森堡、墨西哥、荷兰、新西兰、挪威、波兰、葡萄牙、斯洛伐克共和国、西班牙、瑞典、土耳其、英国和美国。

几乎为世界最低水平。

3. 巨大市场需求为网络人才成长和良性有序发展提供了充足动力

互联网作为信息社会的运行平台和实施载体，其应用的全面延伸促进了互联网技术的全面发展，各行各业和人民生活的各个角落都需要网络技术方面的人才。

（1）互联网行业快速发展提供了充足就业机遇

互联网产业是一个随着时代变化而不断快速发展的行业，这个行业的发展速度极快。从整个世界角度来说，这个行业的发展历史其实是短暂的。从 1991 年万维网协议发明到 1993 年浏览器诞生，之后又经过一段时间，互联网便从一个科研性质的网络逐渐变得趋于大众化，进而形成了一个以互联网为中心的世界性体系，如我们所熟知的 YAHOO、MSN 等大型互联网公司当时就在美国诞生了。我国互联网行业发展时间从 1994 年开始，截至目前不过经历了 20 多年时间。尤其是在 2000 年互联网泡沫破灭后，国内互联网行业开始了自身格局改变的自我革命。目前，国内除新浪、搜狐、网易三大门户网站之外，后起之秀三大巨头"BAT"（百度、阿里巴巴、腾讯）等互联网企业在资本市场的运作力度不断加大，备受世人关注的京东、阿里相继登陆美国纳斯达克资本市场。可以说，游戏、电子商务、B2B、B2C 等都已成为互联网企业发展的关键词，人们的日常生活与互联网已经融为一体。受网民规模的增长和互联网消费习惯的影响，加之互联网企业的业务范围由原来传统的互联网业务逐步渗透至线下行业，这就使职能分工进一步细化，从而创造了更多新的就业岗位。从宏观角度看，中国的互联网行业正处于一个激烈的不很稳定的大变革时代，互联网行业正处于一个快速增长阶段——百度平均每年的业务增幅达 50% 之多——互联网行业对人才的渴望已成为其首要需求，还不断地吸纳社会资金，在给网络人才成长发展提供众多就业机遇的同时，也引发了网络人才的高频率流动；另外，互联网高速迭代特性决定了知识和技能的高速变化，也对网络人才的综合素质提出新的更高要求。随着互联网时代行业平台效应愈加明显，创造了新的更多就业机会。"平台型就业""创业式就业"快速发展，网络人才日益呈现出年龄低、工龄短、学历高等特点。据猎聘网发布的《2016 年上半年互联网行业中高端人才生态报告》显示，互联网行业人才供给和需求指数在全行业中均排列第一，尤其是需求远远高于其他行业。以地区来说，当前我国互联网行业的人才主要集中在"北上广"，北京居首，广州位列第二，三个城市共占全国各地区比例高达 62.98%。如果从全行业人才净流入情况来看，互联网行业高达 71.59%，远远高于其他行业人才流入情况。以江西省为例，据江西省人社厅发布的《2016 年第一季度人力资源市场供求分析报告》显示，在第一季度人力资源市场的人才供需中，供需最不平衡的职业为互联网、电子商务、网游，求人倍率为 3.26（表示平均 1 个求职者有 3.26 个相关岗位供其选择），这意味着网络专业人才就业机遇还是很多的。

（2）网络人才公益培养计划提供了后续发展动力

互联网行业是典型的技术驱动型行业，每个重大网络技术的进步都会带来新的业务发展，甚至颠覆原有的商业模式，这就显示出技术在行业发展中愈发重要。同时，任何创新模式的落地也都需要技术支持才能实现，这就产生了源源不断的技术开发人才需求。以中国互联网技术人才公益培养计划为例，这个计划是由中国新一代 IT 产业推进联盟发起的公益性人才发展计划，它是由北京大学信息化与信息管理研究中心、中国电子技术标准化研究院信息技术研究中心、国家信息中心公共服务部三家单位联合发起，于 2014 年 5 月 25 日在北京大学正式成立。其宗旨是整合互联网公司高端技术人才资源，大范围培养网络技术人才，为各行业"互联网＋"转型提供网络技术人才支撑，大力推动开源和自主可控的云计算、大数据、移动互联网和物联网等新一代 IT 在中国的发展和应用。该计划的核心内容包括进行云计算、大数据、移动互联网和物联网等知识体系和课程体系研究；针对互联网公司开展 CIO 或 CTO 高端人才培训；[①] 针对传统 IT 技术人员开展互联网技术架构培训和新技术培训；针对在校大学生开展云计算、大数据、移动互联网和物联网等实用性技术培训；等等。公益培训包括三个方面：第一，互联网 CIO－CTO 班，由 CIO 时代信息化学院承办，每年免费培养 40 名互联网公司的 CIO 或 CTO 等技术高管，主要内容为北大互联网 CIO－CTO 班课程体系内容；第二，传统 IT 人员转型，由北京大学承办，每年免费培养 200 名传统企业中的 IT 技术主管和工程师，主要内容为云计算、大数据、移动互联网和物联网等技术及互联网技术架构设计；第三，在校大学生实训，由网络互联网技

---

① CIO，即信息总监，通过组织和利用企业的 IT 资源为企业创造效益；CTO，即首席技术官，是一个随网络热潮传入中国的外来词，其首要工作是提出公司未来两三年产品和服务的技术发展方向。

术学院承办，每年免费培养 1000 名计算机及相关专业的在校大学生，主要内容为云计算训练营、大数据训练营、移动互联网训练营和物联网训练营。正如工业和信息化部副部长杨学山所说，信息技术构建新的体系结构（新体系），新的技术体系形成新的技术能力（新能力），新的能力支撑形成新的应用模式（新模式），新的应用模式导致新的竞争格局（新格局），而新体系、新能力、新模式和新格局则一起推动着人类社会迈入新的发展阶段（新阶段）。由此可见，诸多公益培养计划的深入实施，为网络人才的后续发展提供了充足的发展动力。

（3）政产学研强强联合为网络人才铺就了长远发展途径

随着"互联网＋"战略的全面深入推进，互联网市场将逐渐进入了成熟稳定增长阶段，而互联网企业的轻模式特征，也意味着可以用更少的人力增长来服务更多的用户。可以预见，随着未来互联网行业进入发展沉淀期，互联网企业在人力需求上必将会有新的调整。虽然如此，但比起直接创造的就业人数，互联网企业发展还充分带动了生态圈内其他行业的发展，也间接创造了更多的就业机会。在此发展阶段，依靠互联网知名企业的强强联合培养经济社会发展所需要的网络人才，这将是一条切实可行的举措，同时也为网络人才的长远发展提供了新的发展路子。比如，2016 年 1 月 23 日，在由南京财经大学 MBA 中心、中国区域金融研究中心、江苏省 MBA 企业家联谊会、付融宝等单位举办的"互联网金融＋创新创业"高峰论坛上，江苏省互联网金融协会与江苏省 MBA 企业家联谊会强强联合，签署了江苏省首个互联网金融人才培养战略合作协议，以建立互联网金融人才"五个培养常态化"机制为目标，探索新形势下互联网金融与 MBA 高端人才的培养路径，加强江苏互联网金融专业人才的培养和 MBA 学科建设。根据江苏省互联网金融协会最新调研数据，未来 P2P 企业人才缺口将达到 142 万人，再加上互联网金融的其他 6 种业态的人才缺乏，互联网金融的人才总缺口将达到 300 万人左右。江苏省互联网金融协会与江苏 MBA 联合会的强强联合，走"政产学研"联动之路，充分对接政府、高校、企业、区域组织资源，既满足了互联网金融企业人才优化与发展的现实需要，更为当前和今后一个时期网络人才的长远发展提供了广阔的空间、充足的动力和有效的路子。

（二）"互联网＋"时代我国网络人才大发展面临严峻挑战

互联网时代的人才资源问题日益成为人们关注的焦点。世界各国尤其是一些发达国家非常重视人才战略问题的研究，纷纷制定了各种有效的政策、法规和措施吸引人才、培养人才以及合理地使用人才，已取得很好效果，这对我们当前网络人才的培养、成长和发展带来了相当大的冲击。比如，美国是世界上公认的最发达国家，也是世界上引进人才最多的国家。历届美国总统都曾公开承认，移居美国的科学家和工程师所带来的经济利益和科技进步使美国变得更加富强。据有关资料统计，"二战"后从世界各国、各地区移居到美国的科学家、工程师有近40万人。美国有1/2的优秀科学家是外籍人。正是大量引进国外人才，给美国带来了巨大的经济和社会效益，构成了美国发展的源动力。与此同时也对其他国家形成了很大的人才冲击。

1. 发达国家成熟的人才战略，对我国网络人才带来极大冲击

目前，美国、欧洲、日本等发达国家和地区在对待人才问题上有一个共同特点，就是在实践中普遍重视人力资源的开发运用，普遍认识到人力资源巨大的开发潜力。在此基础上，他们大都根据自己的国情、历史传统、文化背景以及企业制度，形成了各具特色的人才培养战略。发达国家虽然在国际人才竞争中具有先天优势，但是这并没有影响他们为广招人才而积极推行各种政策、吸引更多人才为其所用。美国不遗余力地引进移民，英国奉行实用主义人才观，澳大利亚等国推行"高科技移民"政策，法国以"信息工程师不受其移民法限制"求突破，加拿大把移民和人才引进作为"解决目前经济问题的重要途径"，邻国日本则实行重金招揽人才的方法，等等。此外，除美国的硅谷外，以色列的马尔科哈技术园、日本的筑波科学城以及瑞典的基斯塔科学园等高科技园区以吸引人才世界闻名。具体地说，英国奉行的全球化人才观，积极创造人才回流的宽松环境和创业条件，营造科学研究环境。在人才战略方面，以实用主义为原则，出巨资吸引已出研究成果的人才或重金购买研究成果。他们不认同高学历、经验丰富的人就一定是人才，从某种意义上讲，这就是英国在高科技领域走在世界前列的秘诀所在。加拿大因其地广人稀、环境优美、社会福利待遇优厚且社会治安良好一直是外国移民心目中的"天堂"，这就为其技术移民政策的实施和推广奠定了坚实基础。日本主要依靠"重金"招揽人才，即通过购买、吞并外国企业或公司，将其中人才据为己有。以色列的"多种国籍战略"，使其成为世界上为数很少的能

将"人才流失"困境扭转为"人才流通"有利形势的国家之一，其国内顶尖人才通常拥有 2~3 个国籍，这种做法能够使以色列可以有效利用美国和世界其他国家的人才资源，实现为本国服务的目标。

2. 全球人才竞争使得部分人才流失

目前，人才环流已经逐渐成为人才跨国流动的主要形式，网络人才更是如此。据了解，有近 75% 的外族裔人才在美国硅谷从事互联网高科技技术工作，其中印度裔与华裔占绝大多数。"互联网 +"战略给我们提供了这样的机遇：我们可以充分利用在硅谷有过创业经历，或现在依然保有创业企业的这部分华裔科技人才，使他们在国内与国际间常来常往，由此可以将国际上的先进技术流、信息流直接带回国，这对网络人才的成长发展、对全面深入推进"互联网 +"都有极大的益处。尤其是中美之间出台了十年往返签证，这就使我国人才往返硅谷之间更加方便快捷。鉴于此，在培养网络人才时，我们应有针对性地挑选世界高层次科技园区，与之建立"科技人才签证"，规定持有签证的人才可以在世界几大科技园区实现多地免签待遇，让人才充分地交叉流动起来。对于国内来说，我们以杭州为例。杭州市的网络信息服务已走在全国信息发展的前列，但同样也存在着较高的人才流失问题。杭州市信息网调查数据显示，杭州市的网络公司平均人才流失高达 25%，销售类岗位 40%，远远高于技术岗位的 25% 和管理类岗位的 18%。[①] 业内人士分析其中的原因，就与全球性的人才竞争有着密切的关系。

3. 中国在人才竞争中受到冲击但仍有一定优势

当今世界计算机软件技术的重心大部分集中在互联网行业，而最好的互联网技术和网络人才又都在中美两国的互联网企业之中，自然全球互联网顶级人才目前也基本集中在中美两国。从人才本身角度来看，美国人才群中印度裔和华裔的表现尤为突出。而且近年来在大型美国企业中印度裔还突破了职业天花板开始担任高管。据资料显示，有印度裔高管领导的硅谷科技公司已经占到 33.2%。在美国匹兹堡卡内基梅隆大学的软件技术学院的信息安全实验室，负责讲解的骨干人

---

① 谢伟. 杭州市网络公司人才流失问题分析 [EB/OL]. (2009 – 06 – 01) [2016 – 07 – 03]. http：//www.docincom/p – 459757240.html.

员也是印度和中国留学生，由此可见一斑。相比之下，华裔技术人才由于一些众所周知的非技术性因素，他们在美国企业的上升空间有限，加之中国也有了自己的顶级互联网企业，所以他们中的一部分选择了更适合自身发展的土壤，或是回国创业，或是加入中国互联网企业。回顾跨国企业在国内发展的历史可以发现，跨国科技企业最早看上的是中国人口红利形成的巨大市场，后来又因为中国良好的综合环境而将制造工厂转移了过来，时至今日他们由于最看重中国大量的高等技术人才又纷纷在中国成立研发机构。单单是中国的高等科技人才就一度被作为全球的价格洼地。现在全球前十大互联网企业中，中美数量为 4∶6，中国无疑已经成为全球互联网大国。而暗地里网络人才又开始了跨国流动：中国技术人才去美国深造后进入国内互联网企业的比比皆是。阿里云计算总经理刘松曾透露，阿里云现在的技术骨干多数都是从西雅图和硅谷归来的华裔技术人才，他们有的在美国微软、亚马逊、脸谱等企业已经工作了十年之久，已经完全可以独当一面。

第三章　网络人才培养国际经验借鉴

美国著名未来学家托夫勒曾预言："电脑网络的建立与普及将彻底地改变人类生存及生活的模式，而控制与掌握网络的人就是主宰。谁掌握了信息、谁控制了网络，谁就将拥有整个世界。"[①] 随着网络社会化的迅猛推进，当代世界各国对网络人才的需求迅速增加，对网络技术人员需求持续走强，计算机支持类的工作也在不断增长扩张，包括美国、俄罗斯、日本、英国、德国、法国、澳大利亚等在内的当代主要国家高度重视并深入推进网络人才培养工程，竞相加大网络人才建设步伐，着力推进本国网络技术持续、快速发展，以赢得人才竞争优势，谋求网络大国地位。可以说，加强网络人才培养，充分发挥网络人才在国家建设发展中的关键作用，已经成为世界各国的共识。

一、当代主要国家网络人才培养主要特点

信息网络社会，网络人才直接关系到网络技术创新的速度和质量，对经济发展和社会进步所发挥的推动作用是任何其他人才群体都无法比拟的。世界各国都高度重视网络人才的培养，通过各种途径网罗技术精英，创新人才培养模式，为高端人才的脱颖而出创造条件。当代主要国家网络人才培养呈现出需求强劲、重点网络人才缺口大，高水平教育投入大、人才培养体系相对完整，人才市场高度开放、高端网络人才流动性强等主要特点。

---

① 刘国栋，李大光. 无声的战争：网络战 [J]. 百科知识，2013（1）：63.

（一）网络人才需求强劲，重点网络人才缺口巨大

当代世界主要国家高度重视网络人才培养，但网络人才需求大、缺口大却是个不争的现实。就整体而言，当代主要国家不仅网络人才的总量不够，网络人才的结构也不能满足需求，网络人才缺乏现象在各国普遍存在。美国是当今世界头号互联网强国。在过去的几十年中，作为互联网的源头和发祥地，美国引领了全球互联网的创新与创业浪潮，也成为全球互联网的技术领先者和规则制定者，美国的网民、移动互联网用户、宽带用户数量在主要国家都遥遥领先，再加上纳斯达克、硅谷等资本市场和风险资本的大力扶持，造就了美国强大坚实的互联网产业发展基础。与网络人才应用的广阔需求和发展前景相比，虽然美国投入了巨大人力、物力和财力引进、培养高水平的网络人才队伍，但美国网络人才依然十分缺乏。美国国防部早在 2001 年就制定了信息安全保障的奖学金计划（IASP），到 2008 年共有 1001 名学生通过该计划获得了奖学金，随后与联邦政府建立了雇用关系的占比为 93%。但是，联邦政府 2011～2013 年需招募的信息保障专业人才仍达 8000 人。显然，这些计划只能解决政府信息保障的一小部分需求，更解决不了州和地方各级以及行业的信息保障需求。2011 年，奥巴马签署了《网络空间国际战略》，美国国防部发布了《网络空间行动战略》，加强网络人才培养和网络人才队伍建设正是这两份文件的战略重点。在日本，2003 年日本总务省指出，日本 IT 领域所需人员约为 129 万人，实际供给人员 87 万人，有 42 万人的缺口急待补足。随着近年来网络社会化的进程，世界主要国家网络人才所缺的数量只会更多、比例只会更高。

伴随网络安全事件的高发频发，当代主要国家对网络安全人才的需求也大幅上升，网络安全人才的供求矛盾相当突出。如原美国国防部长罗伯特·盖茨公开表示，军队最紧缺有网络空间作战能力的人。2011 年，美国联邦调查局监察长报告称，调查国家安全网络入侵案件的特工人员中，有 35% 缺乏必要的培训和专业技能。然而，尽管存在上述网络人才短缺问题，美国政府和私营部门仍然不得不随网络社会化的发展大势增加他们在线业务和对网络的依赖性。美国兰德公司 2014 年发布的《对网络安全劳动力市场的考察》研究报告指出，目前美国仅有 1000 名网络安全专家，而整个国家对网络专家的需求量约 1 万~4 万名。人力资源公司"火镜技术"2014 年的报告也指出，人才市场上网络安全专家严重供

不应求。美国官方和商业研究机构推出的一系列报告，其中包括博思艾伦咨询公司、美国战略与国际研究中心、美国国土安全部国土安全顾问委员会等，也都一致承认：网络人才短缺问题确实存在，并且有可能危及美国国家网络安全。美国安全公司赛门铁克的调查表明，仅 2014 年一年，美国就有 30 万名网络安全相关岗位人员空缺。2013 年，约 58% 的美国政府部门雇员受访者认为政府部门安全人才短缺，到 2015 年，这一比例上升到了 60%。这种情况下，奥巴马政府 2015 年 11 月拨款 1 亿美元，启动 TechHire 科技人才招聘计划，用来资助技术培训、招聘及雇用来填补全美超过 50 万名的开放 IT 工作缺口。斯坦福大学的 Peninsula Press 分析了 2015 年劳动局的统计报告后发现，仅在美国，在过去 5 年间，网络安全专业人员的需求量增长了 74%，到 2018 年有望再增长 53%。[①] 国际信息系统审计协会在《2015 年全球网络安全状况报告》中指出，网络安全专业人士仍然严重短缺，未来需求还会成倍增长。据推测，到 2020 年全球将有100 万～150 万个网络安全职位招不到人。[②] 美国智库战略与国际研究中心和英特尔安全集团（前身为 McAfee）联合发布的报告显示，澳大利亚、法国、德国、以色列、日本、墨西哥、美国和英国都出现了 IT "人才危机"。在这篇名为 "Hacking the Skills Shortage" 的报道中，82% 的受调查者坦言自己在网络安全技能方面存在不足，71% 的受调查者表示由于缺乏足够多的人才导致机构更容易成为黑客攻击的目标，受调查者相信到 2020 年依然有 15% 的网络安全职位处于空缺状态。[③] 由于针对政府机关与企业的网络攻击逐年增加，日本国内大学 2015 年开始致力于培养可以应对网络攻击的人才，在比美国起步较晚的网络安全领域加大投入力度，希望能涌现出肩负未来的人才。长崎县立大学于 2016 年度起新设 "信息安全学科"，副校长伊藤宪一指出："拥有专业知识与技能的技术人员数量不足，培养年轻的人才乃当务之急。"[④] 英国国防部准备设立帮助军队提高网络安全防御能力的 "网络人才储备库"，储备库中的网络安全专家将帮助军队抵御日益增

---

① 美国高校的网络安全教育难跟时代步伐 [EB/OL]. (2016 - 05 - 12) [2016 - 08 - 12]. http：//mt. sohu. com/20160512/n449009615. shtml.

② 美国试图培养女性填补网络安全人才缺口 [EB/OL]. (2015 - 11 - 25) [2016 - 08 - 12]. http：//www. pcpop. com/doc/1/1242/1242586. shtml.

③ 美国和英国等地面临 IT "人才危机" [EB/OL]. (2016 - 08 - 02) [2016 - 08 - 12]. http：//digi. 163. com/16/0802/14/BTFKEO7100162OUT. html.

④ 日本大力培养安全人才应对网络攻击 [J]. 信息安全与通讯保密, 2016 (6)：12.

长的网络安全方面的威胁。① 可见，当代主要国家网络安全人才供求矛盾非常突出，网络人才缺乏的局面并没有在根本上得到改观。

（二）高水平教育投入大，人才培养体系相对完整

信息技术发展的更新换代非常频繁，今天的先进技术，几个月后可能已经严重落伍，因此，与网络相关的网络技术、网络安全人员的培训就必须紧跟前沿。② 当代世界主要国家投入了大量的高水平教育培训费用。在美国，网络安全教育投入就达到每周 5000 美元之多，入门级课程也在平均 2000 千美元左右。2012 年，美国国防部投入 31 亿美元用于加强网络安全培训、招聘、系统更新和设备添置。美国国土安全部在 2012 财年为加强网络安全教育与培训，投入了 2450 万美元；2013 财年在网络领域又增长了 74% 预算。2014 年，美国政府各部门用于网络安全技术研发方面的经费达到 130 亿美元，整个信息技术研发投入更是高达 520 亿美元。在奥巴马提议下，美国 2016 年预算中又增加了 140 亿美元用于加强美国网络空间建设。2016 年 2 月，白宫发布《网络安全国家行动计划》，提议在国会 2017 财政年度预算中拿出 190 亿美元用于加强网络安全。英国国家信息安全保障技术管理局（CESG）也于 2014 年 11 月 20 日推出"CESG"培训项目，旨在提供高质量的网络安全人员培训，并为此在 5 年内投 8.6 亿英镑专项资金，以提升网络安全能力，激励英国的网络安全市场。

持续增加的经费投入，为当代世界主要国家的网络人才队伍建设提供了坚实基础，不断加大网络人才培养、科技研发方面的投入，建立相关网络人才招募计划，储备网络人才资源，使得网络人才培养成为当代世界主要国家人才战略重要组成部分，网络人才培养体系相对完整。

如在美国，早在 1996 年美国政府就颁布《教育技术规划》，明确提出要让每一个学生都能在"世纪教师网络"中接受教育，并为此投入 500 亿美元用于改善信息技术。克林顿、布什和奥巴马三任总统对网络安全对国家安全的重要性都有着清晰的理解，制定了相应的网络安全战略，对普通公众、在校学生、网络安全专业人员三类群体分层次进行网络教育和培训。比如，为培养网络精英人才，实

---

① 英国设立"网络人才储备库"[J]. 中国信息化，2012 - 12 - 20：12.
② 美国试图培养女性填补网络安全人才缺口 [EB/OL]. （2015 - 11 - 25）[2016 - 08 - 14]. http://www.pcpop.com/doc/1/1242/1242586.shtml.

施了"国家学术精英中心"计划（美国国土安全部与美国国安局合作，2004年开始）、"网络安全人才计划"（2012年开始）、"国家 IA 教育培训计划"（美国国家安全局与美国政府有关部门、学术界和产业界一起合作），并于2011年制定《网络安全人才队伍框架（草案）》，明确了网络安全专业领域的定义、任务及人员应具备的"知识、技能、能力"。为推动普通公众、在校学生的网络教育，先后制定了"美国网络安全教育计划战略规划"（2011年开始）、"培养新一代网络专业人才计划"（2012年开始）、"NICE 战略计划"（2012年开始），以提高全民网络安全的风险意识、扩充网络安全人才储备。据赛迪智库的研究文章认为，美国对网络人才建设有着明确的目标：确保内部关键使命网络安全人员的高度专业性；帮助培养和保持相关人员网络安全技能，吸引高素质网络人才应征；拓宽关键使命技术人才选拔渠道；短期内建立一个具有600名左右联邦工作人员的网络安全团队；建立"网络安全人才储备"项目，① 并明确了为实现这一目标需要进行的工作任务。美国还下大力气加强高校大型网络安全实验室建设，充分运用高校平台培养专业人才。例如卡内基·梅隆大学成立的 CyLab 实验室是全美规模最大的网络安全研究和教育中心之一，该实验室整合了自身在信息技术领域的全部优势，在信息保障、网络安全技术等领域处于全球领先地位。而海军研究生院成立的信息系统安全学习和研究中心，是全美信息保障专业研究生人数最多的实验室，每年有超过400名研究生在这里学习和工作。此外，社区大学两年制的网络安全专业教育已成为美国院校加强网络安全人才建设的重要途径。与此同时，情报部门如美国国安局、中情局、联邦调查局以及国防部等政府机构，近年对有关信息安全的人才招聘力度也不断加大，尤其是对美国东海岸知名高校以及开设有优秀信息安全教育项目的大学。② 美国网络安全专家、防泄密信息应用程序创始人斯塔迪卡认为，这代表网络安全行业的就业趋势变化。斯塔迪卡还发现，一些政府和私人安保机构甚至开始面向高中学生开放实习机会，着眼于向他们灌输兴趣并展示网络安全的就业前景与机会。

再如英国方面，截至2015年年底，国家信息安全保障技术管理局的 CCT 项

---

① 美国国土安全部网络人才建设目标解析［EB/OL］. (2013－10－29)［2016－08－12］. http://www.ccidreport.com/market/article/content/3698/201310/492427.html.

② 美国掀网络安全培训热，加大投入培养信息安全人才［EB/OL］. (2014－03－28). http://finance.huanqiu.com/view/2014－03/4937883.html.

目培训机构已开发 10 门培训课程，从"网络安全意识"培训到"道德入侵"培训均有覆盖；培训形式包括教室面授以及在线学习，包括由英国开放大学联合英国商业创新和技能部、政府通信总部和内阁办公室联合开发的网络安全 MOOC 课程。另外，还非常强调实操能力的培养。如牛津大学的网络安全硕士，学生需选修 10 个课程模块才能毕业。① 2014 年起，英国 11 岁的小学生也有了自己的网络安全教育课程，教材由政府企业创意与技能部提供。英国 2011 年发布《网络安全国家战略》，具体措施包括：建立认证培训方案，提升从事信息保障和网络安全专业人员的技能水平；加强研究生教育，扩大具有较高网络专业水准的专家库，在英国情报中心的协助下建立网络安全研究院，研究确认网络安全技能的外延、本质和模式。几年来推出了一系列的教育计划完善网络安全教育，并从 2016 年 9 月起，要求取得计算机及数字化相关的继续教育资格证书必须通过网络安全知识技能考核。英国国家信息安全保障技术管理局的 CCT 项目委托专门的机构进行培训课程的认证。

欧盟则于 2013 年发布《网络安全战略》，要求各成员国在国家层面开展网络与信息安全方面的教育与培训。英国正式设置"网络间谍"硕士文凭。2014 年 8 月 4 日，英国情报机构"英国政府通信总部"宣布，授权 6 所英国大学提供训练未来网络安全专家的硕士文凭。这一特殊学位是英国政府 2011 年公布的"网络安全战略"的一部分，旨在通过教育提升英国防范黑客和网络欺诈的水平，同时为政府或商业部门提供未来的网络安全专家。其中，正式批准的有爱丁堡龙比亚大学、兰卡斯特大学、牛津大学以及伦敦大学皇家霍洛威学院 4 所大学。还有 2 所大学获得政府通信总部颁发的临时认证，分别是克兰菲尔德大学的网络防御和信息安全保障课程、萨里大学的信息安全人才课程。英国内阁办公室大臣弗朗西斯·莫德说，英国政府通信部与企业和院校合作推出的这一项目是英国经济长期发展计划的"关键部分"，它将帮助英国成为网络交易最安全的国家之一。从课程设置看，学生不仅要学习最新技术，还要经过"实战环节"提高、检验实操能力。以牛津大学为例，需选修 10 个课程模块才能毕业。其中，有 14 个与信息安全相关，包括安全原理、云安全、数据安全和隐私、手机系统安全、无线网络

---

① 孙宝云. 全球网络部队建设、网络安全人才培养与网络安全教育：2014 年新动向［J］. 北京电子科技学院学报，2015（3）：66–74.

安全、取证等，学生需从中选择 6 个。另外 4 个模块，需要从软件工程项目提供的其他 38 门课程中选择，总计需完成 10 个模块。该专业负责人乔丹介绍说，"每个模块持续 11 周，包括课程前准备 4 周，上课 1 周，作业 6 周。如果学生能够在课后 6 周内完成作业，就可以拿到学分。"专家们相信，学完这些课程，学生确实能成为网络安全专家。这意味着，这个专业就业前景相当诱人，没有找不到工作的毕业生。

（三）人才市场高度开放，高端网络人才流动性强

当代世界，经济全球化深度发展，资本、信息全球高速流动，人才市场高度开放。跨国公司、互联网企业和网络人才都享有充分的自由选择权，这种市场化机制为网络人才凭靠个人能力实现职业流动或工作转换创造了充分可能的条件。这方面美国最具代表性。美国大西洋理事会的一名专家总结这一问题时说："网络劳动力的管理工作就类似于摩天大轮……轮子在不停地转动，我们也在不断地移动，转了一圈又一圈。"① 这样，都对尖端人才的需求无疑在工资、福利等待遇方面展开激烈竞争。顶尖人才往往会到收入较高的私营部门和许多联邦机构工作。当代世界主要国家这种高度开放的劳动力市场，使得稀缺的专业型、复合型、领军型等高端网络人才流动进一步加速。

一方面，网络人才的巨大需求决定了在相对合理的薪酬内保留人才越来越难，高端网络人才流动性大大增强。长期的市场竞争机制，使得当代主要国家不同的企业之间，甚至同一个企业内部，由于岗位的不同员工收入也会不同。特别是互联网企业，工资的差别有几倍，甚至几十倍。追求更高的收入成为网络人才流动的一个重要因素。强烈的人才需求已经引发各机构之间的竞价战，以争夺稀缺的拥有各种认证证书的网络人才。如美国兰德公司的报告显示，信息安全领域合理的薪酬范围内人才流动性比较强，尤其是前 1%～5% 的高端人才。在 2012 年前后，对年薪的要求一般超过 20 万甚至 25 万美元。在这个年薪标准上，出于财政预算的限制，政府的竞争力必然受到影响，高端人才有更多的选择权。那些具有尖端技术、高需求技能的个人往往会追求在高薪的硅谷和大都市工作，而不

---

① 知远. 美国网络劳动力的教育途径［EB/OL］.（2012 - 11 - 30）［2016 - 08 - 15］. http://mil. sohu. com/20121130/n359156887. shtml.

愿意选择在偏远地区就业。因为一般网络安全人才的年薪是 8 万美元，而拥有更多经验和认证的 ISC2 成员的平均年薪是 10 万美元，留在硅谷和大都市就业往往意味着更多的成长机会，所以偏远地区花重金培养出来的人才跳槽现象更加严重。第十舰队司令巴里·麦卡洛中将曾在国会对议员们说，海军面临着招募和留住适应网络战新时代需要的合格海员的问题，因为它不仅遇到来自国防部和其他兵种及联邦政府其他部门的竞争，还有来自高薪私营部门的竞争。这也从说明企业招募网络人才时不得不付出更高的薪酬。

另一方面，网络空间安全的严峻形势对高端网络安全人才需求大大增加，助推了人才流动。随着云计算、大数据等新兴信息技术的快速发展和互联网应用的不断深入，网络空间已经成为人类不可或缺的生存空间。为保证国家网络信息安全，很多国家都先后成立了专门管理机构，军队也设立网络战部队。新的岗位的不断增加，自然需要招募新的专业人才，从而助推了网络人才的流动。

从军队方面看，美国和以色列是网络战争领域领先的国家。据美国官员透露，美国政府正在"持续不断地招募、训练和储备世界一流网络人才"，致力于增强网络能力，以应对高频率的日常网络攻击。五角大楼已经宣布一项大规模的网络军备扩充计划来保护其国家基础设施，同时授权进行针对敌对国家的计算机攻击。[1] 在美国，从 2008 年到 2012 年 10 月，国土安全部国家网络安全司的工作人员已增加 6 倍以上，美国国土安全部的网络专业人员增加到 400 人。[2] 美军为招募到足够的网络专业人员，利用"2010 年总统计划"改进了雇用人员的程序，简化雇用网络人才和人才交流的办法，使网络人才能够在公共部门和私营部门之间"无惩罚之忧"地自由流动。[3] 美国国防部 2013 年发布的《四年防务评估报告》称，三年内把网络战部队规模扩大到 6000 人，到 2019 年，美国将建立起133 支网络部队来完成国家网络防御、作战指挥与国防部信息网络防御和战斗支持等任务。美国白宫的《网络安全国家行动计划》（2016 年 2 月）进一步明确，这支网络部队总人数为 6200 人，并将于 2018 年开始全面运行。"9·11"事件之后，"基地"等组织不断利用网络发布信息、招募新人和策划恐怖袭击；黑客对

---

① 美国作何准备应对网络战争 [N]. 中国信息安全, 2013 (2)：12.
② 张保明. 美国全方位收罗网络安全人才 [J]. 环球财经, 2012 (9)：29 - 31.
③ 潘志高. 美军网络空间行动战略计划分析 [J]. 国际问题调研, 2011 (12)：3 - 7.

军用和民用设施的攻击也日益频繁,并造成巨大损失。在此背景下,网络安全就成为美国政府和军方的重点建设和预算拨款的"香饽饽"。各大国防承包商为争夺政府和军方的网络安全大额订单,也投身于网络人才的争夺大战。如通用动力、雷神、斯罗普·格鲁曼和洛克希德·马丁等大公司纷纷开出优厚的待遇,招聘更多的网络专家。从事网络威胁和其他远程控制犯罪研究的安全厂商 Damballa 研究部副总裁冈特·奥尔曼表示,老资格的网络安全专家拥有更多选择权:"到今天结束之时,几乎每个人都有可能另谋高就,因为安全公司的数量在不断增长。"SFS 是美国最大的政府资助奖学金项目,目的是为联邦或政府投资部门培养网络安全人才,每年毕业生大概 120 名,但其中许多毕业生最后会选择解约,转而为政府承包商工作。

从企业方面看,2012 年,著名黑客专家杰夫·莫斯在路透社一次发布会上表示:"预测看起来并不乐观,未来几年美国网络安全人才短缺数量大概是 1 万~2 万人。"彭博新闻 2013 年 5 月的一篇文章指出:"截止到 2012 年,在短短五年内网络安全职位增长了 73%。比所有计算机相关职位上升速度快 3.5 倍。这是获取的数据得出的结论。"报道最后引用了摩根大通银行首席执行官的话:"银行花了 2 亿美元来保护自己免受网络攻击,超过 600 名专业人员致力于确保数据的安全性,但这个数字将在以后三年里急剧增加。"[①] 全球性非营利组织(ISC)2 致力于为信息和软件安全专业人士职业生涯提供教育及认证服务,该组织对美国联邦人事经理进行的调查表明:83% 的从业经理发现,聘用合格的网络安全工作人员越来越困难。2013 年,"网络爱国者大赛"的诺斯洛普项目总监黛安·米勒说:"我们确实遇到用人荒,目前有 700 个职位空缺。"而一家移动数据安全公司准备从 12 人扩充到 20 人,却找不到足够专业的网络安全专家。其他商业部门,包括社交媒体和电子邮件、金融机构、IT 安全机构和娱乐公司,为了保护和扩展他们的在线业务和自动化操作水平,甚至是一些与传统 IT 产业无关的企业,也纷纷增加网络安全岗位,并为之投入巨大资源;小规模的公司、非营利性组织和其他具有在线业务的组织为了能够生存下去,都被迫进行大量网络安全投资。

---

① 诚格. 美国网络安全人才市场研究 [J]. 信息安全与保密通信,2015(3):21-24.

二、 当代主要国家网络人才培养经验做法

当前，全球网络人才争夺战如火如荼、风起云涌。各国为抢占未来发展的战略制高点，在新一轮科技革命和产业变革中赢得先机，都高度重视优秀网络人才的引进、培养、使用和发展，在网络人才培养方面积累了不少成功的经验，探索出众多切实可行的有效做法，值得我们学习借鉴。

（一）政府高度重视网络人才，多法并举保障人才建设

政府是网络人才培养的重要引领者。世界主要国家政府通过制定网络人才相关战略规划，实行强有力的人才吸引战略，加强对网络人才的职业技能培训，注重提升全民网络安全意识和技能，以各种积极的措施和手段开展网络人才建设。

1. 制定网络人才发展战略规划

一个国家能否决胜于网络时代，不是看它拥有多少网站，而是看该国能否掌握网络核心技术、占领网络科技制高点，而这些都离不开数量更多素质更高的网络人才。因此，当今世界主要国家都十分注重网络技术人才的培养，把培养训练网络人才上升至国家战略高度，普遍将网络人才培养与社会未来发展紧密相连，出台相关政策，制定网络人才发展战略规划，并将之纳入国家经济社会总体发展战略。

在制定网络人才战略规划方面，反应最快、行动最早的当属美国。早在2000年，美国就制定实施了网络空间安全人才分层分级培养计划，针对不同群体开展不同层次的培训和人才培养工作。2003年，美国政府在《保护网络空间安全国家战略》中，写入了制定网络空间安全教育计划的相关内容，把网络空间安全教育作为国民教育的一项重要内容，特别强调对于优秀网络人才要开展重点培养。2004年，又启动了"国家网络空间安全意识月"活动计划，在"国家网络空间安全意识月"中大力开展网络空间安全宣传和教育活动。到了2012年，美国政府颁布了《网络空间安全教育战略计划》（NICE），以教育培训提高普通公民、学生和从业人员的网络安全意识和技能，推动美国的经济繁荣和国家安全的保障。

美国制定网络人才培养战略规划后不久，其他国家也很快意识到网络人才培养的重大战略意义，纷纷着手制定相关政策与规划。2009 年，英国与俄罗斯先后颁布了各自的信息安全纲领性文件，均鼓励推进多元化的网络空间人才培养计划实施。日本、德国以及其他欧盟国家也通过各种政府法令，着力构建比较完善的网络人才培养体系，对学历教育、在职人员培养、成人学习等各级各类教育培训的衔接沟通进行了规划，推动形成网络人才终身学习制度和学习体系。英国在2011 年颁布了《网络安全战略》，设立网络人才"储备库"；2012 年又成立了国家级的计算机紧急响应小组。俄罗斯则在 2013 年夏天，由国防部长下令挑选精通计算机的学生，成立特别小分队打击网络威胁。2014 年 1 月，俄罗斯联邦委员会提出利用"白色黑客"组建网络部队应对网络攻击。2017 年，俄罗斯国防部还组建专门机构保护所有重要设施防遭网络攻击。日本方面，在 2001 年制定的《e – Japan 战略》中提出 2005 年前引进 3 万名外国 IT 人才的目标。为此日本政府加大了人才引进的步伐，在"海外招聘、海外工作"模式的基础上，制定了向海外人才发放永久居住权的优惠措施。日本防卫省 2014 年正式成立"网络防卫队"，编制约 90 人，为其提供高达 1.419 亿美元预算。据日本《经济新闻》2014年 9 月 9 日报道，日本政府研讨直接聘用精通网络及电脑技术的"黑客"问题。日本内阁官房信息安全中心 2015 年招收有聘任期限的职员或研究员，旨在吸纳"黑客"人才。2014 年法国拨款 10 亿欧元加强网络安全能力建设，其中包括建设 CAHD 网络防御部队，该部队负责监控法国军队的信息安全，预计工作人员数量 2019 年将增加到 120 人。国防部长勒德里昂公开表示，法国将在雷恩建设一个网络防御人员培训中心，将网络防御尖端研究人员的数量增加三倍。韩国设立互联网振兴院，遴选 300 名从事保护信息工作 5 年以上者、防黑客大赛获奖者等具有信息通信、网络安全专业知识的人才，组成网络安全专家队伍，防范有关部门和单位发生的个人信息泄漏、遭黑客攻击和感染病毒等。

2. 实行强有力人才吸引战略

当代主要国家根据信息时代特点纷纷制定与实施新的人才战略，千方百计地采用各种方法、各种手段吸引和留住更多的国内外优秀网络人才，借以推动本国网络人才建设。传统的国际人才竞争手段主要是移民、留学、建立海外专家联络站、通过技术合作获得外援等。现在，各国为争夺人才，手段逐渐多样化，而且日渐制度化,如通过跨国公司把人才本土化,建立猎头公司猎取人才,实施人才孵化计划等。①

第一,移民引才。为了吸引更多的网络人才,各国纷纷出台优厚的网络人才移民政策。美国参议院通过《移民改革法案》,提出取消科技、工程等领域人才移民配额,给予获得博士学位的外国人取得绿卡可以不受数额限制等一系列优惠政策;德国专门颁布了吸引外国高级 IT 人才的特殊优惠政策,这一政策的实施,将使德国在规定的 3 年期限之内,引进两万名来自欧盟国家之外的 IT 行业高级专业人员,对他们实行优惠的居留审批政策,居留许可期限可达 5 年,并免除繁琐的常规移民审批手续,给予 3 万欧元以上的年薪。

第二,办学引才。能到世界一流高校留学深造是很多优秀人才梦寐以求的,梦想申请到世界上实力雄厚、声望斐然、排名靠前的高校就读的学子不计其数。美国拥有世界上一流的大学,它们凭借着优越的教学科研条件,吸引着来自全世界的优秀学子和学者。特别是一些名牌大学还通过提供优厚的奖学金、助学金以及优惠贷款等方式吸引国外留学生就读,哈佛大学、麻省理工学院、斯坦福大学等世界顶级名校,吸引了来自全球各地的优秀青年。在大学、民间机构及政府的推动下,美国已成为接受外国留学生最多的国家。据美国国家科学基金会统计,外国留学生在学成后,有 25% 选择留在美国定居,外来人士在美国科学院院士中所占的比例达到 22%,美籍诺贝尔奖获得者有 35% 是出生在美国之外的。此外,不少欧洲国家也非常注重开展国际化教育,大量吸收优秀留学生。英国因为名校林立,历来为各国留学生所向往。英国政府也积极采取各种措施优化办学环境以吸引更多的留学生到英国留学。比如建立专门的留学研究与咨询机构、发动企业赞助以提供更丰厚的奖学金以及简化签证申请以方便留学生留在英国学习生活等。

第三,多措留才。对于优秀的网络人才不仅要能引得进,更要留得住、用得好。一方面要提高网络人才的薪酬待遇。由于不同国家、不同地区网络技术发展的水平不同,对于人才的需求量也不同,因此不同国家、不同地区从事网络行业的人员,其薪酬水平差别也比较大。而且,网络行业工作相对压力大、节奏快,知识更新迅速,从业人员只有努力工作、不断学习才能跟上行业发展的潮流。因

---

① 韩庆祥. 建设人才强国的行动纲领［M］. 北京:中共中央党校出版社,2010:4.

此，网络科技人员往往更青睐于高薪酬、好待遇的工作岗位和工作环境。为了更好地留用优秀网络人才，各国纷纷设立奖项奖金，精神激励和物质奖励并重以留住人才。据统计，2000 年，美国西雅图高科技人员的年均收入就已高达 13 万美元，是发展中国家科技人员的几十倍。同时，美国还拥有较完善的社会福利制度、养老金制度和医疗保障制度，良好全面的福利待遇对于优秀网络人才选择赴美发展颇具吸引力。一直以来，德国都非常注重科技创新，为吸引海外包括优秀网络人才在内的高科技人才而不断推出新举措新办法。其中，设立"亚历山大·洪堡教席"奖就是一种新的尝试。德国联邦教育与研究部于 2009 年 5 月 7 日向 8 位从海外引进的杰出科学家颁发了"亚历山大·洪堡教席"奖。这一奖项是迄今为止全德国奖金额度最高的科研奖，最高额度可以达到 500 万欧元，用以资助引进的科技人才进行为期 5 年的科学研究。

3. 加强网络人才职业技能培训

当代主要国家非常重视网络人才职业技能培训，形成了独具特色的网络人才职业技能培训模式。比如德国，作为一个高度发达的工业化国家，其职业技能培训在世界上久负盛名，对德国经济发展、社会稳定起着巨大的作用。德国对网络人才开展的职业技能培训也延续了其独特的培训模式。德国《职业教育法》规定，德国的职业培训包括职前培训、在职培训和转岗培训。其中，职前培训的主要形式是校企合作的"双元制"①，在职培训是为了帮助在职人员适应目前的技术水平和职业的要求，转岗培训则是为了再就业和适应新岗位做准备。

再如美国，其职业培训由政府提供资金来资助完成。自 1962 年开始，美国实行《人力开发与培训法》，联邦政府花在职业培训方面的经费共达 800 多亿美元。这只是劳工部实施其培训计划的费用，还不包括联邦教育部投在这方面的开支。据专家们估计，合计大约有 3000 亿美元。② 美国的职业教育培训虽然没有独立完整的体系，但是它的职业教育培训课程、项目分布在各个教育阶段，由不同的教育系统负责开展。所以，学校教育与职业培训高度融合是它的典型特征。所

---

① "双元制"是指青少年在完成初中阶段的学习后，一方面在职业学校接受职业专业理论和普通文化知识教育，另一方面又在企业接受职业技能和与之相关的专业知识培训。这是一种将企业与学校、理论与实践和知识与技能相结合，以培养高水平专业技术工人为目标的职业教育和培训制度。见胡伟等. 国外职业技能培训与启示 [J]. 继续教育研究，2010 (2)：118 – 121.
② 胡伟等. 国外职业技能培训与启示 [J]. 继续教育研究，2010 (2)：118 – 121.

谓高度融合，主要是通过在职业培训课程中植入强大的、能与学校教育的学分进行互认和转换的系统来实现。学生选课时就如同置身于一个大型的课程超市中，可以根据个人的需要，选择和搭配一套属于自己的个性化课程。

此外，在发达工业化国家中，日本也非常重视职业教育。从 20 世纪 70 年代起，日本政府为了适应国家经济的迅速发展，真正实现终身职业培训制，制定了职业训练基本计划。这一计划除了强调要充实和加强公共职业训练机构建设和发展外，还特别强调了要鼓励和促进民间企业自主开办职业教育。

4. 注重提升全民网络安全意识和技能

使用互联网和其他 IT 产品的普通网民，通常是安全意识最缺乏、安全防护最薄弱的群体，很容易被黑客控制并作为"僵尸"网络的节点，来进一步实施各种各样的破坏行为，而这种破坏行为往往比普通的攻击方式危害更大、防范更难。[①] 因此，对全体网民开展网络安全知识普及教育，提升全体网民的网络安全意识以及网络安全技能，是各国都非常关注和重视的问题。各国通常是由政府部门作为主办方，私营部门和非营利机构作为合作伙伴，有组织地开展网络安全意识教育活动。主要面向政府人员、中小企业雇员、网络专业人士、教师、家长、学生、中老年人等。网络安全意识教育内容往往丰富多彩，主要包括上网安全、隐私保护、欺诈防范、恶意软件、盗用账号、垃圾邮件、网络暴力等。采用的方法手段主要包括开办门户网站和出版公共读物，开展网络安全主题日、主题周、主题月等全民网络安全意识普及活动，以及举办培训班、组织研讨会、发放指南手册、进行广播电视报刊宣传等。

比如，美国在全国范围内开展了广泛的增强网络安全意识活动。一方面，美国政府着眼于基础性网络安全知识普及，大力推广"国家网络安全教育计划"，由国土安全部负责领导提高家庭用户和小型企业、大型机构、高等教育机构、州和地方政府等关键用户网络安全意识的行动。另一方面，以国防领域网络安全需求为牵引，积极推动政府机构、军事部门与企业界、学术界密切合作，培养引进高技术人才，以建立强大的网络安全专家队伍。如"国家 IA 教育培训计划"（NIETP）就是由美国国家安全局与美国政府有关部门、学术界和产业界一起合

---

① 吕欣. 网络空间人才体系涵盖七大方面 [J]. 信息安全与通信保密，2014（5）：34.

作实施的。近年来美国国家安全局和美国国土安全部一直联合赞助的国家信息保障教育卓越学术中心（CAE/IAE）、信息保障研究（CAE/R）和信息保障两年教育（CAE/2Y）项目，到2013年已经有181所高校加入。美国企业或行业协会也积极参与开发国家级网络安全人才培训标准。如美国国家安全协会（CNSS1011）联邦安全认证和培训标准与政府标准具有同样的权威。行业协会制定的培训标准保障网络安全人才培养的专业性，为人才认证认可和职业发展提供有力杠杆。

日本为提高国民的网络风险意识，积极开展信息安全普及活动。自2010年2月起，把每年2月定为"信息安全月"，集中进行广泛而深入的信息安全宣传普及活动。为提高全体国民对网络犯罪的自我防范意识，开展了诸如信息安全讲座等一系列预防犯罪行动。日本2014年11月通过《网络安全基本法》，规定国家及地方政府有义务采取网络安全对策，推动网络人才教育。有的高校如九州大学计划于2017年4月将该课程列为所有入学者的必修科目。长崎县立大学也于2016年度起新设"信息安全学科"，培养拥有专业知识与技能的技术人才。同时，日本借力美军联合培养专业人员，通过派遣自卫队军官到美国参与美军网络防御有关课程，学习美国经验与技术。加拿大由公共安全部门负责引领公众提高网络安全意识，并不断拓展宣传活动范围，旨在让公众了解面临的潜在网络危险，以及可以采取何种措施开展自我保护，政府致力于提高人们对一般网络犯罪的防范意识，并通过网站、创意宣传资料和外联工作来努力建设安全的网络环境，其终极目标是营造良好的网络安全文化氛围。

除此之外，各国也通过举办各种形式的竞赛，推动网络安全教育，推进网络人才培养。如美国有面向全国的网络挑战赛、美国国防部和国土安全部组织的"网络风暴"演习、国防部网络犯罪中心举办的数字取证挑战赛"网络爱国者"大赛。2014年6月4日，美国举办网络安全挑战赛（CGC），历时两年，总决赛于2016年在拉斯韦加斯召开的大型计算机安全会议DEFCON期间举行，由来自学术界、工业界和安全部门的计算机安全专家组成的35个团队参赛，要求参赛者分析和利用其他参赛团队系统中存在的薄弱环节，同时保护自己的系统。在2016年最后一场比赛当中，参赛队伍必须拿出自主创建的安全网络防御，部署补丁和缓解措施，并且监控网络，评估竞争对手的防御机制，最后获胜的前三名依次获得200万美元、100万美元、75万美元的奖金。英国也有网络安全挑战夏令营项目等比赛；日本则有年度安全技能大赛，包括"女孩夺旗赛"、在线预选赛、地方大赛、全国总决赛等活动。2014 年 6 月 29 日，日本东京举行的"女孩夺旗赛"，由日本网络安全协会主办，多个政府部门、民营企业、安全机构支持赞助，吸引了国内外网络技术精英 2000 人参加。

（二）高校主动适应社会发展，不断创新网络人才培养模式

高校是包括网络人才在内的高层次科技人才的重要来源和主要集散地，高校能够为经济社会发展提供人才支持和智力支撑。所以，各国都非常重视高校在网络人才培养中的作用。高校也主动适应社会发展，主动发挥自身优势，积极创新网络人才培养模式。

1. 注重专业教育

高校承担着培养人才、开展科学研究、传播知识和服务社会的重要职能。高校通过完备的课程教学、专业的技能训练对网络人才开展系统教育和培训。国外许多高校在这方面都积累了相当丰富的经验。在网络人才建设方面，以美国为代表的西方发达国家引领世界潮流。早在 2005 年，美国国家安全局就委托 50 多所教育机构，其中包括 44 所高等院校和 4 所国防院校，成立了网络安全保障教育和学术中心，以提高高校网络人才培养的能力。美国有许多高校都开设有网络技术专业，不少知名高校在该专业上的综合实力都非常雄厚，比较突出的有麻省理工学院、斯坦福大学、加州大学伯克利分校等。这些高校重视专业教育，积极创新网络人才培养方式，探索出许多颇具特色的方式方法。比如，加州大学伯克利分校以掌握前沿知识技能老师的讲解和学生实际操作相结合的方式培养人才，让大学生了解世界最新技术，并通过团队合作方式教会学生如何协作处理问题；再如，麻省理工学院为网络安全专业配备了雄厚的师资力量，并提供多角度的学生选课范围，允许学生根据自己的兴趣和所研究问题的性质设计毕业论文。与此同时，不少社区大学还普遍开设了两年学制网络专业教育，已成为美国院校加强网络人才建设的重要途径。英国许多著名高校为提高网络专业教育质量和教学水平，培养更高层次的网络人才，满足社会对网络人才的需求，特别加强了硕士研究生学历教育。例如，爱丁堡龙比亚大学开办有先进安全和数字取证硕士专业，兰卡斯特大学开办有赛博安全硕士专业，牛津大学开办有软件和系统安全硕士专业，伦敦大学皇家霍洛威学院开办有信息安全硕士专业。通过加强硕士研究生学

历教育，加强了对高层次网络人才的培养力度。

2. 成立专门研究院

近些年来，"政产学研"合作的重要性被越来越多的国家和政府认可和接受，探索新的合作模式和组织形式成为许多高校的最新关注点。专门研究院的出现，是"政产学研"相结合的一种有效制度模式创新。通过研究院这个平台，政府、企业、学校与科研院所可以开展有效的合作，使各自的利益诉求、作用与能力得到较大发挥，从而促进社会的发展。① 当前，世界许多著名高校也都非常青睐通过成立专门研究院来开创新的网络人才培养模式。这方面，斯坦福国际研究院（SRI）无疑是成功的典型案例。

斯坦福国际研究院是著名的国际性大型咨询机构，与兰德公司齐名。斯坦福国际研究院原为斯坦福大学所属机构，于 1946 年创建，最初只是一个由校内科研人员为社会提供咨询的服务平台。随着研究院运行越来越顺畅，吸引并培养出越来越多的专职科研人员，于是在 1970 年脱离斯坦福大学，成为独立的研究机构。如今，斯坦福国际研究院总部设在美国加州硅谷地区，人数已超过 3000 人，在巴黎、伦敦、东京、苏黎世、马德里等地设立分支机构，培养和锻炼出大量优秀科技人员，其中也包括许多高素质的网络人才。目前，该研究院为世界 65 个国家的政府以及 800 多家公司提供着卓越的科技服务。在人才培养方面，斯坦福国际研究院高度重视研发领袖的选拔和培养以及研发团队的激励和锻炼。在研发领袖的选拔方面，强调必须具有高度的负责精神和积极进取的意志力，特别是能够在研发团队的组建上发挥核心作用。在研发领袖的培养和使用过程中，研究院给予他们以几乎完全的信任，并对其授权。在激励和锻炼研发团队人员方面，研究院通过签订"信任协议"、开办"创意吧"等形式着重打造团队的凝聚力和协调性，培养个人的创新意识和责任意识、激发每个人的创造力。同时，在制度设计上，通过系统的员工录用制度、考核制度和员工支持计划，选择优秀人才，并用优厚的待遇留住人才。

3. 扩展具有深度网络知识的专家库

专家库，即是围绕专家所产生的、以组织专家及专家知识为主要内容的、用

---

① 吴军华，等. 高校研究院的发展模式、价值及问题 [J]. 中国高等教育，2013 (24)：13－16.

于指导社会生产实践的数据库或信息系统。① 专家是社会各领域各行业高智力人才资源的代表，在知识的生产、获取、传播、利用中起着不可替代的作用。高校作为重要的科研创新机构和人才培养基地，开展重大科研项目攻关离不开专家团队集体的智力支持，培养优秀科研人才同样需要众多教授导师的共同努力。在网络人才培养过程中，建立具有深度网络知识的专家库并对其进行相应的使用和管理，是更好地培养网络人才的一个重要环节，对于提升网络人才培养的质量和数量，更有效地使用网络人才具有不可估量的推进作用，因此，扩展具有深度网络知识的专家库成为当代世界主要国家的通行做法。如英国就专门设立了旨在帮助军队提高网络安全防御能力的"网络人才储备库"，储备库中的网络安全专家将在未来帮助军队抵御日益增长的网络安全方面的威胁。印度有些高校在主要发达国家设立了海外专家人才数据库，尤其重视那些能够为重点项目解决难题的科技人才，负责接纳愿意回国工作的印度人。中国台湾地区有关机构为了与海外专家学者建立广泛联系，专门设立了"海外华人学者档案"，等等。

（三）企业和行业协会适应形势发展，聚力网络人才培养

信息化浪潮下，不仅 IT 企业对网络人才有着巨大需求，传统企业对网络人才的需求也呈爆炸式增长，对网络应用、网络管理、网络安全等专业人才的需求也明显增加。因此，各国企业和行业协会积极适应形势发展，采取多种方法聚力网络人才培养。

1. 利用跨国公司网罗人才

在实行市场经济的国家，政府人才战略的实施离不开跨国公司人才战略的实施，两者密切相关、不谋而合。实力雄厚的跨国公司②，通过进入其他国家，与当地政府和企业争夺高端人才，其中就包括优秀的网络人才。谷歌、思科等著名的跨国网络公司，每年都在进行着海外并购，最多时一年能够并购十几家企业。

---

① 卢姗. 面向知识导航的专家库构建机制研究［D］. 石家庄：河北大学，2015.

② 跨国公司（Multinational Firms），又称多国公司（Multinational Enterprise）、国际公司（International Firm）、超国家公司（Supernational Enterprise）和宇宙公司（Cosmo-corporation）等，是指由两个或两个以上国家的经济实体所组成，并从事生产、销售和其他经营活动的国际性大型企业。跨国公司主要是指发达资本主义国家的垄断企业，以本国为基地，通过对外直接投资，在世界各地设立分支机构或子公司，从事国际化生产和经营活动的垄断企业。

并购不仅是为了获得中小型企业的技术，更重要的是为了吸纳那些从事科技创新的网络人才。比如，近几年思科公司在全球并购了数十家在各自市场和技术领域内遥遥领先的成长型公司，包括科学亚特兰大（Scientific Atlanta），网讯（WebEX）等公司，并首次在中国进行了并购（DVN 机顶盒业务）。

跨国公司为了网罗来自世界各地的科技人才特别是网络人才，常常在海外成立专门的研发中心。比如，韩国政府就鼓励本土跨国企业在海外设立研究中心，为韩国吸聚人才，其中仅三星电子公司就雇用了 200 多名在美国获得博士学位的韩裔科学家。再如，美国思科公司于 2005 年 10 月 12 日在上海市漕河泾经济技术开发区成立思科中国研发中心，积极借用中国的网络人才资源促进自身业务发展。自成立之后，思科中国研发中心成长迅速，目前已成为思科海外第二大战略研发中心，总体投资达到 1 亿美元。2011 年 11 月，思科中国研发中心又在杭州、苏州、合肥成立分公司，由此标志着作为公司重点战略投资之一的"网讯公司"的整合顺利完成。至此思科中国研发中心拓展到了 6 个城市，分别为上海、杭州、苏州、合肥、北京和深圳。思科中国研发中心聚集了来自中国以及全球著名大学和优秀企业的各类网络工程师，在中国的研发力量超过了 3200 人。为了求才纳贤，思科中国研发中心积极推动增进与高校和研究组织的合作，目前已联合网络专业技术力量雄厚的清华大学、成都电子科技大学、重庆邮电大学、中国电信研究院等科研院所分别设立了科技联合研究实验室，吸纳优秀网络人才，鼓励科研创新，从而促进产学研一体化发展。

2. 加强公司合作伙伴关系

网络经济时代，人才流动性更大，公司之间加强战略合作不仅有利于信息技术的开发和信息共享，更有利于网络人才的流动和技术合作。而且，一些大型的网络科研项目攻关仅靠单个公司单打独斗，往往势单力孤，难以达到预期的研发目标。所以，为了争取更多的科技人才为自己所用，各国公司都非常重视企业之间的紧密合作，加强企业联盟，在合作中努力实现共赢。早在 1999 年 3 月，美国康柏电脑公司就看好中国的巨大市场潜力和优质的人才资源，与中软公司签订合作协议，双方技术开发人员通力合作，携手在康柏 Tru64 UNIX 操作系统的基础上开发本地化的中文 UNIX 操作系统 COSIX。该协议同时涵盖双方共同策划的市场推广活动，在国内的软件市场上寻找新的机会，并推动 COSIX 成为业内标准。之后，康柏公司的高层领导面向来自北京大学、清华大学和中国人民大学的大约 1000 名学生发表演讲，介绍康柏的成功经验，以及进入 21 世纪所面临的挑战，其目的在于吸引更多的中国优秀大学生投身于康柏的全球事业。再如，SK 集团是韩国第三大跨国企业，主要以能源化工、信息通信为两大支柱产业。目前，SK 及其附属机构在全球拥有 30000 多名员工、124 个办事处和子公司。为吸引更多的优秀网络人才，实现其"中韩人才合作"的计划，SK 集团积极加强与中国公司的合资合作关系。SK 集团强调"一定要把加强中国人才培育的宗旨发挥到实践中去。今后，SK 集团将不再有'韩国人才'和'中国人才'之分。"[1]

3. 重视营造企业网络文化

一个强大的可持续发展的企业，它的灵魂与精髓，归根结底在于它的文化内涵。每个企业的不同文化基因，都有着它鲜明的个性特色，是别人拿不走、学不会、模仿不了的。互联网企业，要想以独特的文化吸引更多的网络人才，就需要高度重视并大力营造企业网络文化。互联网具有信息传输快捷、信息传播广泛、网络资源共享、信息量大、互动性强、娱乐性强、成本低廉等特点，不仅对网络时代的企业文化建设提出了严峻的挑战，而且也为网络时代的企业文化建设提供了新舞台、创造了新机遇。

目前，许多世界知名企业都开办有具有本企业特色的专题网站，形成了独具特色的网络文化。世界不少知名公司都通过多个网络系统展示企业文化、开展人文管理，企业的工作日程表系统、招聘竞聘管理系统、评估系统、工资福利系统、虚拟学习中心、员工沟通中心、公告牌系统等都通过网站得以运行。专题网站业已成为展示企业独特文化、优化企业管理的一个重要窗口和平台。便捷的网络系统也为企业内部文化的建设和联系的加强提供了新的渠道和途径，企业成员可以在任何地方通过网络进行非现场的交流，大大拓展了成员间交流的范围和机会。比如，在惠普公司就有这样一种有趣的现象，企业办公桌的数量永远比员工的数量少，企业允许甚至鼓励员工带着笔记本电脑在办公室以外的其他地方甚至是家中进行办公。员工的办公地点不固定，他们的办公状态总是处于流动之中。

---

① 郭玉志. 人才合作是成为"中国企业"的重要条件——访 SK 集团大中华区董事长、总裁金泰振 [N]. 中国企业报，2008 - 08 - 28 (16).

即使企业的管理者也遵循这一规则，在公司不设专用的办公区域。惠普公司之所以能够这样做，来源于其内部强大的网络系统支撑。这一规则的实行，不仅提高了工作效率、降低了单位能耗，而且也推动了和谐、融洽、平等、友好的企业文化氛围的形成。

4. 打造学习型企业

学习型企业是指通过营造整个企业的学习气氛，充分挖掘和发挥职工的创造力而建立起来的一种有机的、高度性的、横向网络式的、符合人性的、能持续发展的企业。也就是把学习自觉导入企业管理，以人的发展为中心，以不断增强企业竞争力为目的，通过确立团体学习、自我超越的理念，建立完善的学习教育体系，营造整个企业的学习氛围，积极推进企业制度创新、管理创新和科技创新，努力成为具有人力资源挖掘和再造功能的可持续发展的企业。① 为了在竞争中立于不败之地，实现企业的可持续发展，许多国际知名公司都非常注重采用各种方法手段把自己逐渐打造成学习型企业。其中，成立企业大学对学习型企业的建设和发展有着重要的积极作用。这方面，Motorola 公司做得非常突出和成功。为把本公司打造成学习型企业，以实现可持续发展，Motorola 公司非常重视网络人才的培养，专门成立了一所 Motorola 大学。Motorola 大学是 Motorola 公司的专门培训机构，总部位于美国伊利诺伊州，目前在全球有 14 个分校。Motorola 位于中国的大学在 1993 年成立，这所大学共分为两个部分，一个部分是位于天津 Motorola 生产基地的培训中心，另一个部分位于 Motorola 的北亚总部北京。其主要任务之一就是通过课堂授课、网络教学、电子教学、流媒体教学等各类先进手段为 Motorola 公司持续培养优秀人才，网络人才就是其重要培养对象。

三、 当代主要国家网络人才培养经验启示

当前世界主要国家对于网络人才建设除了理论上给予充分认识，在实践中也普遍采用各种方法加强网络人才的培养和使用。各国根据各自的国情、文化传统、社会习俗、企业发展状况等，形成了各具特色的网络人才吸引和培养战略。

---

① 王涛，等. 学习型公司建设研究［J］. 商业文化，2008（10）：34.

认真比较和研究各个国家在人才吸引、培养和使用方面的经验，可以从中得到诸多有益的启示。

（一）强化政府规范引领作用

大力加强网络人才的培养，充分发挥网络人才在建设网络强国中的核心作用，已经成为各国政府的普遍共识。改革开放以来，邓小平同志提出"尊重知识，尊重人才"的重要思想，在这一指导思想的引领下，我国的科技人才培养和科技队伍建设取得了令人可喜的成就。但是，我国网络人才建设的现状，不仅与发达国家相比仍有不小的差距，而且也不能满足我国网络事业飞速发展对网络人才的需求。因此，必须充分发挥政府在网络人才培养中的作用，从顶层设计和战略规划的高度加强网络人才建设。

1. 进一步深化改革，转变观念

习总书记指出，要以推动科技创新为核心，引领科技体制及其相关体制深刻变革。由于历史的、现实的种种原因，我国的网络科技创新能力总体不强，网络发展水平有待提高，高素质网络人才短缺，因此必须深化科技体制和人才发展改革，补齐创新能力不足的短板。实现体制机制深刻变革，要把网络技术、网络人才的资源配置转移到市场配置的轨道上来，政府应尽快将工作重心转移到制定顶层规划、宏观政策、奖励网络科技人才等职能上来，减少对微观科技活动的直接干预，通过政策引导、资金扶持、环境凝聚，加快集聚高层次管理人才。①

2. 进一步加大投入，开放引才

加强网络人才建设，应该树立人才建设投入是效益最好的投入的理念，建立网络人才资源积累优先发展战略，立足我国基本国情，加大对于网络人才建设的投资规模。政府要对企事业单位给予相应的政策优惠，鼓励其加强网络人才建设投入的力度，并对其积极引导，使之健康发展，不断扩大网络人才建设规模。充分利用国际、国内两种资源，制定更加开放的全球引才战略，积极争取社会对网络人才建设的资金投入，形成多元化多层次的网络人才建设投入机制。

---

① 王舟佼. 舟山市高层次管理人才引进研究 [D]. 大连：大连海事大学，2014.

3. 进一步加强立法，强化执法

网络人才建设工作应该从过去以行政手段为主导逐渐向政策引导和法规规范为主导转变，政府应该积极创造良好的体制、机制及政策、制度环境。不断建立和完善包括人才选拔、培养、流动、吸引、使用、评价、激励等方面的政策法规体系，那些被实践证明正确、成熟的人才政策要及时转化为国家法律法规，以法律法规的形式规范网络人才建设工作。同时，要强化执法，加强对网络人才建设工作的监督和检查，强化相关法律法规的贯彻落实，逐步形成重视和加强网络人才建设工作的长效机制。

4. 进一步立足实际，出台政策

根据我国的国情、历史传统、文化背景等实际情况，出台引进高端人才、人才团队的硬政策、硬措施。对网络科技人才、网络管理人才的引进，要始终坚持高标准、高门槛。不仅要重视国内网络人才的培养和使用，还要注重吸引和留用国外优秀网络人才。要继续深化网络人才选拔、培养、流动、吸引、使用、评价、激励等方面的制度改革，要紧紧抓住人才强国这个战略重点，拓宽人才引进形式和渠道，全面提高我国网络人才的整体素质，使我国能够成为真正意义上的网络人才资源强国。另外，还应密切关注国内外形势的变化，主动调整应对之策，兼顾网络人才建设的延续性和阶段性。

（二）强化高校网络人才培养

通过严格系统的理论学习和基本技能训练成才，是人才培养最基础、最可靠、最重要的途径。从世界上发达国家的发展进步历程可以看出，重视教育往往是其经济发展的重要基础，是发达国家能够长期居于科技发展领先地位的关键所在。当前我国在网络人才建设中，也必须着力强化高校在网络人才培养中的基础作用。

1. 加强学科专业建设

为适应网络信息技术发展的需要，我国从 20 世纪 90 年代开始，在全国多个综合性高等院校开始设置计算机网络专业，培养了一大批社会急需的计算机网络技术人才，目前他们已经在我国网络信息建设中发挥着越来越重要的作用。但是也要看到，在我国某些重要领域，如涉及国家网络信息安全和网络核心技术的领域，网络科技人才的缺口还比较大，高水平的网络领军人才还相当紧缺。据工信部中国电子信息产业发展研究院发布的研究报告显示，目前我国培养的网络信息安全专业人才总共约 4 万人，这一数量与各行各业对网络信息安全人才的实际需求量之间存在近 50 万人的差距。网络人才总量不足和高水平网络人才的匮乏，严重影响了我国的网络信息安全，制约了我国网络信息技术的创新发展。[①] 因此，优化高校学科专业设置，加强学科专业建设以培养更高素质的网络高技术人才，已迫在眉睫。2015 年 6 月，为实施国家安全战略、加快网络空间安全高层次人才培养，国务院学位委员会决定在"工学"门类下增设"网络空间安全"一级学科，学科代码为"0839"，授予"工学"学位，并于 2015 年 10 月底启动申报工作。2016 年 1 月 28 日，国务院学位委员会正式下发《国务院学位委员会关于同意增列网络空间安全一级学科博士学位授权点的通知》，共有 27 所高校获批新增列网络空间安全一级学科博士学位授权点，两所军校获批对应调整网络空间安全一级学科博士学位授权点，共计 29 所高校获得我国首批网络空间安全一级学科博士学位授权点。当前，网络空间安全已经成为国家安全的重要内容，我国的"信息疆域"面临诸多新挑战，设立"网络空间安全"一级学科，加强网络空间安全前沿理论研究和人才培养，这就迈出了捍卫国家网络空间安全的坚实一步。

2. 培养实践型人才

当前，国家和社会急需网络专业实践型人才，网络相关专业人才不仅要牢固掌握基本的理论知识，而且要注重培养较强的动手操作能力，将理论学习与实践操作有机结合起来。高校要以培养网络应用能力为主线制定专业教学计划，加强专业课教学的针对性和实践性，加大实践教学力度，构建与课堂教学相配合的科学合理的实践教学课程，通过实践教学切实提高网络人才的实践动手能力，体现出网络应用专业的实践特点与专业优势。因此，这就需要各高校不断加强实验室建设，给予网络人才以充足的实验空间；建立实践基地、倡导校企合作，在适当

---

① 于世梁. 论习近平建设网络强国的思想 [J]. 江西行政学院学报，2015（4）：37-43.

的时候将网络人才送到企业中去实习，让网络人才直观感受到社会究竟需要什么技能，而自身又存在着哪些不足，返校后，网络人才可以针对个人短板进行更加有目的的学习，以弥补自身知识结构和实践能力的不足。

3. 提升师资队伍素质

前些年，信息安全学科还没有被设置成为一级学科，这使得许多高校的信息安全专业在资源获取方面，如专业经费投入等，受到了不同程度的影响，教师队伍中人才流失也比较突出，严重影响了我国信息安全人才体系化、规模化、系统化的培养工作。在"网络空间安全"成为一级学科后，这样的状况应该会得到改善。各高校应认真落实师资队伍建设规划，加强对青年教师的培训，不断完善教师知识结构和能力体系。同时，应建立相应的激励机制，对那些教学评价优秀、科研成绩突出、能力强、素质高的教师应给予表彰和奖励，在职称评审、课题申报、在职进修、实验室建设等方面对网络相关专业教师给予政策鼓励和倾斜，尽最大可能调动教师的工作积极性，从而提高师资队伍建设的整体水平。

（三）重视网络人才职业技能培训

重视网络人才职业技能培训，提高其业务素质和工作能力是当代世界主要国家的通行做法。借鉴发达国家的成功经验，我们必须调动政府、社会、企业等积极力量，有重点、有步骤地开展专门针对网络人才的职业技能培训。

1. 鼓励更多社会力量参与进来

我国是一个发展中大国，人口众多、生产力水平发展相对较低。在这种情况下，如果仅仅依靠政府投入开展网络人才职业技能培训，将远远无法满足我国迅猛发展的网络人才市场的巨大需求。与国家和政府相比，私人企业、行业协会、社团等对人才市场的反应更加灵敏，培训内容的设置也更具有针对性和实用性。动员社会各界力量参与网络人才职业技能培训工作，不仅能够在一定程度上克服仅仅依靠政府可能会统得过死的弊端，更好地调动私人企业和行业协会、社团的积极性，而且还能够减轻国家和政府的财政负担，极大提高职业技能培训的范围和效果。因此，要大力开展网络人才职业技能培训，就需要动员各种社会力量，鼓励包括企业、社团、行业协会等机构都参与进来，广泛吸纳各方面的资金，群策群力，共同推进职业技能培训的发展和完善。

2. 确定重点培训对象

为提高网络从业人员的整体素质，满足国家对于网络人才不断增长的极大需求，当前需要进行职业技能培训的对象群体数量还是比较庞大的。因此，无论是从资金投入，还是从师资力量来看，政府都不可能在短时期内对所有网络从业人员展开职业技能培训，只能分步骤、有重点地进行。具体来说，在普遍提升网络从业人员素质能力的基础上，应重点抓好"两头儿"，即对于网络精英，进一步开展技能培训，而对素质能力相对薄弱，甚至已经失业，准备再就业或转岗的人员开展基础培训或转岗培训。这样既能保证网络核心技术始终为网络精英人才所掌握，满足国家网络信息技术发展的需要，又能满足广阔的人才市场对于大量普通网络从业人员的需求。当然，在具体实施过程中应该切实考虑各地的具体情况，因地制宜，力争发挥职业技能培训最大的社会效益与经济效益。

3. 建立健全法律保障体系

为从法律上保障继续教育的发展，美国就专门颁布了《成人教育法》，把继续教育当作衡量一个国家科技水平高低的重要标志，规定所有雇主每年必须至少将其全员工资总额1%的资金用于教育与培训，且要求数额逐年递增。没能达到这一最低数额的企业和机构，每年必须向国家上缴其工资总额1%的资金作为国家技能开发资金。自20世纪60年代以来，美国国会和联邦政府颁布的人力培训法和人力培训计划就已多达几十个。通过颁布与实施这些法令，政府不仅大规模直接参与职业技能培训，而且对整个职业技能培训工作直接起重要指导作用。对于我国来说，也应该通过国家立法的形式对职业培训的目的、作用、规模、机构设置、实施程序以及实施效果加以规定，以实现职业技能培训工作的制度化与系统化，使职业技能培训有法可依，有章可循。将职业技能培训纳入法制化、制度化的轨道后，可以避免开展这项工作的随意性，从而保障培训工作能够取得预期的良好效果和社会效益。同时，也要不断健全完善以职业标准为导向的网络人才国家职业资格认证制度，这是促进网络专业职业教育与培训发展的一项动力机制，能够满足企业的现实需求，适应了网络时代经济发展的客观需要。

（四）发挥企业在网络人才培养中的作用

网络人才经过系统的学历教育培养和职业教育培训后，最终要进入网络企业进行工作。网络企业发展迅速，知识更新快，技术进步快，这就对网络从业人员提出了更高的要求，企业要为网络技术人员的学习和培训提供机会和平台，帮助他们不断更新知识体系，提高技能水平，使其适应网络相关行业的迅猛发展，从而满足企业对于优秀网络人才的需要。

1. 加强与高校合作

企业加大与科研院所的合作力度，探索科研机构与企业紧密结合的方式方法，是加强网络人才培养的基本途径。一方面，高校可以根据企业的现实需要，拟定人才培养计划，更有针对性地培养企业需要的应用型人才；另一方面，企业可以依托高校的师资力量和硬件设施，有计划地安排所属员工到高校进行再培训，以适应不断进步的技术需要，满足不断发展的岗位工作要求。英国著名的"剑桥现象"就是高校和企业紧密合作，共同培育高技术人才的成功典范。剑桥这个依托剑桥大学的小城目前已成为英国高新技术人才荟萃、高新技术产业最集中的地区。早在1978年，这座小城还只有大概20家高新技术企业，如今这一数量已经增长到三四千家，可提供约5万个高科技就业岗位，切实走出了一条企业与高校、研究所等科研机构合作培养高科技人才的成功之路。

2. 加大企业人才培训力度

为了满足企业对于网络人才的需求，维持企业的可持续发展，企业必须加大对网络人才的培训力度。各企业可通过优化培训组织结构，厘清培训职责与分工，优化培训流程，进一步提升培训效率和资源整合，根据企业从业人员层级和岗位性质的不同，有计划地进行分层分类的培训。具体来说，可以考虑按照岗位序列设置专业培训机构，如设立企业高层管理者的领导力发展中心、专业技术人员的专业能力发展中心、技能人员的技能发展中心等，有条件的企业可以考虑建立培训学院，用最现代化的设备、教学设施和手段对员工进行网络专业技能培训，从而整合培训资源，提高人才培养专业性。① 尤其要注重对于新晋员工的培训，制定新员工培养规划，将培养周期与培养资源做好匹配，以满足业务发展对人才的需要。与此同时，为拓展网络技术人员培养的渠道和途径，可以对厂商资源充分加以利用，积极争取厂商支持，增加对于网络技术人员培训培养的资源投入。

3. 提供更好发展平台

为了更有效地保留网络人才，企业应该给他们提供更好的发展平台，以完善岗位任职体系为基础，加强人才培养机制建设。首先，建立健全各类岗位任职资格体系和能力评价体系，明确每个岗位的相关能力要求、学习目标与评价方法，有效激励员工开展继续学习。其次，建立健全竞争上岗、优胜劣汰的晋升发展机制，持续推动员工能力的提升。再次，进一步强化薪酬制度对员工能力发展的激励，强调"能者多酬"，提高网络人才薪酬待遇，完善各种福利制度。最后，还要加大继续教育的力度，进一步提高培训员工的数量，加强培训课程的研发，加强内部培训师资队伍建设，提高培训师资整体水平。

---

① 吴菁，等. 企业人才培养模式的策略思考 [J]. 管理世界，2015 (6)：184-185.

第四章　我国网络人才培养原则模式

人才培养的任何一项活动，都是有目的有目标的组织行为。这种组织行为既有其既定的原则方法，又有其内在的运行规律。网络人才培养也是一样。网络人才培养的原则是对网络人才培养目标的实现和保障，网络人才培养的模式是对网络人才培养方式方法的规范与界定。深入研究探索我国网络人才培养的原则模式，对于正确把握我国网络人才培养的规律、了解我国网络人才培养的方式方法，具有重要的参考价值。

一、我国网络人才培养的基本原则

原则，是人们在长期的社会实践过程中，被反复证明是有价值的、正确的法则或准则，并且将继续用于指导人们的实践活动。我国网络人才培养的原则，是网络人才培养规律的反映，是党的干部路线、方针和政策在网络人才培养工作中的具体体现，是网络人才培养各个环节必须遵循的基本要求。在我国网络人才培养全过程各环节中，正确认识并坚决贯彻网络人才培养的原则，对于提升我国网络人才队伍培养质量，培养一流网络人才意义重大，作用关键。

（一）坚持顶层设计需求主导

"不谋万世者，不足谋一时；不谋全局者，不足谋一域。" 2014 年 2 月 27 日，习近平同志在中央网络安全和信息化领导小组宣告成立的第一次会议上强调："中央网络安全和信息化领导小组要发挥集中统一领导作用，统筹协调各个领域的网络安全和信息化重大问题，制定实施国家网络安全和信息化发展战略、宏观规划和重大政策，不断增强安全保障能力。"① 这为加强国家网络安全和信息化工作的统一领导，从战略地位和具体政策上解决国家网络安全顶层设计问题打下基础。当前，我国网络人才培养缺口大、高端人才少，网络人才培养过程中的不平衡、不协调、不可持续问题比较突出，亟须坚持顶层设计需求主导，系统筹划，抓住网络人才培养的主要矛盾，推动网络人才培养科学发展。

1. 顶层设计需求主导的基本内涵

（1）顶层设计的内涵

"顶层设计"字面含义是自高端开始的总体构想。顶层设计的英文是"top - down"，指的是主体结构和主要模式②。顶层设计来源于系统论，主要是指以战略的思维，从全局的角度统筹考虑一个复杂系统的各方面、各层次和各要素，在最高层面上进行系统控制、系统干预和系统组织管理。③ "其本质内涵是站在全局高度，着眼从根本上解决问题，对某项工作或任务进行统筹谋划，确立科学的方略和思路，集中系统资源、整合系统要素、调整系统结构、协调系统功能，形成自上而下、层层衔接、环环相扣的合力，高效快捷地实现目标。"④

"顶层设计"是科学决策的表现形态之一。最早用于工程技术行业，是源于大型工程技术领域的一种设计理念，后来由于其科学的决策和设计理念，也开始应用于社会科学领域。顶层设计的提法最早用于社会科学领域的，是十七届五中全会通过的《中共中央关于制定国民经济和社会发展第十二个五年规划的建议》，该建议的表述是"重视改革顶层设计和总体规划"⑤，在其后的中央经济工作会议上，又明确提出了"加强改革顶层设计，在重点领域和关键环节取得突

① 习近平. 把我国从网络大国建设成为网络强国［EB/OL］. （2014 - 02 - 28）［2016 - 02 - 13］. http：//news. xinhuanet. com/info/2014 - 02/28/c_ 133148804. htm.

② 顶层设计，基层做起——专访国家行政学院科研部主任许耀桐教授［EB/OL］. （2011 - 03 - 18）［2016 - 02 - 13］. http：//wenku. baidu. com/view/fc3454282af90242a895e545. html? re = view.

③ 于岚. 利用顶层设计创建有效的人才资源战略［J］. 经营管理者，2013（8）：80.

④ 顶层设计是重要的领导方法和工作方法［EB/OL］. （2014 - 08 - 01）［2016 - 02 - 14］. http：//www. sx. xinhuanet. com/dfzx/2014 - 08/01/c_1111898884. htm.

⑤ 中共中央关于制定国民经济和社会发展第十二个五年规划的建议（全文）［EB/OL］. （2010 - 10 - 28）［2016 - 02 - 14］. http：//www. china. com. cn/policy/txt/2010 - 10/28/content_21216295_5. htm.

破。"① 2013 年，习近平就《中共中央关于全面深化改革若干重大问题的决定》在听取各民主党派中央、全国工商联领导人和无党派人士的意见和建议的讲话中也强调指出："全面深化改革是一项复杂的系统工程，需要加强顶层设计和整体谋划，加强各项改革关联性、系统性、可行性研究。"② 可以说，顶层设计的科学理念和重要地位越来越受到人们的认同。

网络人才培养坚持顶层设计，其基本内涵是立足于网络人才培养战略全局，从国家层面对人才培养的各环节、全过程进行统筹谋划，形成自上而下、系统衔接、环环相扣的整体合力，以达到高效快捷培养网络人才的目的。

（2）需求主导的内涵

网络人才培养坚持需求主导，是指把满足网络人才需求作为人才培养的主导因素，有针对性地培养各类网络技术、网络工程应用、网络管理等复合型人才。马丁·克里斯托弗说过："21 世纪的竞争，不再是企业与企业之间的竞争，而是供应链与供应链之间的竞争"。③ 这句话道出了信息网络条件下的一个基本现实，那就是必须充分发挥需求的主导性作用，来引导人才培养的各个供给端。因为在信息网络条件下，网络人才培养必须突破传统的、按部就班的人才培养模式，形成以需求驱动为核心、以新型合作竞争为理念、以现代网络技术为支撑的人才需求供应链理论体系。

（3）顶层设计需求主导原则的内涵

网络人才培养坚持顶层设计需求主导，其基本内涵是，立足实现网络强国战略，从顶端和最高层对网络人才培养各环节、诸要素进行系统规划和顶层设计的同时，坚持以网络人才需求为主导，充分发挥政府在人才培养中的宏观调控作用和市场在人才资源配置中的决定性作用，以实现网络人才培养效益的最大化。

2. 坚持顶层设计需求主导原则的主要依据

网络人才培养坚持顶层设计需求主导原则，其主要依据在于以下几方面。

① 加强改革顶层设计 突破重点领域改革［EB/OL］.（2010 – 12 – 13）［2016 – 03 – 04］. http：//news. hexun. com/2010 – 12 – 13/126141765. html.
② 习近平. 改革不可能一蹴而就 须加强顶层设计［EB/OL］.（2013 – 11 – 14）［2016 – 03 – 04］. http：//finance. sina. com. cn/china/20131114/023917315179. shtml.
③ 陈璇. 构建需求主导的电力行业物资供应链管理体系［J］. 贵州电力技术, 2013（11）：86.

（1）网络人才培养的系统性要求

系统性是顶层设计的基本立足点。任何一项工作、计划或任务，都可视为一个系统，进而运用系统论进行分析研究，并解决问题。相对于网络人才的紧迫需求来说，高水平、高素质网络人才的不足将是长期存在的问题。网络人才培养是个系统工程，涉及网络人才培养的其他子系统都要围绕系统整体去进行。无论培养人才、吸引人才、留住人才，还是发挥人才作用，都是系统工程的组成部分，需要几条腿一起走路。网络人才培养确定核心目标或终极目标后，所有子系统、分任务单元都必须不折不扣地指向和围绕核心目标，当每一个子系统都执行到位时，就会产生顶层设计所预期的整体效应。网络人才培养的这种系统性特质，必然要求进行系统的顶层设计和统筹规划，才能满足实际需要。

（2）网络人才培养的规律性要求

习近平总书记指出，择天下英才而用之，关键要遵循社会主义市场经济规律和人才成长规律。这就要求我们认识规律、尊重规律、按规律办事，不断提高人才工作科学化水平。网络人才培养是一项高度组织化的实践活动，有其内在的运行规律发挥作用。这种规律既体现在人才培养的一般特点上，又体现在网络人才培养的特殊要求上。比如，"引进人才的主体是企业，靠市场发展起来的交给市场解决，把标准交给企业"。① 网络人才的短板在基础人才和高端人才两方面。应将基础人才交由市场，让企业自己搞定，"用统一的标准解决普遍性问题"，即坚持以需求为主导。对于高端人才的培养、引进和保留，则发挥政府在人才配置中的宏观调控作用，做好政策扶持和服务配套工作。坚持顶层设计和需求主导，可以满足网络人才培养的这种规律性要求。

（3）网络人才培养的统领性要求

"风尚自上而下，创新自下而上"。成功的"顶层设计"和"需求主导"实际上都是一种过程控制，方案实施的每个阶段都要及时总结提炼和务实修正。顶层设计是自高端开始的"自上而下"的设计，"上"不是凭空建构，而是源于并高于实践，是对实践经验和感性认识的理性提升，其成功的关键在于理念的科学性和设计的缜密性。需求主导是以满足需求为尺度的"眼睛向下"的规划，

---

① 李清泉. 人才培养必须做好顶层设计 ［N/OL］. 南方日报，（2016－02－24）［2016－03－24］. http：//gdwhrc. southcn. com/mjmdm/201602/t20160224_ 751890. htm.

"下"并不是放任不管，而是尊重并服从规律，是对人才培养特点规律的运用和把握，其成功的关键在于尊重需求和引导需求。顶层设计完成后，还要有准确到位的执行。顶层设计在执行过程中，必然要求体现精细化管理和全面质量管理，强调执行，注重细节，注重各环节之间的互动与衔接。需求主导在运行过程中，也需要通过宏观调控和指导，克服运行过程中的松散和随意现象，强调设计，重视调控，注重运行过程的管控。网络人才培养既需要"自上而下"的设计，也需要以需求为主导的谋划，这种顶层设计与需求主导的上下结合，契合网络人才培养规律和统领性要求。

3. 坚持顶层设计需求主导原则的主要方法

网络人才培养作为一项组织构成复杂的系统工程，坚持顶层设计需求主导，必须抓住关键要点，把握主要方面。

（1）抓住重大问题

问题是时代的声音，需求是工作的第一信号。顶层设计是自高端向低端展开的设计方法，核心理念与实现目标都基于全局和关键性问题。需求主导是尊重人才需求规律、发挥需求侧主导作用的现实路径，其核心理念和价值目标也要围绕人才培养的关键环节来实施。顶层设计，辅以需求主导，就要抓住问题的主要方面、主要矛盾，不断总结、反思、修正，如此反复，最终才有可能使一项组织活动取得成功。在网络人才培养过程中，坚持顶层设计需求主导，就要抓住严重影响我国网络强国人才战略的重大问题，抓住牵一发而动全身的关键问题，抓住影响网络人才培养的核心问题，从制约网络人才培养的"本质问题、上层问题，重大问题"切入，列出若干个关键问题，拿出对策和可操作的解决方案。唯有如此，才能纲举目张，为解决其他问题铺平道路。

（2）解决实际问题

顶层设计和需求主导都不是用来搞理论探讨的，而是用来解决实际问题的，如果不能落到实处，就没有任何意义。网络人才培养不仅涉及政治、经济、文化、社会、军事等各个领域，而且越来越多地与国家网络安全、国家发展利益以及个人隐私和权益等交织在一起，涉及政府、企业、个人等各个方面，在网络人才培养的各个环节上、各个过程中，在国家层面、社会层面和个体层面都存在着各种各样的实际问题。坚持顶层设计需求主导，就要抓住各种实际问题现象背后的体制机制原因，不回避、敢碰硬、求突破，着力解决制约网络人才培养的各种问题。同时，对问题要作归类分析，对这些问题该怎么解决就怎么解决。只有做到这一点，"顶层"和"需求"才具有意义。

（3）重视层级设计

坚持顶层设计需求主导，实现网络人才培养目标，还需要依靠各个层级的设计。顶层设计并不局限于一个系统，在整体系统制订了目标后，各个子系统也可以围绕系统整体的目标进行顶层设计。也就是说，在国家层面对网络人才培养进行总体规划和顶层设计后，各高校、社会企业、社会组织也要进行各个子系统的顶层设计，也要根据各个子系统的核心目标进行顶层设计，制订出适应子系统的核心目标、发展定位以及实施策略。各个子系统的设计在具体的实施过程中，要在实践中不断地检验自己，积累经验，对不适合的地方进行修改，要在前进中总结经验教训。在设计培养方案的时候，就要对整体政策形势进行科学分析，要按照子系统实际需要，设计人才培养方案。

（4）尊重实践创新

实践创新对网络人才培养具有重要意义。顶层设计的基本要求是表述简洁明确，顶层设计成果要具备实践的可行性。需求主导的基本要求是尊重实践，需求主导过程要具备实践的可操作性。但顶层设计不可能把所有可能的问题都估量到，需求主导也不可能任由人才需求任意发展而不加约束。在这一过程中，实践创新的意义在于可以为顶层设计和需求主导提供源源不断的丰富材料，在对实践的反复修正中不断接近客观真理。具体到网络人才培养，在网络人才培养战略方向、发展目标、范围框架确定的基础上，应当充分尊重实践创新。因为"战略方向"往往与社会价值导向相关，宜明晰而不宜模糊。"发展目标"宜有序推进而不宜超前拔高，更不宜过于具体。"范围框架"涉及系统稳定，宜精不宜泛，宜精确评估可能出现的系统性风险。因为实践在不断发展，情况千差万别。因此，要尊重实践创新，并保持其创新活力。

（二）坚持党管人才注重实绩

坚持党管人才，注重凭实绩选人用人，"是更加有力地推进人才强国战略的需要，是更好地为科学发展、创新发展、转型发展引进、培养和集聚更多急需紧缺人才，不断增强我国人才国际竞争力的需要，是为全面建成小康社会、加快推进现代化提供有力人才支撑的需要。"① 网络人才培养作为人才培养的重要组成部分，必须坚持党管人才原则，落实注重实绩的具体要求，为加强网络人才培养发挥积极作用。

1. 党管人才注重实绩的概念内涵

(1) 党管人才的基本内涵

党管人才是我国人才工作的重要原则。无论是革命战争年代，还是和平建设时期，党和国家都高度重视人才工作，通过多种手段，在各个领域培养造就了大批人才。新世纪新阶段，党中央、国务院提出并实施人才强国战略，我国人才发展取得了显著成就和长足发展。2003 年 12 月，中央召开全国人才工作会议，颁布《关于进一步加强人才工作的决定》，正式把党管人才确立为人才工作原则，加速推进人才强国战略，号召和动员全党全国和全社会为建设人才强国而奋斗。可以说，党管人才原则的提出，为经济社会发展提供了有力的人才支撑。

党管人才的基本内涵主要表现在："管宏观、管政策、管协调、管服务，包括规划人才发展战略，制定并落实人才发展重大政策，协调各方面力量形成共同参与和推动人才工作的整体合力，为各类人才干事创业、实现价值提供良好服务等。"②

具体来说，"管宏观主要是坚持人才发展的正确方向，加强科学理论指导，制定人才发展规划，始终把实施人才强国战略作为根本任务加以推进；管政策是指统筹重大人才政策制定，有针对性地解决人才发展中的重大问题，改革人才工作体制机制，营造有利于人才辈出、人尽其才、才尽其用的制度环境；管协调是指通过加强各方面的统筹协调，形成推进人才工作和人才队伍建设的整体合力；管服务是指关心爱护人才，为各类人才干事创业、实现价值提供良好服务。"③

长期从事党建和人才问题研究的权威专家指出，"党管人才不是党组织简单地把人才管起来、统起来，也不是要党委部门取代职能部门的作用，更不是用条

---

① 党管人才：管什么？如何管？解读《关于进一步加强党管人才工作的意见》［N/OL］. 新华每日电讯，2012 - 12 - 09 ［2016 - 03 - 25］. http：//news. xinhuanet. com/mrdx/2012 - 10/09/c_131894715. htm.

② 中共中央办公厅. 关于进一步加强党管人才工作的意见［EB/OL］. (2012 - 09 - 26) ［2016 - 03 - 05］. http：//www. law - lib. com/law/law_ view. asp？ id = 397384.

③ 同①。

条框框束缚人才。从根本上说，党管人才是党爱人才，党兴人才，党聚人才，是通过制定政策、创新机制、改善环境、提供服务，为有志成才的人提供更多发展机遇和更大发展空间。"①

（2）注重实绩的基本内涵

"注重实绩的理论渊源是功绩晋升制，是指以工作能力、特别是服务实绩为标准，通过考核给予公务人员以晋升、奖励和报酬。"② 凭功绩晋升是现代文官制度的基本特征之一。在西方国家，英国为反对政府官员恩赐制在 1870 年最早实行功绩制。之后，美国为了克服当时联邦政府文官任用制度中普遍存在并长期实行的政党分赃制，效仿英国，在 1883 年经议会表决，对政府任职的官员确定实行功绩制原则。正是由于功绩制制度和原则有利于国家行政机关广泛吸收优秀人才，有利于政府工作效率提高，有利于国家机器的正常和稳定运转，因此，当前世界上许多国家在行政机关都实行了功绩制。

我们国家自 1978 年开始，明确对国家公职人员实行功绩制管理原则，特别是在选拔、考核、任用国家公务人员方面，强调按实绩选人用人，把国家公务人员的实绩、贡献和才能列入考核重点。注重实绩原则在人才工作中也得以普遍推行，并与群众公认一起作为考核选拔各类人才的重要原则。

（3）党管人才注重实绩原则的基本内涵

网络人才培养坚持党管人才注重实绩原则，其基本内涵是在网络人才培养各环节和全过程中，各级党组织通过制定政策、创新机制、改善环境、提供服务，以工作能力和工作实绩为标准，全面考核、选用网络人才，为网络人才提供更多发展机遇和更大发展空间的一系列组织行为活动。

2. 坚持党管人才注重实绩原则的重要意义

习近平总书记在庆祝中国共产党成立 95 周年大会上的讲话中指出，功以才成、业由才广。党和人民事业要不断发展，就要把各方面人才更好使用起来，聚天下英才而用之。这一重要论断，深刻揭示了人才在功成业广中的重要地位和作

① 党管人才管什么？管宏观 管政策 管协调 管服务 [EB/OL]. （2004 – 01 – 01）[2016 – 03 – 26]. http：//www. jiaodong. net/news/system/2004/01/01/000613526. shtml.

② 关于注重实绩的原则 [EB/OL]. （2014 – 08 – 01）[2016 – 03 – 26]. http：//blog. sina. com. cn/s/blog_ 5efa1dcb0102uyiz. html.

用。在网络人才培养活动中坚持党管人才注重实绩原则，对新形势下提升网络人才工作质量，开创网络人才工作新局面有着重要意义。

（1）推动网络强国战略的重要保证

网络强国战略作为国家层面的重大战略，事关国家网络安全和经济社会发展全局，任务艰巨而繁重。只有在网络人才工作中强化和坚持党管人才原则，不断加强党对网络人才工作的集中统一领导，大力提升网络人才工作在国家工作全局中的战略地位，网络人才工作才能摆上重要日程，明确奋斗方向；只有坚持党管人才原则，注重工作能力，按工作实绩选人用人，才能研究制定网络人才工作的一系列方针政策、法规制度，为网络人才工作提供政策依据，为激发网络人才的积极性、主动性、创造性营造良好环境；只有坚持党管人才注重实绩原则，才能充分发挥党的政治优势和组织优势，科学制定选人用人标准，把组织选人和群众公认有机结合起来，整合资源，形成合力，加大网络人才队伍培养的力度，从而保证网络强国战略的顺利实施。

（2）开创网络人才工作新局面的重要抓手

集聚网络技术领域的大批优秀人才，不断纳入党的人才工作和管理体系，对推动实施网络强国战略、维护国家信息安全发挥着至关重要的作用。新的历史形势下，我国人才队伍的结构组成发生了重大变化，特别是随着网络强国战略对人才工作的牵引带动，越来越多的社会各类人才汇聚于网络组织管理、网络技术研发和应用等网络领域，需要统筹规划、加强管理，需要党和政府给予必要的关心培养，需要通过一定的标准程序选出政治强、业务精、作风好的优秀人才。顺应这种形势和要求，网络人才培养坚持党管人才注重实绩原则，既体现了党的干部工作与人才工作的有机统一，又开辟了网络人才工作新的发展空间，既为各级党组织作为人才建设主体提供了政策指导和制度建设依据，又为开创网络人才工作新局面提供了现实路径和具体抓手。

（3）提升网络人才工作效益的重要途径

国家为做好网络人才工作投入了大量人力、物力和制度资源，不能只投入不产出，必须讲求实际效果，提升网络人才工作的实际效益。网络人才工作不是一个部门性、行业性的工作领域，而是服务于国家整体建设事业，渗透在与网络相关的各行各业。各地各部门出台的网络人才优惠政策，在各自地域、部门或单位的角度都是有作用的，但在全局角度看能否实现长远的合理分布？当部门利益、局部利益对人才资源造成了不合理分割的时候，协调的力量从何而来？各级党组织在网络人才工作的各个层面、各个环节坚持党管人才原则，注重工作实绩选人用人，可以有效提升网络人才工作效益，提升网络人才培养的质量和水平，为维护国家网络安全、铸就经济社会发展安全盾牌提供人才和技术支撑。

3. 坚持党管人才注重实绩原则的主要方法

习近平总书记强调指出，要把人才工作抓好，让人才事业兴旺起来，国家发展靠人才，民族振兴靠人才。要着力破除束缚人才发展的思想观念，推进体制机制改革和政策创新，充分激发各类人才的创造活力。这为网络人才培养坚持党管人才注重实绩原则指明了努力方向和奋斗目标。

（1）创新人才发展理念是前提

懂人才是大学问，聚人才是大本事，用人才是大智慧。能否创新人才发展理念则是实现人才工作大发展的根本前提。从"建立无产阶级知识分子队伍"到"建设宏大的创新型科技人才队伍"，从"两个尊重"到"四个尊重"，从"人才资源是第一资源"到"建设人才强国"，从"党管干部"到"党管人才"，从"人才大国"到"人才强国"，从"人才强国战略"到"网络强国战略"，等等，都体现了党的人才理念的创新发展。解放思想是先导，创新人才发展理念是前提。没有思想观念的大解放，就没有人才事业的大发展。新的历史条件下，要推动落实网络强国战略，实现人才大国向人才强国转变，就必须不断推进思想解放、理念创新，以人才发展的新思想新理念引领网络人才事业的新发展。

（2）遵循人才成长规律是关键

习近平总书记指出："择天下英才而用之，关键是要坚持党管人才原则，遵循社会主义市场经济规律和人才成长规律"①。什么是人才成长规律？就是"人才成长过程中带有普遍性的客观必然要求。"② 那么人才成长规律都有哪些呢？著名人才学专家王通讯曾撰文探讨人才成长的规律。他认为，人才成长一般遵循八大规律：一是人才培养过程中的师承效应规律；二是人才成长过程中的扬长避短规律；三是创造成才过程中的最佳年龄规律；四是争取社会承认的马太效应规

---

① 赵永乐. 党管人才怎么管［N］. 光明日报，2014 – 10 – 04（3）.

② 仲祖文. 遵循人才成长规律［N/OL］. 人民日报，（2014 – 08 – 19）［2016 – 03 – 26］. http：//
opinion. people. com. cn/n/2014/0819/c1003 – 25490436. html.

律；五是人才管理过程中的期望效应规律；六是人才涌现过程中的共生效应规律；七是队伍建设过程中的累积效应规律；八是环境优化过程中的综合效应规律。① 王通讯认为，人才的开发和使用是一门科学，人才工作者要注重在实践中探索规律、掌握规律、运用规律，才能减少工作中的盲目性，有利于把人才工作做得更好。遵循规律则事半功倍，违背规律则事倍功半。实践中，网络人才的培养和使用也要遵循人才成长规律，善于发现、团结和使用人才，坚持在创新实践中识别人才、培育人才、凝聚人才，不断提高人才工作科学化水平，让人人皆可成才、人人尽展其才。

（3）推进人才体制机制改革和政策创新是途径

体制机制发挥基础性作用，而政策规定则起方向性作用。因此，一定程度上说，不合时宜的体制机制和滞后的政策规定是挫伤人才积极性和创新能量的最大因素。党的十八届三中全会强调："建立集聚人才体制机制，择天下英才而用之。打破体制壁垒，扫除身份障碍，让人人都有成长成才、脱颖而出的通道，让各类人才都有施展才华的广阔天地。"因而，坚持党管人才注重实绩，就要把推进人才体制机制改革和政策创新作为网络人才培养工作的根本途径，破除网络人才培养工作中的体制机制藩篱，冲破陈规陋习束缚，改变简单粗暴的家长式管理方法，改变以管理干部和官员的方式来管理各类网络人才的做法，改变考核选拔网

---

① 王通讯对八大规律的解释如下。一是人才培养过程中的师承效应规律：是指在人才教育培养过程中，徒弟一方的德识才学得到师傅一方的指导、点化，从而使前者在继承与创造过程中与同行相比，少走弯路，达到事半功倍的效果，有的还形成"师徒型人才链"。二是人才成长过程中的扬长避短规律：人各有所长，也各有所短，这种差别是由人的天赋素质、后天实践和兴趣爱好所形成的。成才者大多是扬其长而避其短的结果。三是创造成才过程中的最佳年龄规律：有学者对公元1500～1960年全世界1249名杰出自然科学家和1928项重大科学成果进行统计分析，发现自然科学发明的最佳年龄区是25～45岁，峰值为37岁。四是争取社会承认的马太效应规律：社会对已有相当声誉的科学家做出的特殊科学贡献给予的荣誉越来越多，而对那些还未出名的科学家则不肯承认他们的成绩。这种现象被称为"马太效应"。因此，应给那些具有发展前途的"潜人才"以大力支持。五是人才管理过程中的期望效应规律：人们从事某项工作、采取某种行动的行为动力，来自个人对行为结果和工作成效的预期判断。这是现代管理激励理论的一个重要发现。六是人才涌现过程中的共生效应规律：人才的成长、涌现通常具有在某一地域、单位和群体相对集中的倾向。就是在一个较小的空间和时间内，人才不是单个出现，而是成团或成批出现。七是队伍建设过程中的累积效应规律：人口资源、人力资源与人才资源是三个逐层收缩的金字塔，高层次人才居于塔尖，高层次人才的生成数量取决于整个人才队伍的基数。八是环境优化过程中的综合效应规律：人才的成功与发展，都离不开自身素质和社会环境两个条件。前者决定其创造能力之大小，后者决定其创造能力发挥到什么程度。（王通讯. 人才成长的八大规律 [J]. 社会观察，2006（3）：14－15.）

络人才方式，杜绝论资排辈和以求全责备方式来评价人才的做法，使网络领域的各类优秀人才起有尊重之位、行有用武之地。同时，遵循不同职业、不同人才的成长发展规律，尽可能采用柔性化管理，用更多的激励措施，制定更科学规范的政策规定，使网络人才人尽其才、才尽其用、才尽其时，获得更大发展。

（4）优化人才集聚环境是保障

人才竞争，某种程度上也是人才环境的竞争。能否营造和优化人才集聚的良好环境，是保障网络人才健康成长、网信事业蓬勃发展的重要前提。中共中央《关于深化人才发展体制机制改革的意见》中明确提出，"营造四个环境"，即营造"尊重人才、见贤思齐的社会环境，鼓励创新、宽容失败的工作环境，待遇适当、无后顾之忧的生活环境，公开平等、竞争择优的制度环境"，使人才资源是第一资源成为社会共识，使各类人才在没有压抑的氛围中尽情发挥自己的聪明才智，使他们能够安心工作。① 从社会环境看，要营造广纳天下英才的良好氛围，在全社会营造"尊重劳动、尊重知识、尊重人才、尊重创造"的人文环境，为各类网络人才健康成长创造良好的舆论氛围。从工作环境看，要营造激发个性、激励创新、增强理解、相互合作的工作环境，为人才成长构建和提供能够充分发挥聪明才智的广阔舞台，使更多的网络人才在创新创业方面有更大的作为，实现创新能量竞相迸发、创新人才不断涌现的喜人局面。从生活环境看，要千方百计、想方设法地为网络人才解决实际矛盾困难，妥善处理诸如孩子入学、家庭住房、夫妻两地分居、家属疾病、医疗保健等实际生活问题；同时，要不断改善网络人才居住地生活设施和出行条件，加强法制宣传、信用信誉、和谐人际环境培养，努力为网络人才营造一个居住舒心、出行放心、工作顺心的人居环境。从制度环境看，当前要在人才培养、引进、考核、留用、配置和激励政策上有所突破，要突出市场这只"无形之手"在人才配置中的基础性作用，在更大和更广阔的范围内选拔、引进和使用网络人才，要科学论证政策制度的合理性、可行性、前瞻性，力求将一些实践中应用成熟和实际效果良好的网络人才政策制度予以确认、相对固定，使政策制度真正在实际工作中发挥规范和引导作用。

---

① 中共中央关于深化人才发展体制机制改革的意见［EB/OL］.（2016－03－21）［2016－03－26］. http：//news. xinhuanet. com/politics/2016－03/21/c_ 1118398308. htm.

（三）坚持重点突破整体推进

网络人才培养坚持重点突破整体推进，是网络人才培养突破技术和人才两大难题的关键举措，有着重要的方法论意义和现实紧迫性。

1. 重点突破整体推进的方法论意义

习近平总书记在湖北考察工作时，把"整体推进和重点突破的关系"①，作为全面深化改革的重大关系之一加以强调。他指出，这是对改革规律的深刻把握，对改革方法的科学认识。只有处理好这一关系，才能不断把改革向纵深推进。

重点突破与整体推进是辩证的统一。唯物辩证法告诉我们，在认识事物时需要注意区分主要矛盾和次要矛盾，这两个方面不是平起平坐、不分轻重的关系，而是有主有次。主要矛盾在事物的发展过程中处于支配地位，对事物发展起决定性作用。这就要求我们在工作中要坚持重点论和两点论的统一，既要善于分析矛盾问题，抓住重点方面，集中主要精力解决主要矛盾，又要学会全面协调，统筹兼顾。需要指出的是，重点突破不是全面突破、整体突破，而是注重抓问题的主要矛盾和矛盾的主要方面，注重抓具有牵一发而动全身的重点领域和关键环节，特别是关键环节"一子落而满盘活"，注重以这些重点领域和关键环节为突破口推进改革，使之对全面工作起到牵引和推动作用。而"整体推进不是平均用力、齐头并进，也不是不分主次、不分重点，'眉毛胡子一把抓'，而是要注重统筹协调，把握大局，洞察大势。"②

毛泽东同志曾用弹钢琴比喻干工作，"要十个指头都动作"，同时"要有节奏，要互相配合"。网络人才培养作为实现网络强国战略的人才支撑也要如此。坚持重点突破与整体推进的协调统一，才能以点带面，以重点突破求得网络人才工作大发展，以激发改革动力为关键点，加快在人才培养工作的重点领域和关键环节上实现突破。坚持重点突破与整体推进相统一，才能统筹协调，把握网络人

① 把握全面深化改革的重大关系，处理好解放思想和实事求是的关系、整体推进和重点突破的关系、顶层设计和摸着石头过河的关系、胆子要大和步子要稳的关系、改革发展稳定的关系。
② 人民日报评论员：既要整体推进，也要重点突破——二论准确把握全面深化改革重大关系［N/OL］．人民日报，（2013 - 08 - 08）［2016 - 03 - 28］．http：//opinion. people. com. cn/n/2013/0808/c1003 - 22483965. html.

才大局，在网络人才整体建设上谋篇布局，实现人才工作跨越发展。

2. 坚持重点突破整体推进原则的现实考量

2015 年 12 月 16 日，习近平出席第二届世界互联网大会并在开幕式上发表主旨演讲，强调技术和人才是互联网产业突破性发展、建设网络强国的关键。[①] 建设网络强国、实现互联网产业突破性发展，技术和人才起到举足轻重的作用。网络人才培养坚持重点突破整体推进，就是要在核心技术和关键人才这两个关键因素上取得突破，全面发展，建设网络强国才能有坚实的技术和人才支撑。

（1）突破网络核心技术的需要

习近平总书记指出："什么是核心技术？我看，可以从三个方面把握。一是基础技术、通用技术。二是非对称技术、'杀手锏'技术。三是前沿技术、颠覆性技术。在这些领域，我们同国外处在同一条起跑线上，如果能够超前部署、集中攻关，很有可能实现从跟跑并跑到并跑领跑的转变。"[②] 互联网核心技术是建设网络强国最大的"命门"，核心和关键技术受制于人是我们建设网络强国最大的安全隐患。信息化时代，一个互联网企业不管规模有多大、市值有多高，如果在核心元器件和核心技术上严重依赖国外的话，企业供应链的"命门"就会始终控制在别人手里，始终面临安全威胁，这就好比在别人家的墙基上盖房子，不管多大多漂亮，始终是空中楼阁，随时会倒塌、崩溃。1994 年以来，我国互联网发展取得了显著的成就，这其中就包括一批技术方面的成就。目前，世界互联网企业前十强中，我国占有四席。第二届世界互联网大会期间的"互联网之光"博览会，来自全球的 250 多家企业展出了 1000 多项新技术新成果，这其中我们国家也占有相当比例。但同时我们也要看到，同世界先进水平相比、同建设网络强国战略的目标和要求相比，很多方面我国还有不小差距，特别是在互联网创新能力、核心技术研发、信息资源共享、基础设施建设、产业综合实力等方面还存在不小差距，其中最大的差距在核心技术上，很多关键的技术还掌握在外国人的手上。现在互联网发展这么快，如果一直无法突破核心技术方面的障碍，那么我国的网络安全以及信息化建设就难以得到切实保障。要掌握互联网发展的主动

---

① 习近平经济观：技术和人才是网络强国关键 ［EB/OL］. （2015 - 12 - 15）［2016 - 03 - 28］.
　　http：//www. liuxuehr. com/news/jiaodianzixun/2015/1215/22445. html.

② 习近平. 在网络安全和信息化工作座谈会上的讲话［N］. 人民日报，2016 - 04 - 26 (2).

权，保障信息安全、国家安全，我们就必须突破核心技术这一难题。核心技术是基础、是源泉，是建设网络强国必须掌握的关键核心能力。坚持重点突破整体推进，就可以集中国家雄厚实力进行技术攻关，发挥国家集中力量办大事的优势，发扬当年艰苦岁月"两弹一星"的精神，汇聚力量一起攻关，并积极推动核心技术成果转化，探索组建"产学研用"联盟，就有可能在关键技术环节上取得突破，实现发展。这既是建设网络强国、突破网络核心技术的需要，也是培养网络精英人才队伍、实现网络人才大发展的现实紧迫需求。

（2）实现网络人才突破性发展的需要

习近平总书记在网络安全和信息化工作座谈会上强调指出："互联网领域的人才，不少是怪才、奇才，他们往往不走一般套路，有很多奇思妙想。对待特殊人才要有特殊政策，不要求全责备，不要论资排辈，不要都用一把尺子衡量""在人才选拔上要有全球视野，下大气力引进高端人才"。① 讲话对我国网络人才亟须突破性发展的现实状况寄寓了深切期望，对网络人才的培养、使用充满关心厚爱，也为网络人才培养坚持重点突破整体推进明确了政策尺度，指明了工作方向。当前，我国网络人才队伍看起来很多很强大，但是具体到"高精尖缺"类的人才，② 特别是在核心技术和关键点上能取得突破的高端人才却委实不多。"作为一个经济大国，我国互联网领域的短板是由人才、技术的不足导致的，这一领域'拿来主义'的尴尬处境未来必将随着人才、技术的到位而改变。"③ 以网络安全人才为例，我国网络安全人才培养规模远远不能满足网络大国向网络强国转变的需求。据有关资料，我国每年培养的网络安全专业本科毕业生仅数万人，而目前"我国网络安全人才缺口达上百万，远远无法满足'建设信息安全强国'的迫切需求。"④ 网络领域专业型人才、复合型人才和领军型人才明显短

---

① 习近平. 在网络安全和信息化工作座谈会上的讲话［N］. 人民日报，2016 – 04 – 26.

② 本文中的"高精尖缺"人才是指能够引领国际科学发展趋势的战略科学家，有望推动我国关键核心技术实现重大突破的科技领军人才，具有国际化管理创新和跨文化经营能力的企业家人才，战略规划、风险评估、资本运作、国际投资等领域的高层次专门人才，通晓国际经济运行规则、熟悉"一带一路"沿线国家政策法律制度的复合型人才。赵婀娜，刘阳. 金字塔尖上的人才为何难冒出来［N］. 人民日报，2015 – 11 – 12.

③ 习近平经济观：技术和人才是网络强国关键［EB/OL］.（2015 – 12 – 14）［2016 – 05 – 12］. http：//finance. sina. cn/china/20151214/095924010668. shtml.

④ 网络安全行业人才缺口达百万 安全强国应建设人才梯队［EB/OL］.（2015 – 10 – 13）［2016 – 03 – 28］. http：//news. sina. com. cn/o/2015 – 10 – 13/doc – ifxirmra0072061. shtml.

缺，不仅严重影响我国网络安全建设，更制约我国信息化发展进程。而纵观美国、英国、德国、日本等国，他们采取多种措施加速培养网络安全专业人才。为建设网络强国提供坚强人才支撑，在网络"高精尖缺"人才培养上取得突破，亟须坚持重点突破原则，在人才培养的关键领域、关键环节上采取特殊政策规定，也需要坚持整体推进，建设基础厚实、发展全面的网络人才强大队伍。

3. 坚持重点突破整体推进原则的着力点

网络人才工作坚持重点突破整体推进，要求我们既要注意在关键领域和关键环节有所突破，也要注重全面协调，统筹规划，坚持重点论与两点论的统一。

（1）集智攻关核心网络技术

2016年4月19日，习近平总书记在网络安全和信息化工作座谈会上指出："核心技术要取得突破，就要有决心、恒心、重心。"[1]

有决心，就是要意志坚定，行动坚决。横下一条心，树立顽强拼搏、刻苦攻关的志气，不管是党委政府，还是高校、企业和社会团体，都应当坚定不移贯彻实施创新驱动发展战略，把更多人力物力财力投向核心技术研发，集中集体智慧，汇集精锐力量，组建核心团队，作出战略性安排，在网络核心技术领域营造百舸争流、争先创新的氛围。正如习近平总书记在网络安全和信息化工作座谈会上的讲话中指出的，"要打好核心技术研发攻坚战，不仅要把冲锋号吹起来，而且要把集合号吹起来，也就是要把最强的力量积聚起来共同干，组成攻关的突击队、特种兵。"[2]

有恒心，就是要持之以恒，全力以赴。通过全面制定信息领域核心技术设备发展战略纲要，制定技术设备发展路线图、时间表和任务书，明确发展核心技术的近期、中期、远期目标，严格遵循技术发展规律，分梯次、分门类、分阶段推进。我国网信领域有很多企业家、著名的专家学者和杰出的科技人员，树下这个雄心壮志，努力尽快在核心技术上取得新的重大突破，指日可待。

有重心，就是区分重点，有主有次。习近平总书记指出："我国信息技术产业体系相对完善、基础较好，在一些领域已经接近或达到世界先进水平，市场空

---

①② 习近平. 在网络安全和信息化工作座谈会上的讲话［EB/OL］.（2016－04－25）［2016－04－28］. http：//politics. people. com. cn/n1/2016/0425/c1024－28303283. html.

间很大，有条件有能力在核心技术上取得更大进步，关键是要理清思路、脚踏实地去干。"① 发展核心技术要立足我国国情，面向世界科技前沿，面向国家重大需求，面向国民经济主战场，紧紧围绕攀登网络核心战略制高点，抓住基础技术、通用技术、非对称技术、前沿技术、颠覆性技术，强化网络重要领域和关键环节的任务部署，把发展核心技术的方向搞清楚，把重点弄明白。

（2）突出"高精尖缺"网络人才培养

国家竞争实质是人才竞争，创新驱动实质上是人才驱动。《中华人民共和国国民经济和社会发展第十三个五年规划纲要》中对"十三五"期间人才与技术的突破明确提出，要"推动人才结构战略性调整，突出'高精尖缺'导向，实施重大人才工程"②，加大了"高精尖缺"人才的培养力度。规划纲要要着力发现、培养和集聚战略科学家、科技领军人才、企业家人才，以及高技能人才队伍③。通过实施更加开放灵活的创新人才引进政策和制度措施，在更大力度和更高层面上引进急需紧缺人才，聚天下英才而用之。信息网络领域内的战略科学家、科技领军人才和高技能人才等"高精尖缺"人才，对我国在信息网络领域形成具有国际竞争力的人才制度优势有着举足轻重的影响。要坚持党管人才原则，以引进培养高层次和急需紧缺网络人才为重点，以提高网络人才创新创业为核心，以实施重大网络人才工程为抓手，落实更加积极有效的网络人才政策，建立更加灵活开放的网络人才管理体制，着力优化网络人才发展环境，激发网络人才创新创业活力，充分调动网络人才参与发展的积极性。要在推进网络人才发展体制机制改革上求突破，加快构建高层次网络人才管理中心，提高网络人才工作专业化水平。进一步调整优化网络人才引进、培养、激励等政策，在高层次人才引进上求突破，通过合作对接、"人才+项目"、发挥企业主体作用等招才引智的方法和途径，吸引更多网络人才创新创业，促进网络人才与经济发展深度融合。应注重了解和掌握网络人才动向，把握好各类网络人才的思想实际和工作特

---

① 习近平. 在网络安全和信息化工作座谈会上的讲话［EB/OL］. （2016 – 04 – 25）［2016 – 04 – 28］. http://politics. people. com. cn/n1/2016/0425/c1024 – 28303283. html.

② 中华人民共和国国民经济和社会发展第十三个五年规划纲要［EB/OL］. （2016 – 03 – 17）［2016 – 04 – 28］. http://www. xinhuanet. com.

③ 高技能人才一般包括两大类：世界技能大赛金、银、铜牌获得者，中华技能大奖获得者，全国技术能手，国家级技能大师工作室主要负责人，省级政府选拔的最高层次的技能领军人才；"双师型"高技能人才、高级技师（一级）、具备绝技绝活的特殊技能人才以及其他经认定的急需紧缺高技能人才。参见宋立山. 哪些人才属于"高精尖缺"［N］. 齐鲁晚报，2016 – 03 – 17.

点，为他们发挥聪明才智创造良好条件，搭建广阔平台，等等。

（3）注重全面协调统筹规划

重点突破离不开整体推进，二者的协调统一，才能最大程度地推进网络人才建设。必须加强对网络人才培养各项工作关联性的研究判断，更加注重网络人才培养的系统性、整体性、协同性，在工作实践中努力做到整体与局部相协调、治本和治标相统一、渐进和突破相衔接，实现整体推进与重点突破相结合，形成推进网络人才培养的强大合力。同时，网络人才的引进、培养、考核和使用要有全球视野和战略眼光。当今世界，网络空间的战略竞争，本质是高素质人才队伍的竞争。我国是世界性大国，我国与世界的联系非常密切，我国的问题也是全球性问题。因此，我国网络人才的全球性流动和国际化趋势不可避免，这就要求网络人才工作要突出全球视野和国际眼光。以美国的火眼公司、俄罗斯的卡巴斯基公司为代表的企业，就积极参与本国网络安全战略的培养与完善进程，凸显高素质人才队伍对于维护国家网络安全，发展网络经济所具有的战略价值。"如何充分吸引并打造符合网络强国战略的高素质创新人才队伍，将决定中国未来实现两个一百年战略目标，以及网络强国战略的最终成败。"①

（四）坚持优化结构提高质量

2013 年 1 月，中央政治局会议在研究部署加强新形势下发展党员和党员管理工作时提出了"控制总量、优化结构、提高质量、发挥作用"的总要求。控制总量是重点，优化结构是关键，提高质量是核心，发挥作用是目的。网络人才是建设网络强国的核心资源，人才的数量、质量、结构和作用的发挥，直接关系到网络强国建设水平的高低和信息安全保障能力的强弱。以网络安全专业为例，据有关方面统计，"截至 2014 年，我国 2500 多所高校中开设信息安全专业的只有103 所，其中博士点、硕士点不到 40 个，每年我国信息安全毕业生培养不到 1 万名，显然无法满足行业需求。"② 此外，网络领域各类人才不仅数量严重不足，网络人才结构也远远不能满足迅猛发展的信息化网络化建设需要，专业型、复合

---

① 沈逸. 互联网助力深化改革，建设网络强国［N/OL］. 光明网，(2015 – 11 – 02)［2016 – 05 – 08].

② 2015 年我国网络安全行业发展现状及趋势分析［EB/OL］. (2015 – 10 – 13)［2016 – 03 – 28].
http://www.chinabgao.com/freereport/68965.html.

型、领军型人才严重缺乏。这一现状如果长期不改变，将会严重影响我国网络强国战略的实施和推进，制约我国信息化发展进程。这是网络人才工作坚持优化结构提高质量的重要出发点。

1. 优化结构提高质量的主要内涵

一般认为，人才的个体结构、群体结构和社会结构是人才结构的三种基本类型。人才个体结构，一般来说由德、智、体等要素组成，主要可包括智能结构、品德结构、心理结构等。"人才群体结构是指一个系统或单位，按照人员的专业、职能、年龄形成的一些比例构成，主要可包括人才群体的专业结构、知识结构、职能结构、年龄结构等。"① 人才的社会结构指人才在组织系统中的分布与配置组合，即人才在一个地区、某一社会范围或某一国家中的分布与配置组合。人才结构具有系统性、层次性、动态性等特点。狭义的人才结构特指人才群体结构。人才个体结构是影响人才群体结构的重要因素。

人才结构优化是指从组织的战略发展目标与任务出发，认识和把握人才群体结构的变化规律，建立较为理想的人才群体结构，更好地发挥人才群体的作用，使人才群体内各种有关因素形成最佳组合。② 换句话说，人才结构优化，就是对群体要素和系统的组织配合方式的不合理性与有失协调平衡的地方进行调整，对组成人才系统结构的子系统进行优化重组，形成一个多维的最佳组合，以提高群体的整体功能。通俗地说，人才结构优化就是在人才资源有限的状况下，通过对人才资源的整合优化，确立对人才资源在某一阶段的最佳管控模式，以实现人才资源价值和组织绩效的最大化。

人才培养是高等教育的根本任务，提高人才培养质量是当今时代高等教育发展的根本着眼点。"质量是反映产品或服务满足明确或隐含需要的特征特性的总和。"③ 对于网络人才培养来说，在某种意义上，提高质量是网络人才工作的生命线。提高人才培养质量是一个永恒的主题，也具有时代特点，它既要遵循规范

① 高田钦. 我国高校对人才结构优化的影响及策略 [J]. 南通大学学报（教育科学版），2007（6）：27.
② 人才结构优化 [EB/OL]．[2016 - 03 - 28]．http：//baike. baidu. com/link？url = _ Lte9YhFhK2n RXdGEDyI4k_ yp1TGDWvaYnr_ NCqIfAaoVEWEzs70kJxtOgI59tXTQpBlbMZwPTYZRHC7yRl2C_.
③ 提高质量的意义是什么？[EB/OL]．（2016 - 06 - 02）[2016 - 07 - 21]．http：//wenku. baidu. com/link？url = 1iVmjIi0KFvtc3G _ a4cDT5hbDgPEXUdfD7sdUCEKXPaBTWI9xtljyCfy70JEpUNbgX5O WZWNlAZCP8Z - r3Y45KhVyCsVanEaWOc9wvQ7BQu.

行为、制度保障和勇于创新的原则，也要与时俱进。如何转变人才培养理念、创新人才培养模式、提高人才培养质量，已成为我国政府和高校共同关注的焦点问题。在这里，网络人才培养提高质量的基本内涵，是指在优化网络人才结构的同时，用发展的眼光开发网络人才资源，通过深化培养模式改革，创新人才培养方式、完善人才培养保障体制机制，从而提高人才培养质量的一系列实践活动。

网络人才坚持优化结构提高质量，其基本内涵是指，依据网络人才结构的基本类型，正确认识和把握人才结构的变化规律，对网络人才的个体结构、群体结构和社会结构进行优化整合，提高网络人才培养质量，实现网络人才资源价值和组织绩效的最大化。

2. 坚持优化结构提高质量原则的基本要求

广开进贤之路、广纳天下英才是保证各项事业发展的根本之举。中共中央印发《关于深化人才发展体制机制改革的意见》指出："围绕经济社会发展需求，聚焦国家重大战略，科学谋划改革思路和政策措施，促进人才规模、质量和结构与经济社会发展相适应、相协调"[1]。对网络人才工作来说，网络人才总量相比于经济社会发展需求远远不够，网络人才的作用虽得到一定程度发挥，但相较于实现网络强国战略，还需要在人才结构和质量上长足用力。优化结构提高质量，抓住了人才培养管理这个关键和核心，对于大力提高人才资源开发效益，有力推进网络强国战略的推进和实施，具有十分重要的现实意义。

（1）优化网络人才个体结构，提高素质，夯实网络人才建设基础

人才的个体结构主要指人才个体内在的德、识、才、学、体诸要素的排列组合方式，是这些要素的有机统一体，包括品德结构、智能结构、心理结构等。优化网络人才的个体结构，就要着重改善和优化网络人才的品德、智能、心理结构，提高网络人才内在素质，着力培养符合国家和社会需要的合格网络人才，夯实网络人才建设基础。

一是坚持立德为先。党的十八大报告指出："把立德树人作为教育的根本任务"。[2] 德为才之帅，立人先立德。古人把"立德""立功""立言"视为"三不

---

① 中共中央关于深化人才发展体制机制改革的意见 ［EB/OL］. （2016 – 03 – 21）［2016 – 03 – 26］. http：//news. xinhuanet. com/politics/2016 –03/21/c_ 1118398308. htm.

② 胡锦涛在中国共产党第十八次全国代表大会上的报告 ［N］. 人民日报，2012 – 11 – 08.

朽"的事业，而"立德"被列为"三不朽"之首的原因，就在于无论什么时候，道德永远是一个人安身立命的根本。一个人如果能力很强，但道德素质很差，很难成为对国家社会有益的人才。优化网络人才的品德结构，首先要把立德为先作为人才培养工作的首要任务，坚持德育为先，大力提高网络人才的思想政治素质，打牢网络人才坚定正确政治方向和良好思想道德品质的基础，这是网络人才培养的根本着眼点。

二是坚持能力为本。能力是一个不断发展的概念。在我国相关文件中，对人才能力的培养要求也经历了逐步深化和演绎的过程，即"能力培养→应用能力培养→应用技术能力培养→将理论转化为技术、将技术转化为生产力和产品的能力培养。"① 从能力培养要求的发展链条看，最重要的是转化能力的培养，即理论和技术转化能力。从"互联网＋"时代的社会需求看，两类人才缺口很大：一是互联网技术类人才，主要包括程序设计员、网络工程师、数据分析和挖掘等人才；二是互联网应用类人才，这类人才对互联网行业模式有着深刻理解，他们善于学习和运用最新网络技术，能及时制定信息产业升级改造战略和策略，对互联网行业进行全面和深度提升。② 而这两类人才，都是以网络技术应用能力为基础的，也就是说，对互联网要有很强的理论和技术转化能力。因此，"互联网＋"时代优化网络人才个体的能力结构，主要应以优化网络人才的理论和技术转化能力为主。应紧密结合网络职业需求和专业特点，以理论和技术转化能力为主线来构建培养体系，通过制订以能力为导向的人才培养方案，构建以能力为目标的人才培养体系，实行以能力为核心的评价方式，深化以能力为驱动力的人才培养模式改革，大力提升网络人才的网络应用能力素质。

三是坚持全面发展。人才的个体结构包括品德结构、智能结构、心理结构等，缺少任何一方面，都是人才成长发展的缺陷。只有坚持全面发展，全面提高，全面进步，全面提升网络人才的思想政治素质，大力发展网络人才的智能素质，健全网络人才的心智和健康心理人格，才能培养出德、智、体、才、学、识兼优的优秀人才。

---

① 祝家贵. 深化以能力为导向的人才培养模式改革［J］. 中国高等教育，2015（12）：36.
② 孔悦. "互联网＋"时代，有什么技能才算人才？［N］. 新京报，2015 – 04 – 27.

（2）优化网络人才群体结构，科学调配，构建科学合理人才队伍

邓小平同志指出："我们不是没有人才，问题是能不能好好地把他们组织和使用起来，把他们的积极性调动起来，发挥他们的特长。"[①] 在人才群体中，不同类型、不同专长的人才如果合理地组合在一起，可以取长补短、拾遗补缺、相互补充、彼此配合，最大程度地开发和利用人才资源，使优秀的人才个体成为"多能"的人才群体。据美国学者朱克曼对诺贝尔奖获奖得主情况的调查，1901年以来的 75 年中，一共有 286 位科学家获得诺贝尔奖。在这些获奖者中，通过与他人合作获奖的占到了 2/3。经过深入研究，朱克曼还发现，以 25 年为一个划分阶段，通过与他人合作而获奖的，第一个 25 年合作获奖的比例为 41%，第二个 25 年合作获奖的比例为 65%，第三个 25 年合作获奖的竟高达 79%。据此，朱克曼得出结论：合作进行研究的科学家是研究工作的"主导力量"。而美国微软公司以特殊的团队协作精神而著称，像 Windows 2000 的设计研发，微软公司参与开发和测试的工程师就超过了 3000 人，共写出代码 5000 万多行。如果没有人才群体的精诚合作，如此规模的工程是根本不可能完成的。再如，第二次世界大战期间，英国集中了以物理学家勃兰特为首的天文学家、物理学家、数学家、生理学家、测量技师等 11 人，组成科研人才群体，通过智力互补研制雷达，成功建立起用雷达控制的强有力的防空系统。[②] 这些都说明，通过优化人才群体结构，不同能质和不同能级的人才组合在一起，能质上可以彼此取长补短，能级上可以积优选加，这样的人才结构，不仅可以充分发挥自己的才智，还可使群体发挥出最佳效能，达到单个个体难以企及的事业高度。优化网络人才群体结构，就是要注重科学调配人才群体的专业、年龄、学历，既要有凝聚人才群体的领军人物，又要有才识卓著的精英人物，还要有攻坚克难的中坚力量，使他们在这一人才群体中相互交流、相互碰撞、互相砥砺，将每一个人的创造才能都能得到放大和强化，以建设一支结构合理的高水平的网络人才队伍。

（3）优化网络人才社会结构，调整布局，提升网络人才资源质量

人才的社会结构侧重一个地区或一个国家的人才按一定的层次、序列和比例组合的人才构成形式。在人才学上，通常还将人才在一个地区、某一社会范围或

---

① 邓小平. 邓小平文选（第 3 卷）[M]. 北京：人民出版社，1994：17.

② 阎康年. 卡文迪什实验室的发展 [J]. 科学技术与辩证法，1990（4）：33.

某一国家中的分布与配置组合称为宏观人才结构。从这一定义出发，优化网络人才的社会结构，主要是要从宏观分布上调整网络人才的整体布局，优化网络人才资源配置，实现网络人才资源的有效开发利用，使网络人才资源具备整体优势。具体来说，要在对网络人才培养现状进行深入调查分析的基础上，根据建设网络强国和经济社会发展战略目标及建设重点，综合考虑局部与全局、当前与未来、优势与劣势等因素，对网络人才的整体分布进行准确预测，统筹兼顾，宏观把握，保证国家层面的人才资源开发工作按照既定的目标和正确的轨道稳步向前推进。发挥市场在配置人才资源中的基础性作用，逐步促进人才自由合理流动，国家对在市场失灵的领域采取多种措施配置人才资源，以调节各地区、行业和部门以及国内外人才流动的不平衡状况。同时，要最大限度挖掘和利用人才资源存量，积极引进紧缺人才，弥补人才结构中的短板和不足，加速后备人才的选拔和培养，建立起数量充足、门类齐全的人才储备库，做到发现一批、使用一批、储备一批，并在不断优化组合中使人才资源布局更为科学合理。

（五）坚持人才体制机制改革和政策创新

人才事业具有全局性和战略性，人才问题是关系党和国家事业发展的关键问题。党的十八届五中全会特别强调了人才对国家发展的重要作用。会议指出"加快建设人才强国，深入实施人才优先发展战略，推进人才发展体制改革和政策创新，形成具有国际竞争力的人才制度优势"[①]，再次吹响"人才强国"的集结号。网络人才作为人才工作的重要组成部分，必须顺应全球人才流动规律和人才战略发展趋势，加快推进人才发展体制机制改革和政策创新，积极构建具有全球视野选才、海纳百川聚才、宾至如归留才的制度体系，不断加快形成具有国际竞争力的网络人才制度优势。

1. 人才体制机制改革和政策创新的基本内涵

人才体制机制改革和政策创新既是一种客观的政策制度调整现象，也是一项革新的活动，要科学界定其概念内涵首先要弄清人才体制机制和政策创新的含义。

---

① 推进人才体制机制改革和政策创新［EB/OL］.（2015－12－20）［2016－03－26］. http：//www.qstheory.cn/llqikan/2015－12/20/c_1117517963.htm.

（1）人才体制机制的内涵

体制是指"国家机关、企业事业单位在机构设置、领导隶属关系和管理权限划分等方面的体系、制度、方法、形式等的总称，如政治体制、经济体制。"[①]机制"原指机器的构造和动作原理，生物学和医学在研究一种生物的功能时，常借指其内在工作方式，包括有关生物结构组成部分的相互关系"。[②] 现在则一般把机制作为"有机体的构造、功能和相互关系，泛指一个工作系统的组织或部分之间相互作用的过程和方式。"[③] 如市场机制、竞争机制、用人机制等。体制与机制这两个词从区别来看，"机制"中的"有机体"重在强调事物各部分间的相互关系和作用方式，而"体制"则是指有关组织形式的制度，限于上下之间有层级关系的国家机关和企事业等单位。由于体制机制共同表征的是事物内部之间的相互关系，现在一般将体制机制联合在一起使用，表示事物内部具有一定层级关系的制度和相互作用的过程和方式。

人才体制机制是人才工作的核心和关键，制约人才工作的制度模式、工作模式和运行模式及其创新发展，在人才工作中发挥着极其重要的作用。

人才体制机制改革的基本内涵指的是，着眼"人才领域的新特点、新情况和新要求，通过总结经验和教训，对原有的体制进行改革，借鉴其他先进经验和完善体制，完善、改进、创建原有体制。"[④] 人才体制机制要想得到优化，就必须进行人才改革创新，发挥各个创新因素的协同合作作用，提高原有体制机制的运行效率，保障相关机制的改善和改进过程，使原有的体制机制得以改善和优化。

（2）政策创新的内涵

政策是"国家、政党为实现一定历史时期的路线和任务而规定的行动准则。"[⑤] 政策是制定和执行法律的依据，是法律的灵魂。政策需要在实践中检验其正确与否，并在实践中得到丰富和发展。一定历史时期内，国家权力机关、政党组织和其他社会集团为了实现本阶级或阶层的利益与意志，需要明确为达到奋

---

① 辞海编辑委员会. 辞海（1999 年版缩印本）[M]. 上海：上海辞书出版社，2000：274.
② 辞海编辑委员会. 辞海（1999 年版缩印本）[M]. 上海：上海辞书出版社，2000：1511.
③ 体制机制概念 [EB/OL]. (2012 – 03 – 09) [2016 – 03 – 26]. http：//wenku. baidu. com/link? url = yUIcoaPszqeZLwyuy17tV7NRUzlZ7dJDqjWFgLkKdyr5Zj7chDboeeeBCuHzrL34TtrKezK0CjMS65OUnERCK P9iFAJAg8XBcbVlKmVw0gq.
④ 王磊. 人才发展体制机制创新 [J]. 环球市场信息导报（理论），2015 (5)：71.
⑤ 辞海编辑委员会. 辞海（1999 年版缩印本）[M]. 上海：上海辞书出版社，2000：1733.

斗目标所要遵循的行动原则、采用的工作方式、采取的一般步骤及其具体措施。① 因此，政策具有很强的权威性。

政策创新的概念最早是 1969 年由美国学者沃克提出来的。政策创新的内涵有多种理解。在国外，关于"政策创新"主要有两种代表性观点。一是认为创新就是一些新事物的发明②。国外研究认为，一些原创性的东西被首次创造出来并加以应用，就视为创新，即政策创新等同于政策发明。二是认为创新并不等同于发明，无论哪一个事物是否在其他时间被其他组织采用过，只要对于这个组织而言是第一次应用就是创新。因此，只要某一政策主体接受了以前自身未曾应用过的政策就是政策创新。③

关于"政策创新"，综述国内学术界研究成果，目前也有两类代表性观点：一是认为政策创新是一个破旧立新的过程，可以有效促进公共问题的解决；④ 二是认为政策创新是政策要素的重新组合，即形成一种新的政策要素组合形式的过程。⑤

比较国外与国内学者的研究，国外的研究强调区别对待"政策创新"和"政策发明"，国内的研究则更加强调政策的改变，认为只要政策发生了变化，就意味着有创新的产生，而不论这种创新是在原有基础原创，还是在原有的基础上进行改良、改造，都视为创新。本书的研究认同国外的第二种观点对政策创新内涵的界定。

综合以上，我们说，人才政策创新的基本内涵是指，某组织对新的人才政策的理念、人才政策应用的主客体、人才政策的工具和技术等进行首次应用，并使该组织人才政策的内容、程序、形态和效果发生改变的实践过程，其目的在于优化人才资源配置，破解人才发展难题，实现人才工作创新发展。

---

① 政策 [EB/OL]. [2016 - 03 - 26]. http：//baike. baidu. com/link？ url = - wvi3 GsQrXxlCdWQ2 ml-halNnTcS9uI1 hoNd3 vKlraOx9 U3 zu4 cTJQOBjxWvO - CuNpXFvl7e _ g9 wLNkBeqLrvep _ 7 UhGnakwWsef4 sx 9 LFC_.

② Barnett H. Innovation [M]. New York：Mc. Graw，1953：7.

③ 赵全军，阎其凯. 人才政策创新：内涵特点、形式范畴与影响因素 [J]. 中共宁波市委党校学报，2013（6）：36.

④ 武欣. 创新政策：概念、演进与分类研究综述 [J]. 生产力研究，2010（7）：249.

⑤ 耿爱生，董林. 我国社会政策创新研究的主要内容及其趋向 [J]. 改革与开放，2016（3）：1.

2. 坚持人才体制机制改革和政策创新原则的必要性

"人才者，求之则愈出，置之则愈匮。"习近平指出，要"用好用活人才，建立更为灵活的人才管理机制，打通人才流动、使用、发挥作用的体制机制障碍。"[①] "不断完善创新人才培养、使用、管理的一系列政策"。[②] 政策是人才发挥作用的有效保障，创新政策是改革人才体制机制的重要前提和基础。以人才政策创新带动体制机制改革，既是我国改革开放以来人才发展实践经验的深刻总结，又是人才发展改革思路的重大创新。

（1）人才体制机制改革和政策创新是人才工作全面深化改革的重要内容

人才发展体制机制改革是我国全面深化改革的重要组成部分，是党的建设制度改革的重要内容。经过几代人努力，我国人才队伍建设取得巨大成就，但人才队伍大而不强，领军人才、拔尖人才稀缺，人才创新活力不足，已成为制约创新驱动发展的"瓶颈"。解决这些问题的关键是深化人才发展体制机制改革。党的十八届三中全会通过的《中共中央关于全面深化改革若干重大问题的决定》，不仅将人才工作渗透到其他各项改革之中，更是专门提出了建立集聚人才体制机制的具体任务，明确了集聚人才是全面深化改革的智力支撑这一全新定位，强调了改革与人才的内在联系和互动关系。2014 年 8 月 29 日中共中央政治局会议审议通过的《深化党的建设制度改革实施方案》，把人才发展体制机制改革作为党的建设制度改革四大任务之一，并提出着重从健全党管人才领导体制，创新集聚人才体制机制，完善人才流动配置、评价激励、服务保障机制等五个方面改革创新。2016 年 3 月 21 日，中共中央印发《关于深化人才发展体制机制改革的意见》，就是要通过深化改革，破除思想观念和体制机制障碍，构建科学规范、开放包容、运行高效的人才发展治理体系，形成具有国际竞争力的人才制度优势，让人才放开手脚创新创造，尽情展示聪明才智，使一切创新想法得到尊重、一切创新举措得到支持、一切创新才能得到发挥、一切创新成果得到肯定，为经济社会发展增添蓬勃活力和强大动力。从党和国家一系列紧锣密鼓的政策文件可以看

---

① 中共中央政治局举行第九次集体学习，习近平主持［EB/OL］.（2013 – 10 – 01）［2016 – 03 – 26］. http：//www. gov. cn/ldhd/2013 – 10/01/content_ 2499370. htm.

② 十八大以来习近平总书记对人才工作的重要论述［EB/OL］.（2016 – 08 – 03）［2016 – 08 – 17］. http：//www. chisa. edu. cn/news1/ssyl/201608/t20160803_ 508862. html.

出，深入推进人才体制机制改革和政策创新已经成为网络人才工作全面深化改革的重要内容。

(2) 人才体制机制改革和政策创新是激发网络人才创新创造活力的根本举措

体制机制改革和政策创新作为网络人才发展的关键，是由体制机制改革和政策的性质、特点及其在网络人才发展中的重要作用决定的。体制机制和政策带有根本性、基础性、长期性和稳定性，它影响和决定着网络人才队伍的积极性、创造性和竞争活力。网络人才工作创新发展，根本是环境，根本在政策。好的体制机制和人才政策，可以最大程度地培养、吸引、用好人才。因此，体制机制改革和政策创新，是有效激发网络人才活力、充分发挥网络人才作用的制度保障，也是网络人才队伍健康良性发展的关键因素。从当前我国网络人才发展所处阶段来看，我国正处在由网络人才大国迈向网络人才强国的关键阶段，需要进一步健全完善网络人才优先发展战略布局，把网络人才体制机制改革和政策创新作为战略抓手，为建设网络强国提供动力支持。从网络人才工作实践来看，当前在网络人才引进、培养、管理、使用中仍有一些体制机制上的顽瘴痼疾亟需破解。从网络人才国际竞争的经验看，健全的体制机制是集聚网络人才的最根本因素之一。只有充分整合利用国内、国际网络人才资源，从体制机制政策层面解决深层次的矛盾和问题，才能构建最适宜人才成长和价值实现的网络人才制度。未来我国人才发展最根本性的战略任务，就是要以人才政策创新为动力，努力制定出台一系列既顺应世界发展潮流，又符合我国国情、充满生机和活力的人才政策，推动人才体制机制改革，最大限度地释放人才的创新动力和创造活力，推进人才队伍全面协调可持续发展。

(3) 人才体制机制改革和政策创新是打造我国网络人才竞争新优势的战略举措

我国网络人才资源众多，但还不是一个网络人才强国，其最根本的原因在于我国网络人才培养、引进、吸引、保留和使用等政策制度建设上滞后于网络人才的迅猛发展，网络人才资源本身的配置效率不高。只有加速推进网络人才体制机制改革和政策创新，构建视野开阔、充满活力、富有效率、更加开放的网络人才政策制度体系，才能把我国网络人才资源的巨大潜力释放出来，盘活资源，把网络人才的数量优势转化为网络人才的质量优势，把网络人才的规模优势转化为网络人才的系统优势，使我国赢得参与国际网络人才竞争的新优势。因此，必须以改革的精神积极推动网络人才体制机制、理论、政策、制度等创新，坚决破除束缚网络人才发展的思想观念、体制藩篱和机制障碍，遵循网络人才培养使用规律，坚持发挥市场在人才资源配置中基础性地位，改革网络人才管理体制机制，完善网络人才培养开发、评价发现、选拔任用、流动配置、激励保障机制，形成具有中国特色和国际竞争优势的网络人才政策制度体系。要把网络人才体制机制改革和政策创新作为网络人才工作的着力点和突破口，以改革创新精神加快推动网络人才工作的创造性发展。

（4）人才体制机制改革和政策创新是解决网络人才发展突出问题的关键措施

习近平总书记在欧美同学会成立 100 周年庆祝大会上指出，"我们比历史上任何时期都更接近实现中华民族伟大复兴的宏伟目标，我们也比历史上任何时期都更加渴求人才。"① 当前，我国人才政策在探索中不断完善，党管人才工作新格局正逐步形成，网络人才的体制机制改革和政策制度也在逐步推进。各级围绕网络人才培养、引进、吸引、保留、使用等环节，不断完善相关政策法规，网络人才赢得了良好发展空间和后发优势。但是，制约网络人才体制机制改革和政策制度创新的短板和不足也日益凸显，主要表现在以下几方面。一是网络人才资源配置的市场化、社会化程度不高，网络人才管理"官本位"、行政化倾向仍很严重。网络人才管理使用存在条块分割、职能交叉、九龙治水现象，网络人才管理体制尚未根本改变，用人单位和网络人才的自主权尚未真正落实。二是网络人才的科学评价标准和机制尚不健全，网络人才以品德、知识、能力和业绩为核心的评价导向尚未完全确立。三是网络人才激励保障机制尚不健全，网络人才创新活力不足。四是有利于网络人才健康成长、全面发展的选人用人机制尚不够完善，网络人才难以自由流动，以户籍、档案、社会保障等为主的体制机制性障碍依然存在，等等。这些体制性、机制性障碍严重制约网络人才健康良性发展。只有从根本上消除这些弊端和不足，通过人才体制机制改革和政策创新，才能实现网络人才突破性大发展。必须进一步解放思想，以大无畏的改革勇气、系统的创新思维、前所未有的工作力度，大力推进人才体制机制改革和政策创新，从根本上消除影响人才健康成长、发挥作用的体制性障碍。

---

① 习近平在欧美同学会成立 100 周年庆祝大会上的讲话［EB/OL］.（2013 - 10 - 21）［2016 - 03 - 27］. http：//www. gov. cn/ldhd/2013 - 10/21/content_2511441. htm.

3. 坚持人才体制机制改革和政策创新原则的基本要求

党的十八大以来，习近平总书记对人才事业发展和人才队伍建设作出一系列重要指示，多次强调，要着力破除束缚人才发展的思想观念，推进体制机制改革和政策创新，充分激发各类人才的创造活力。这为网络人才坚持体制机制改革和政策创新提供了根本遵循和方法论指导。网络人才体制机制改革和政策创新，应着力构建系统完备、科学规范、运行有效的体制机制和法治体系，使各方面制度更加成熟定型、各方面政策规定更加健全严密，为推动网络人才突破性大发展提供更加有效的保障。

（1）人才理念创新是前提

理念创新是人才体制机制改革和政策创新的先导与起点。只有理念上先有突破，才能走开人才体制机制改革和政策创新的路子。人才体制机制改革和政策理念创新主要可体现在对涉及人才、人才体制机制、人才政策及对人才体制机制和政策变化过程理解认识的深化或更新上。比如对"人才"本质、地位作用的理解上，一旦人才理念切实由"普通资源"转化为"第一资源"，人才使用由"注重规模和占有"转变为"突出质量和使用"，人才体制机制改革和人才政策创新的工作重点、重心、指向性、评价标准体系等也会随之发生变化。因此，推动人才理念创新，首先，要加强对人才工作本身的认识。要加深对包括人才概念内涵、人才体制机制改革、人才政策对人才工作重要性的理解，等等，这些都可以对人才理念创新产生影响。其次，要强化对人才体制机制和政策执行主体的认识。在政策理念上，由于"参与式""多元化"政策主体的出现，对人才政策执行主体的认识理解，往往会由强调以行政为主导转向以突出人才自主性、用人单位共同参与等理念的变化，这也会推动人才政策理念创新。最后，要加强对人才体制机制改革和政策过程科学性变化的认识。通过对体制机制改革和政策运行过程中各环节的删减、各顺序的调整、各执行部门的合并等这些过程的科学化，通过提升人才体制机制改革和政策过程的科学化程度，也可以起到促使人才理念创新。比如，可以减少人才体制机制改革和政策执行中的审批事项，可以把人才政策事项分散办理变为"一站式"办理等。

（2）推进政策制度创新是核心

2016 年 3 月 21 日，中共中央印发《关于深化人才发展体制机制改革的意见》，对我国的人才发展体制机制提出了重大改革意见，其中的关键就在于制度创新。作为我国第一个针对人才发展体制机制改革的综合性文件，该意见针对当前人才发展体制机制存在的突出弊端，在改革人才评价、流动、激励等机制方面，有针对性地提出六项改革创新任务。作为我国人才工作的一部分和重要内容，大力推进网络人才政策制度创新，我国网络人才工作将跨入快车道，赢得新的发展机遇。具体来看，一是在网络人才培养政策制度上，要重点出台网络专业特殊人才的政策制度，尤其是实施创新驱动发展战略急需的战略科学家、网络科技创新人才、企业家和网络技能人才等，制定的政策制度要突出网络人才培养、使用和支持方式，注重网络人才创新能力培养等；二是在网络人才评价政策制度上，要根据网络人才不同类别、不同专业，分别制定出台学术评价、市场评价和社会评价的具体政策，提高网络人才评价的针对性、科学性和操作性；三是在网络人才流动政策制度上，要打破人才体制机制壁垒，扫除网络人才身份障碍，促进党政机关、企事业单位人才和社会各方面网络人才自由、顺畅流动，尊重网络人才的自由选择，提高网络人才横向和纵向流动性；四是在网络人才激励政策制度上，要尊重市场机制在人才市场中的基础性地位，完善市场评价要素贡献并按贡献分配机制，促进网络人才的科技成果资本化、产业化，并实施股权期权激励，保障网络人才合理合法地享有创新收益；五是在网络人才引进政策制度上，要实行更积极、更开放、更有效的人才政策制度，不唯地域、不唯国家，不求所有、但为使用，不拘一格、自由开放，广开进贤之路、广纳天下英才。比如现行的签证制度对于引进海外人才在华长期居留的限制严格且程序繁琐，对人才政策与法律法规的普适性提出更高的要求，应尽快研究出台《人才工作条例》，从制度上进一步规范人才工作；① 六是在网络人才投入保障政策制度上，要综合运用经济、产业政策和财政、税收杠杆，加大网络人才资源开发投入力度，推进网络人才与经济社会发展的有机深度融合。

（3）优化人才发展环境是关键

"良禽择木而栖"。人才的自然流动或主动汇聚，具有很强的环境选择性和适应性。这里的"环境"指的是包括以观念、制度、行为准则等为主要内容的

---

① 人才发展体制机制改革和政策创新问题研究［EB/OL］. （2015 - 11 - 02）［2016 - 03 - 16］. http：//www. lndj. gov. cn/djyj/lwxd/detail/2015/1030/09/3765QHTB1N0. shtml.

非物质因素。习近平总书记深刻指出："环境好，则人才聚、事业兴；环境不好，则人才散、事业衰。"网络人才体制机制改革和政策创新，离不开具体的制度环境、政策环境、工作环境、社会环境，特别是政策制度环境。人才体制体制改革和政策创新，无论是改革创新的目的、内容，还是具体的政策工具，实质上都应当是一种环境的协调与改善。从这个意义上说，网络人才体制机制改革和政策创新，应当把优化人才发展环境作为改革和创新的成败来对待。

一是优化政策制度环境。网络人才体制机制改革和政策创新，要在现有政策制度的基础上进行。从技术角度看，"不同技术创新过程阶段的不同行业具有异质性特点"①。所以在制定环境政策时必须考虑和区分行业之间的差异，有针对性地制定政策，促进环境规划与技术创新的协调有序发展。由于网络人才分布在各行各业，情况千差万别。因此，要优化政策制度环境，除了国家层面制定出台大的意见，各地各行业也要根据具体情况制定适合本地区的具体人才政策制度。上海市 2015 年 7 月出台《关于深化人才工作体制机制改革促进人才创新创业的实施意见》，对居留上海的外籍人士就具体条件进行了明确规定，如"降低永久居留证申办条件"的规定："对在上海已连续工作满 4 年，每年在中国境内实际居住累计不少于 6 个月，有稳定生活保障和住所，工资性年收入和年缴纳个人所得税达到规定标准的外籍人才，经工作单位推荐，可申请在华永久居留。"②"对经上海人才主管部门认定的外籍高层次人才、上海科技创新职业清单所属单位聘雇并担保的行业高级人才，可不受 60 周岁年龄限制，申请 5 年有效期的工作类居留许可，工作满 3 年后，经工作单位推荐，可申请在华永久居留。"③

二是优化工作学习环境。引进和留住人才最大的吸引力，莫过于为人才提供广阔的创新创业平台和事业发展空间，让"英雄有用武之地"。良好的创新创业平台和事业发展空间，可以让人才"漂泊的心"安定，可以让人才"有用武之地"，这也是实现人才价值的根本途径。通过优化工作学习环境，让网络人才创新有舞台、创业有"土壤"、产学研融合有渠道，最大程度地提高网络人才创新创业的积极性

① 许卫华，王锋正. 环境规制对资源型企业技术创新能力影响的研究——基于两阶段模型视角 [J]. 经济论坛，2015（9）：84.

②③ 上海. 关于深化人才工作体制机制改革促进人才创新创业的实施意见 [EB/OL].（2015－07－07）[2016－04－02]. http://www.chinajob.gov.cn/InnovateAndServices/content/2015－07/07/content_1081097.htm.

创造性。比如，江西省，与发达地区相比，存在区域位置、经济发展等"硬实力"的先天不足，但江西省在改善人才发展环境上可谓下足了功夫。为了为人才搭建平台、创造机会，让他们在实干中发挥所长，江西省"建设了 22 个院士工作站、13 个重点实验室和工程（技术）研究中心、81 个博士后科研工作站等各类创新平台，组建了 108 个省级优势创新团队，为不同领域、不同类型的人才搭建有针对性、差异化的创新平台，集聚了一批高层次创新人才和人才团队。"①

三是优化社会舆论环境。人才与环境的关系就像树木与土壤的关系。网络人才成长与社会环境息息相关，离不开社会环境的滋养，离不开良好人才环境的哺育。党的十九大报告指出，努力形成人人渴望成才、人人努力成才、人人皆可成才、人人尽展其才的良好局面。这就要求广泛动员全社会来关心人才、关注人才、关爱人才，营造爱才敬才的社会环境，营造"人人可成才、人人可成事"的浓厚社会氛围。

二、我国网络人才培养的主要模式

《国家中长期教育改革和发展规划纲要（2010—2020 年）》提出了改革人才培养体制一定要"创新人才培养模式""探索多种培养方式"的要求。我国网络人才培养也要适应培养网络强国的战略需求，积极创新人才培养模式。

（一）我国网络人才培养模式的内涵特点

任何一种活动的有效开展都有赖于构建合理的行为模式。要想深入研究人才培养模式问题，首先应从研究人才培养模式的概念与内涵入手。因为概念是思维的基本单位，"反映客观事物的一般的、本质的特征"。② 为了更客观更全面地界定人才培养模式，有必要从分析"模式"入手，把握这一概念。

1. 网络人才培养模式的内涵

（1）模式的概念

《辞海》解释："模"有"模仿"之意，即"依照一定的榜样做类似动作和

---

① 赵爱明. 全面改善人才发展环境［N］. 人民日报，2014－09－10（7）.
② 中国社会科学院语文研究所词典编辑室. 现代汉语词典［Z］. 北京：商务印书馆，2002：404.

行为的过程"①。模式，指事物的标准样式。如发展模式。模式标志了事物之间隐藏的规律关系，强调的是形式上的规律，是前人积累的经验的抽象和升华。模式作为一种科学认识手段和思维方式，它是联结理论与实践的中介，兼有理论与指导培养实践的两种价值。软科学中的"模式"则是指在一定的思想指导下建立起来的，由若干要素构成的，具有理论构造形态和实践指导功能，以及可仿效性等为特征的某种活动的理论模型与操作样式，等等。

（2）人才培养模式的内涵

1998 年教育部曾对"人才培养模式"的内涵作过界定，即人才模式是指"学校为学生构建的知识、能力、素质结构，以及实现这种结构的方式，它从根本上规定了人才特征并集中地体现了教育思想和教育观念。"② 反映出在人才培养模式这一问题上的基本共识。模式还被认为是一种过程范畴。在这个角度上，人才培养模式"是一种对于培养过程的设计，一种对于培养过程的建构，一种对于培养过程的管理，它是关于人才培养过程质态的总体性表述"③。人才培养模式作为一种对人才培养规格、人才培养过程及人才培养方式进行构建和标准化的成熟范式④，其具体含义有四个方面：一是人才培养的目标及其规格；二是实现人才培养目标和规格的整个教育训练过程；三是为实现这一过程的一整套管理和评估制度；四是为实现人才培养目标而采取的与之相匹配的教学方式、方法和手段。概括来说，人才培养模式具体包括与之相适应的教学模式、管理模式以及运行机制。⑤ 学者龚怡祖则认为，人才培养模式的内涵是指"在一定的教育思想和教育理论指导下，为实现培养目标而采取的教育教学活动的组织样式和运行方式，这些组织样式和运行方式在实践中形成了一定的风格和特征，具有明显的计划性、系统性与范型性"⑥。综上所述，所谓"人才培养模式"，是指培养主体为

---

① 辞海编辑委员会. 辞海（1999 年版缩印本）[M]. 上海：上海辞书出版社，2000：1968.

② 教育部《关于深化教学改革，培养适应 21 世纪需要的高质量人才的意见》（教高［1998］2 号）[EB/OL]. [2016 – 04 – 03]. http：//wap. 10086. cn/sjyyt. html.

③ 龚怡祖. 略论大学人才培养模式 [J]. 高等教育研究，1998（1）：43 – 46.

④ 贺志强，巨荣峰. 高职院校人才培养模式顶层设计与分类实施的研究与实践——以潍坊职业学院为例 [J]. 职大学报，2015（5）：87.

⑤ 人才培养模式 [EB/OL] [2016 – 04 – 03]. http：//baike. baidu. com/link？url = iTo5P3nbIjbsrRFcRhgU1ZwB9_pQWUvJOKLOsMaw6ft7cZrsUukyhBpGBvNadI3GzUC7CNS4T_bUCm6xDl_n3_.

⑥ 龚怡祖，倪桂芝，余林媛. 面向 21 世纪：目前农科本科人才培养模式的主要缺陷及原因 [J]. 中国农业教育，1997（3）：1.

了实现特定的人才培养目标，在一定的教育理念指导和一定的培养制度保障下设计的，由若干要素构成的具有系统性、目的性、中介性、多样性与可仿效性等特征的有关人才培养过程的理论模型与操作样式。

（3）网络人才培养模式的内涵

网络人才培养模式是指在一定的人才培养理论、思想指导下，按照特定的人才培养目标和人才规格，以相对稳定的培养内容和培养体系、管理制度和评估方式，实施人才培养过程的总和。简单来讲，网络人才培养模式就是网络人才培养的目标、规格以及实现这些目标、规格的方法或手段。

2. 网络人才培养模式的特点

网络人才培养模式既具有人才培养模式的一般特征，也具有自身的独特特点。其主要特点表现在以下几方面。

（1）目的性

任何一种行为模式都是建构在一定目标前提下实施的。网络人才培养作为人才培养的一项重要内容，它是一种有目的的组织行为，这个目的就是提高网络人才的能力素质和知识素质，促进网络人才个性与社会性的和谐发展，满足国家、社会和网络人才个体发展的需要。

（2）开放性

网络人才培养模式是在与信息网络时代经济社会发展及人才培养工作改革发展的互动过程中得以构建和运行的。信息网络的开放性赋予网络人才培养模式开放性的鲜明特征。离开了开放性，走封闭式发展道路，网络人才培养模式必将走入死胡同。

（3）多样性

不同层次、不同类型的网络人才培养目标和规格不一样，人才培养模式也有所区别。信息网络时代经济社会发展对人才需求的多面性与多变性、人才个性特点的丰富性与差异性，以及高等教育结构的多样性与高校办学目标的特色性等，决定了人才培养模式的多样性。这就要求网络人才培养模式也应随着时代发展和社会需求的变化，根据国家和社会经济发展适时做出调整，以多样性激发网络人才培养模式的创新动力和活力。

（4）稳定性

网络人才培养模式的稳定性是指在某种人才培养思想、理论的指导下，网络人才培养通过长期的实践活动形成并固定下来的人才培养方式，具有相对稳定的发展态势。

（二）我国网络人才培养模式的主要内容

不同的教育类型具有不同的培养目标。要实现不同的培养目标必须采用不同的人才培养模式。我国网络人才培养模式主要可以分为高校培养模式、合作培养模式和网络学习模式等三种。

1. 高校培养模式

教育部在《教育部 2016 年工作要点》中指出："全面贯彻党的教育方针，紧紧围绕提高教育质量这一战略主题，以立德树人为根本任务、以促进公平为基本要求、以优化结构为主攻方向、以深化改革为根本动力、以健全法治为可靠保障、以加强党的领导为坚强保证，加快推进教育现代化，为全面建成小康社会发挥关键支撑作用。"① 这为高校在人才培养方面发挥关键支撑作用指明了努力方向。

（1）高校培养模式的主要内涵

什么是高校培养模式，可谓仁者见仁，智者见智。以下是取得较多认同且界定相对清楚的几种认识。

其一，高校培养模式是一个系统，至少应包括人才培养体系和人才成长环境两大部分。人才培养体系是指依托一定的教学管理组织实施，包括培养目标、专业结构、课程体系、教学制度、教学模式和日常教学管理在内的综合体；人才成长环境是人才培养的保证，包括师资队伍、教学硬件和校园文化氛围。高校网络人才培养应是从教师到学生、从观念到制度、从软件环境到硬件环境进行全方位、多角度的综合培养。

其二，高校培养模式是在一定的教育理念、教育思想指导下，按照特定的培

---

① 教育部关于印发《教育部 2016 年工作要点》的通知［EB/OL］.（2016 – 02 – 06）［2016 – 04 – 16］. http：//news. sciencenet. cn/htmlnews/2016/2/338034. shtm.

养目标和人才规格，以相对稳定的教学内容和课程体系、管理制度和评估方式实施人才教育的过程的总和，由培养目标、培养制度、培养过程、培养评价四个方面组成。

其三，高校培养模式应是基于知识、素质、能力结构构建的模式。原来的教育观念、教育培养模式、教学组织形式、课程体系、考试制度等都要相应改变。新时代的高校培养模式应当围绕培养什么样的人、怎么培养人两个基本问题，以知识为基础，以能力为本位，以素质为核心，以科学的体制机制为依托，更新教育教学观念，创新教育教学内容，改革教学方式方法，完善考核评价体系。[①] 这就是指，在人才培养目标、培养规格、课程体系、教学方法、教学手段、培养途径、教学评价体制、教学环境、管理机制等几个方面，着力加强高校人才培养的质量和层次。

概括上述说法，本书中的网络人才培养高校模式主要是指以高校为网络人才培养主体，通过系统化、规模化和专业化教育实施的网络人才培养的方式方法，其关键要素主要包括网络人才培养的教育理念、教学过程、培养制度和培养质量评价体系四个方面。这是网络人才培养最主要也是最根本的途径和渠道。高校承担着培养高层次创新人才、开展高水平科学研究、产出高质量科技成果的重要使命，历来是国家人才培养、科研力量的重要组成部分，是国家创新体系中举足轻重的力量。在我国推进建设创新型国家、成长为世界网络强国的重要历史进程中，作为人才第一资源和科学技术第一生产力重要结合点的高等学校，重任在肩、责无旁贷。

（2）高校培养模式的优势和不足

高校采取何种人才培养模式，在某种程度上决定着高校能培养出什么样的人才。人才培养的高校模式既不是既定的，也非照搬其他层次或其他类型教育的模式，而是随着经济社会发展，随着各种产业、行业的变化而逐渐变化、演进和革新。当前，培养创新型人才应是高校人才培养模式改革的主要目标和努力方向。具体来说，网络人才培养的高校模式主要优势在于以下方面。

一是网络人才培养的生力军与主阵地。网络强国战略对高校人才培养既是实

---

① 吴绍芬. 高校人才培养模式改革的理性思考［J/OL］.（2011 – 11 – 14）［2016 – 04 – 06］. http：//www.cepa.com.cn/wzjj/dbzp/147381.shtml.

现大发展的良好机遇，也是网络人才培养实现突破性发展的强大动力。高校具有良好的师资条件、完备的教学设施和雄厚的科研实力，享有国家人才培养的政策扶持、资金支持等优惠条件，高校在网络人才培养上能够实现系统化正规化，是人才培养的生力军、主阵地。

二是网络人才培养的规模化与高效益。高校规模效益理论衍生于厂商规模经济理论，Tierney、Cohn、Gibson 等国外学者研究发现，在高等教育领域存在一定的规模效益现象，显著的规模效益主要是在学校规模很小时表现出来。① 规模效益就是从高校的规模与成本之间关系的角度分析内部效益。高校的规模效益可分解为外部效益和内部效益。外部效益关注的是高校在人才培养过程中体现的社会经济效益，也就是高校人才培养对社会经济发展需要满足和支持程度。内部效益包括对高校人力、经费、设施等的使用状况的分析，考量的是高校的资源投入与其直接产出的比较。

三是网络人才培养的基础性与全面性。高校人才培养既注重扎实的基础理论教育，又注重胜任各项工作的基础能力培养；既注重知识的深度又兼顾知识的广度，强调科研反哺教学，重视网络人才的个性化能力培养和实践动手能力提升，为网络人才参加工作储备了较全面的知识，同时也为有志于进一步深造的优秀网络人才奠定了较好的专业基础，在人才培养方面具有基础性和全面性。

高校人才培养模式当与时代要求相适应，培养适应时代发展需要的创新型人才。然而，现有的高校网络人才培养模式与建设网络强国的战略需求相比还存在很大不足，具体表现在以下方面。

一是网络人才培养目标单一。目标是通过激发主体的行为预期而达到的目的或结果，明确的培养目标是人才培养的基础和前提。但现实情况是，我国长期以来在高等教育上实行的是国家高度集中统一的办学体制，即国家统一规划，政府直接管理。具体形式是，国家集中统一设置专业和课程、专业教学计划，甚至审定教材、进行统一招生等。人才培养的这种模式最大的特色是人才培养目标的高度同一性和单一性，不同类型、不同级别的高等院校的培养目标基本一致，重点院校与普通院校的培养目标基本相同，专科层次的培养目标模仿本科层次的培养

---

① 钱海鹏. 高校规模效益的实施策略［J/OL］. 江苏科技信息，2015（33）.［2016 - 05 - 13］. http://3y.uu456.com/bp_6dxgz5a42j47hq710elo_1.html.

目标。按照统一的培养规格、教学计划、评价标准培养网络人才，无法有效适应经济社会发展对人才需求的多样性要求。受人才培养目标单一的影响，当前我国网络人才培养无法达到国家要求与市场需求的网络人才培养质量和规格。

二是专业设置对接行业需求相对滞后。专业设置是高校着眼社会经济发展对人才的实际需求，结合教育主管部门和行业主管部门提供的专业目录，在具备一定办学条件的基础上，对新专业进行开发和对现有专业实施升级改造的过程。专业设置是高校分类培养人才的基础性工作，在构建合理的人才培养模式过程中具有引导性的作用。高校根据专业设置确立人才培养的规格和目标，进行专业基础培养，组织和实施教学，为社会输送各种专门人才。然而，现有高校一部分专业的网络人才毕业之后没有与之相对应的就业岗位；而有一些岗位劳动力资源供不应求，出现人手不足的情况。造成这种现象的直接原因就是高等院校专业设置不合理，高校的专业与社会行业需求不对接。这是因为，信息网络时代高校与外围关系正在发生变化。许多学者和专家认为，对大学最重要的改变力量来自外界，即"社会需求"或"市场力量"改变了大学。网络人才需要科班专业培养和社会培养齐头并进，而科班专业培养存在教师、教材、教学基础设施和环境与网络技术发展相适应的问题。京东集团首席技术顾问翁志曾说，人才是产业安全的基石。高等教育作为市场经济中的一个竞争主体，需要接受社会的检验。为了实现社会对高校的认可，高校必须不断提高自己培养的人才在市场中的竞争能力，这就要求高校一定要明确自己的办学方向，通过深化改革，调整学科专业结构，改进人才培养模式，提高毕业生的就业能力和创业能力。[1] 这些都需要高校专业设置和网络人才培养与行业需求直接对接。

三是网络人才培养过程中的实际技能训练相对不足。网络人才的从业要求非常高，特别是要提高实际技能，必须有一定强度的训练，才能达到网络从业要求。而高校网络人才培养模式大多以理论培训为主，虽然有一定的实践教学内容，但与网络人才实际技能提高的需求而言是远远不够的。主要表现在课程设计以理论为主，实训时间不足，实训条件不达标，为了全面培养人才，还要开设一些与网络专业相关性不大的课程，这些都影响到高校在人才培养方面的实际技能训练。

---

[1] 吴向明. 高校人才培养的长尾理论：从规模到质量 [J]. 高教与经济，2008（3）：84–88.

（3）高校培养模式的发展定位

习近平总书记在全国科技创新大会的讲话中强调，我国必须拥有一批世界一流科研机构、研究型大学和创新型企业。高校作为我国科技发展的主要基础，是网络科技人才的摇篮，搞清弄懂高校人才培养模式的发展定位，才能大力提升高校网络人才培养的质量和水平。

一是清晰的网络人才培养目标。准确定位高校网络人才培养目标是决定高校网络人才培养类型和规格的关键因素。创新性、应用型、复合型"三型"网络人才的培养应当成为高校网络人才培养目标和教育目的。

二是高水平的师资队伍。高校师资队伍的年龄梯队结构、学历层次构成、专业能力水平、师德师风传承等，对高校网络人才培养意义重大，必须打造一支有理想信念、有道德情操、有扎实学识、有仁爱之心的素质较高、结构合理的优秀教师队伍。

三是完善的课程和专业设置。网络人才培养目标最终要通过教学内容和培养途径来实现。课程和专业设置是否科学完善，教学内容是否恰当合理，决定了教学质量的高低。美国高校的网络安全人才培养模式主要有"核心课程＋课程模块"和"知识传授＋科学创新＋技术能力"两种模式。"核心课程＋课程模块"模式是美国大学网络安全专业教学中采用的一种基本模式，它类似于我国高校中采用的"基础课＋专业方向选修课"的模式，① 较好地解决了课程和专业设置服务人才培养的问题。当前我国传统、陈旧的教学内容已不能适应信息网络时代对高素质人才的需求，更不能满足创新型人才培养的要求。只有着眼时代发展和人才培养实际需要，不断完善课程和专业设置，不断更新教学内容，才能培养出符合时代要求的高素质网络人才。在教学内容体系结构方面，强化突出与我国经济社会发展相适应，与国际制度相接轨的课程体系；在教学内容组织方式方面，以教材基本内容为依托，及时地将最新的信息转化成教学内容，融入教学过程，保持课程内容的先进性；从课程设置总体优化的角度出发，整合教学内容，使课程内容体系具有科学性、系统性、先进性、实用性和前瞻性。

（4）健全的培养制度和保障体系

要确保网络人才培养模式的正常运行，健全的培养制度和保障体系不可缺

---

① 康建辉，宋振华. 高校网络安全人才培养模式研究［J］. 商场现代化，2008（1）：5.

少。随着高等教育改革的不断深入，培养制度和保障体系要不断修正、健全和完善，满足网络人才培养模式多样化发展的要求，不断增强其适应性和适用性。

2. 合作培养模式

合作培养人才一直以来以其独具特色的培养模式在国内外得到了不同的应用。合作教育的出发点是为了解决高等教育中缺乏实践训练的问题，这一教学模式在促进人才培养不断适应科技、生产和经济发展，提高教学质量方面起着十分积极的作用。

（1）合作培养模式的基本内涵

《国务院关于加快发展现代职业教育的决定》提出："坚持校企合作、工学结合，强化教学、学习、实训相融合的教育教学活动。"[①] 2011 年《教育部关于推进高等职业教育改革创新引领职业教育科学发展的若干意见》也明确提出："深化工学结合、校企合作、顶岗实习的人才培养模式改革""完善校企合作运行机制，推进建立由政府部门、行业、企业、学校举办方、学校等参加的校企合作协调组织。"[②] 劳动和社会保障部制定的《高技能人才培养体系建设"十一五"规划纲要（2006—2010 年)》也提出了"改革培养模式，建立高技能人才校企合作培养制度"[③] 的问题，提出要"紧密结合行业、企业对高技能人才的需求，建立学校和企业联合培养高技能人才的制度""鼓励企业结合高技能人才的实际需求，与职业院校联合制定培养计划，为学校提供实习场地，选派实习指导教师，吸收学生参与技术攻关。"[④] 本书所指的网络人才合作培养模式主要包含校企合作和国际合作两方面。

一是校企合作人才培养模式。校企合作，顾名思义，是学校与企业建立的一种合作模式。校企合作的概念产生于 20 世纪中叶的欧洲，欧美一些发达国家为了能培养出高技能型人才，纷纷进行教育制度改革。德国"双元制"教学方式

---

① 国务院关于加快发展现代职业教育的决定[EB/OL]．（2014 – 06 – 09）［2016 – 05 – 23］．http：// www. srzy. cn/show. asp？id =512.

② 教育部关于推进高等职业教育改革创新引领职业教育科学发展的若干意见［EB/OL］．（2011 – 09 – 29）［2016 – 05 – 23］．http：//baike. baidu. com/link？url = B – tKZWintHilQFXLan1Q3HH719If StO1ATPCxo41DIRdX5WR5haXl8Ro_ jWaYumYdAe5dzuwUMeRBasbNktRuK.

③④ 高技能人才培养体系建设"十一五"规划纲要（2006—2010 年)［EB/OL］．（2008 – 03 – 11）［2016 – 05 – 23］．http：//www. chinatat. com/new/165_ 167/2009a8a21_ sync50831519571128900 2780. shtml.

就是最具代表性的校企合作模式，是德国工业经济腾飞的"秘密武器"。

校企合作的基本内涵是指"培养各类应用型专门人才的院校与用人单位建立紧密的合作关系，将学校的教学科研与用人单位的生产需要紧密结合起来，强化实践教学及科研成果转化，注重学生实践能力及'双师型'教师的培养，走'产学研'相结合的专业人才培养模式。"① 也有人认为，校企合作的内涵是基于企业用人需求，校企双方在"资源共享，优势互补，责任同担，利益共享"的原则下共同培养符合企业岗位需求的高技能人才。② 校企合作是一种注重培养质量，注重在校学习与企业实践，注重学校与企业资源、信息共享的"双赢"模式。校企合作体现了应社会所需、与市场接轨、与企业合作、实践与理论相结合的全新理念，为人才培养工作提供了新的视角和平台。比如目前流行于高校与企业之间的"2 + 1"③ 合作的人才培养模式，就是学校与合作企业针对企业和市场需求进行的合作人才培养。

网络人才校企合作人才培养模式，主要是指担负网络人才培养任务的高校与网络人才就业的"出口"单位（这里以企业为主）进行的合作，通过共同制订人才培养计划，签订合作协议，在师资、技术、办学条件等方面进行合作。这种人才培养模式适应高校教育与网络人才就业岗位能力要求，既解决了高校训练设施和实践教学不足的问题，又对接学校人才培养和人才"出口"单位用工需求，有效整合了人才培养教育资源，拓宽了网络人才培养渠道。

二是国际合作人才培养模式。这是指学习借鉴国外网络人才培养的先进经验，通过教育、科技、文化交流等方式进行网络人才培养的合作，进而提升网络人才培养效益的一种方式方法。2014 年 6 月 3 日，习近平总书记在 2014 年国际工程科技大会上发表主旨演讲，强调："加强工程科技人才培养，把国际交流合作作为聚集一流学者的重要平台，联合培养拔尖创新型工程科技人才。"④《2016 年创新型人才国际合作培养项目实施办法》在其总则第一条就提出："为配合国家战略、教育领域综合改革，培养更多创新型、紧缺型、复合型国际化人才，国

---

① 王浒．跨世纪高等职业教育的思考［J］．中国高教研究，1992（2）：5.

② 王雷．制药制剂专业校企合作技能人才培养模式可行性研究［J］．黑龙江科技信息，2012（21）：158.

③ 即前两年在学校以课程教学为主，第三年在企业将实习实训、顶岗实习、毕业设计相结合。

④ 十八大以来习近平关于人才工作话语摘编［EB/OL］．中国人才网 中国青年网，（2015 – 08 – 07）［2016 – 05 – 24］．http：//agzy．youth．cn/qsnag/zxbd/201508/t20150815_ 7007791_ 1．htm．

家留学基金委管理委员会 2016 年将继续实施创新型人才国际合作培养项目,并新确定一批国内外高校和教育科研机构间以创新型培养模式和培养创新型人才为目标的国际合作项目。"[①] 人才全球流动、人才培养国际化为网络人才培养寻求优质教育资源、提升自身素质与竞争力提供了有效途径。开展网络人才国际合作,可以促进国内外人才培养的经验交流,借用国外先进的教育理念和教学方法来提升我国网络人才培养教育质量,培养大批国际化的网络技术技能型人才。

（2）合作培养模式的必要性、可行性

信息网络条件下,网络人才合作培养模式具有取长补短、汇集各方优质资源、提高人才培养效益等多重优势,十分必要。

具体来说,从国家层面看,网络信息行业的最大特点是面对高速发展的互联网,随着市场份额不断扩大以及技术的更新换代,网络人才资源短缺成为制约我国信息化建设的主要障碍之一。特别是网络强国战略的提出和推动实施,需要大量具有一定专业技能的高素质网络人才。合作培养网络人才,对于深入推进网络强国战略,提升网络人才培养质量,把我国潜力巨大的网络人才转化为优质人力资源,为建设网络强国奠定雄厚的人力资本提供充分支持。

从高校层面看,在网络人才需求严重短缺的情况下,原本就不足以弥补网络人才数量短缺的高校毕业生还暴露出一个严重问题,那就是并非所有毕业生都能符合企业的用人需求。课本知识不等于实践经验,对于网络技术这样更注重经验积累的工作来说,用人单位更需要实战型、技术型人才。高校网络人才培养主要是针对基础技术进行的普及型教育,难以很好地适应变化的市场需求和行业的需要,院校的课程设置和教育模式与现实存在着脱节现象,高校的传统人才培养模式常常不能充分满足当前网络人才的需求和技术的应用。通过多层次、全方位的人才培养合作,高校专业课的教学可以运用源自网络实践的"鲜活"教材,借助网络实战平台（比如网监）,加强网络人才的实训环节,缩短教学与实际工作的距离,培养网络人才的动手能力,使网络人才尽快熟悉工作流程和内容,练就过硬的技术和扎实的网络工作基本功。

从网络人才出口单位层面看,网络人才合作培养有点类似"订单式培养",

---

① 国家留学基金管理委员会.2016 年创新型人才国际合作培养项目实施办法［EB/OL］.（2015 - 09 - 24）［2016 - 05 - 24］. http：//www. esrjob. com/boshihouzhaopin/boshihoujiaodian/2015/0924/23911. html.

这可以针对岗位需求有针对性培养岗位需要的人才，能有效地保证网络人才出口单位对技能紧缺型人才资源的开发需求，可以较好地解决满足人才需求对接人才标准与质量要求等问题。

从网络人才个体层面看，学校单纯的理论学习十分必要，但网络人才在校学习不是目的，毕业后就业并有一个良好的发展平台和成长空间是他们追求的目标。人才合作培养，既可以为网络人才打下良好的理论基础，又可以为网络人才提供较好的实践平台和实习操作机会，可谓一举三得。

因此，从多重角度和层面看，网络人才合作培养模式十分必要。

信息经济时代，经济社会中以信息知识和信息技术应用为基础的企事业的迅猛发展，专业劳动力市场日益扩张并迅速变化。国家实施网络强国战略和网络化社会要求大学培养和提供合格的网络专业毕业生，政府也期待高校在维护国家网络安全和网络技术应用方面承担更大的责任。以智力资源密集著称的高校已经卷入信息网络化的生产浪潮，已经成为"集教育、科研和社会服务三位一体的组织形式，并同区域经济增长日益紧密地融合在一起"[1]。信息网络时代，高校已经超越了原有社会服务的职能范畴，直接为经济活动提供人才支撑已经成为现代高校的一项重要职能。这样的时代环境和背景为广泛高效地开展网络人才合作培养提供了可行的现实基础和重要的人才、政策、技术条件。我国经过20多年的互联网信息化建设，我国网络人才广泛分布于各行各业，人才队伍初具规模。特别是随着网络安全事件频发和不断升级，国家对网络安全重视程度不断提高，与网络相关专业的人才队伍建设开始全面提速。2014年2月27日，中央网络安全和信息化领导小组的成立开启了我国网络人才发展全新格局，其中关于建立高素质的网络安全和信息化人才队伍，培养造就世界水平的科学家、网络科技领军人才、卓越工程师、高水平创新团队等一系列重要指示，彰显网络特殊人才建设的重要性，为网络人才开展合作培养明确了重要的政策指导和精神引领。可以说，我国网络人才合作培养政策清晰、潜力巨大、实力雄厚。仅以高校为例，根据2014年赛迪智库的调研报告，我国业已形成一个完整的网络专业学士、硕士、博士人才培养体系。比如，网络安全人才培养，"全国25个省市87所高校设置了网络安全类本科专业。教育部69个信息科学领域重点实验室中有8个与网络

---

① 方德英. 校企合作创新——博弈·演化与对策［M］. 北京：中国经济出版社，2007：29.

安全密切相关。我国网络安全人才学历结构以本科为主，占总人数的 61.8%；硕士研究生及以上学历占 9.6%；大专学历约占 25.2%，截至 2013 年年底我国网络安全类专业高校毕业生人数约为 5 万人，在校生约 2 万人。此外，我国 25 个省市 108 所高职院校设置了网络安全专业，至 2013 年，网络安全高职教育毕业生人数约 2 万人，在校生约 0.7 万人。"① 这为校企合作、国际合作提供了坚实的人才支撑。

（3）合作培养模式的主要内容

网络人才合作培养从参与主体上看，包括三个主要方面：一是国内承担网络人才培养任务的高校和研究机构，二是政府，三是企业和国外的一些高校、研究机构。高校在网络人才培养中担任组织、协调和具体的人才培养合作事宜，是网络人才合作培养的主要责任者；政府是重要的参与者与倡导者，负责制定政策，做好引导和服务工作；企业和国外的一些高校、研究机构则是合作者。这三方是网络人才合作培养的主要组织者、参与者。从网络人才合作培养的客体看，网络人才是合作培养的主要对象。从网络人才合作培养的方法手段看，主要可通过明确网络人才合作培养目的、制定人才合作培养政策制度和评价体系、明确人才合作培养的保障措施等方面。具体来看，合作培养模式的主要内容可分列为以下几个层面。

一是教学层面的合作。《信息产业人才队伍建设中长期规划（2010—2020年)》提出，"鼓励校企联合培养信息产业相关重点学科和专业，共同制订人才培养目标、完善课程设置、开展教学质量评估，促进人才培养与企业需求相匹配。"② 网络人才合作培养在教学层面，可鼓励高等院校、科研院所、企业和国外教育机构依托技术和项目联合组织开发，培养创新型网络人才。人才培养方案的制定，即由学校和企业共同组建专业指导委员会，按照网络专业岗位群的需要，确定从事网络行业应具备的能力，明确培养目标。再由学校组织教学人员以这些能力为目标，设置课程、组织教学内容，最后考核是否达到这些能力要求。以企业用人需求及岗位设置为依据，进行网络人才培养方案的改革和课题研究，

---

① 我国网络安全人才发展策略［EB/OL］.（2015 – 03 – 05）［2016 – 05 – 27］. http：//www. cis-mag. net/html/news/2015/0305/17939. html.

② 信息产业人才队伍建设中长期规划（2010—2020 年）［EB/OL］.（2013 – 04 – 03）［2016 – 05 – 27］. http：//www. zjkdj. gov. cn/shownews. asp？ newsid = 37124.

将企业的人力资源需求直接过渡到学校招生工作中来，让招生与招工有效衔接，并将企业对员工的前期培养内容引入课堂，形成教学课堂与企业岗前培训的融合。让网络人才真正能够实现"进校有门、毕业有岗"，最终形成"校企对接、能力本位"的专业人才培养模式。具体可以尝试采取实地参观、真实案例解析、案例讨论、模拟网络实战等方式，使网络人才对网络工作具体形式内容形成感性认识，真正做到入行。同时还可以利用"人才培养合作平台"，制订合理的教学计划，安排网络人才到专业对口单位或部门实习，让网络人才在业务骨干的直接带领下，手把手地学习网络实战技能，把网络人才培养成为符合用人单位需求的高素质复合型网络应用人才。

二是师资队伍层面的合作。高校与合作单位通过签订协议，鼓励引导各网络专业教师深入企业生产一线顶岗实习、进修，定期或不定期去合作单位参观学习，深入合作单位挂职锻炼；鼓励教师紧贴企业用人实际从事课题开发，从实践中抓取教学素材，把一流实践工作中的真实案例引入课堂，丰富教学内容；邀请企业具有丰富实践经验的技术人才一起参与高校课题研究开发和直接从事教学。强化师资队伍建设和管理，依据高校网络人才培养目标要求，从合作企业中引进具有丰富网络实践经验和精湛网络技术的管理与技术人员，充实到教学一线去。引进世界级理工院校教育资源，加强创新创业教育。美国的麻省理工学院、以色列理工学院等世界著名的理工类大学，是当今世界互联网弄潮儿的摇篮。我国可以与这些大学建立联系，允许有能力、有创意的大学生毕业后直接来华工作。或者，让这些大学在我国建立分校，共享教育资源，实现两国人才培养的互联互通。同时，还可以拓宽产学研一体化办学思路，在条件成熟时，积极承接企业加工难题，由教师带领学生进行技术攻关。

三是重大项目层面的合作。鼓励产学研、地区间、国际间通过项目合作、考察讲学、远程培训、送学培养等多种形式开展交流合作。如中国科学院通过加强重大国际合作项目策划与组织，实施若干中科院科学家发起、具有重要意义的科学计划；有选择地参与国外发起的国际科学计划项目；支持若干新学科、新生长点、新交叉点、前瞻性国际合作项目，以及高层战略论坛和重点合作项目等。同时构建国际合作交流人才计划体系，全面实施"爱因斯坦讲席教授计划""外国专家特聘研究员计划"和"外籍青年科学家计划"，启动国际组织骨干人才培养计划，稳定支持在重要国际科技组织中任职的科学家参与和务实组织国际交流合作活动，稳定支持青年科技和管理人员到国际组织工作，择优支持若干由中科院发起创建的国际学术组织。① 就很好地通过重大项目合作的运作来推动和实施包括网络人才在内的各类人才的培养，建立国际化人才培养体系，逐步形成了一系列有影响成规模的特色项目，有效地拓展了网络人才的国际视野，提升了跨文化交流的能力。被联合国教科文组织称为教育的"第三本护照"的创业教育，近两年来在我国倍受重视，但在创业教育和创业培训方面还比较薄弱。据统计，教育部75所直属高校公布应届生创业情况的只有15所，创业率普遍不到1%，而这一数据在美国高达20%以上。鉴于此，可以考虑升级已有的高质量的创业孵化器，通过建立创业大学，采取中外合作模式，大量吸引全球网络创业人才。通过开展创新创业国际合作，创新国际合作模式，构建人才环流共享网络，如研发在海外、创业在中国的"哑铃式"模式。通过中外合作，鼓励大量留学人员、华人华侨、外资人才参与，形成真正意义上的创新氛围。

3. 网络学习模式

网络学习模式是网络人才培养工作除高校培养模式和合作培养模式之外的重要补充。这与迅猛发展的计算机网络引发的人类教育领域知识传播与学习模式的革命是分不开的。就像法国作家迪布雷说："人类社会正从书写时代、印刷时代进入视听时代。"② 可以说，互联网技术的发展，不仅改变了人们生活和学习的方式，也改变了教育和人才培养模式。当今信息时代网络学习已经成为网络人才成长和网络人才培养工作的一种重要模式。

（1）网络学习模式的主要内涵

网络学习模式是一种有别于传统的新的人才学习和成长方式。网络学习是指"学习者运用网络环境和网络信息资源，在老师的引导下，主要采用自主学习或协作学习的方式所进行的学习活动。"③ 相对传统学习活动，网络学习有以下三个特征：一是共享丰富的网络化学习资源，二是以个体的自主学习和协作学习为

---

① 中国科学院积极构建国际合作交流人才计划体系［EB/OL］．（2010 – 01 – 25）［2016 – 05 – 23］. http：//www. chinanews. com/gn/news/2010/01 – 25/2090684. shtml.

② 李政涛. 图像时代的教育论纲［J］. 教育理论与实践，2004（8）：1.

③ 孙秀斌，许红梅，张兴福. 数字资源环境下建构网络学习的开放性评价模式［J］. 佳木斯大学社会科学学报，2010（10）：105.

主要形式，三是突破了传统学习的时空限制。① 因此，网络学习不是单纯依赖于教师的讲授，而是利用网络平台和数字化资源，教师、学生之间开展网上讨论、合作学习，并通过探究知识、发现知识、展示知识的方式进行学习，网络学习者还应该"具备在网络学习环境下应有的学习习惯、学习意识、学习态度、学习品质以及心理认同等心理因素和心灵力量。"②

从这个角度说，网络学习模式主要是"通过网络环境和数字化教学环境以及数字化学习的有机融合，在平台开展开放的学习。"③ 网络条件下的人才培养模式以学生为中心，具体方法是传统的课堂集中授课变成学生可以根据课程设置通过网络选学专业及其相关课程，然后累积学分，达到提高网络人才能力素质、培养符合国家和社会需要的人才。这是网络人才通过网络学习模式培养人、训练人的重要方式。从外在形式看，网络学习模式表现在网络学习者借助不同于传统课堂的媒体——网络来进行学习；从内在实质看，网络学习模式还体现为网络学习者在学习过程中所表现的心理倾向性，是网络学习环境下网络学习者进行学习活动形式和心理倾向的总称。网络学习模式对学生的学习、生活和交往方式都产生重大影响，对网络人才培养的影响也极为深刻。

（2）网络学习模式的主要特点

与传统的课堂教学不同，网络学习模式的学习环境和条件发生本质性改变。与高校培养模式相比，网络学习模式有其独有的特点。

一是自主性。网络教育的最大特点就是学习者不受时空限制，可以自主地选择学习地点和学习时间。在网络学习环境中，网络技术以及数字技术成为网络人才自主决定学习进度、自由选择学习内容、自我进行评估和信息反馈的一种学习模式。网络学习能够提供一个统一的虚拟的环境，将网络人才在现实生活中可能接触到的一切知识转换为可以视听的模拟或数字声像现实，能够满足不同层次、不同类别网络人才的学习需要。对于网络人才来说，他可以借助网络进行自由选题、自主探究和自由创造，可以自由选择学什么、怎么学，什么时间学，享有充

---

① 网络学习 [EB/OL]. [2016 – 05 – 27]. http：//baike. baidu. com/link? url = ppM95nuUbaXDWKBjs USh7W7Bo – OBAos_ 3f5Dcjyt3mPzOll5HJJhPkocZ – _ 6Jh4EC7dQUEFwporzLRIhEGRWRq.

② 陈立，李春香，冯雪桃. 论网络学习方式的内涵与特征及要素构成 [J]，继续教育研究，2009（1）：53.

③ 肖英，石立君，袁波，谭彬，曾宪文. 网络研究性学习模式平台的设计与实现 [J]. 井冈山大学学报（自然科学版），2012（11）：51.

分的学习自主权，而这一点是传统学习方式所没有的。网络学习方式缺少传统学校的校园环境，主要是通过网络环境学习和接受指导，网络人才以自主学习为主。因而网络学习者要有自主学习和协作学习理念及意识，发挥自身个性化的学习特点，以逐步提高自学能力和适应远程学习的方法和习惯。事实证明，通过网络学习培养出来的优秀网络人才往往比传统课堂中培养出来的网络人才拥有更强的学习能力。

二是开放性。网络学习模式不受地域和时间的限制，网络技术以高效率的方式将教育资源聚集和整合起来，实现网络教育资源的共享和开放，网络人才可以在开放的空间进行自主学习。网络教育平台不仅提供了丰富的课程学习资源，也为学习者创造了一个能够充分发挥其主观能动性、创新性、开放性的学习环境。

三是交互性。"人际交往与互动在教育过程中占有核心地位。"[①] 交流互动作为非常有效的网络学习手段，是网络教学质量得以保证的重要环节，对学习者创新能力培养和高级认知能力的发展发挥着不可低估的作用。远程学习虽然缺少学生与教师面对面的交流，但是必须建立教师与学生、学生与学生之间的交互环境。网络的发展已创造了这种实时或非实时的交流条件。计算机网络作为功能强大的人际互动传媒，可以通过网上聊天室、视频会议等方式实现同步交互，也可以通过网络邮箱、网络论坛或微博微信等方式实现异步交互，这种交互方式，既可以是一对一的，也可以是一对多、多对多。这大大促进网络人才培养工作中网络人才与同伴、教师和专家之间的跨时空沟通交流，实现网络远程学习以及教师与学生、教师与教师之间的协作。它大大缩短了人与人、人与教育资源之间的时空距离，实现更便捷、更广阔和更灵活的人际沟通互动。

四是即时性。与传统人才培养方式比较，网络学习模式的最大优点是网络人才能实时即时获取最新信息。如借助网络新媒体，网络人才可以随时随地进行信息传播，也可以随时随地对接收到的信息进行反馈，信息收发双方可以进行即时交流。这种即时性的学习和人才培养模式，可以为教与学之间构建起通畅的信息传递渠道，从而有效提升人才培养效果。

从网络学习模式的特点可以看出，这种学习方法以自主、协作、开放和互动的方式进行自由学习，从自身生活、社会生活和网络学习实践中亲身体验并直接

---

① 袁慧芳. 网络学习环境的内涵、特征及其功能［J］. 广州广播电视大学学报，2006（12）：33.

获取经验，"通过科学精神、科学态度的熏陶，掌握解决问题的科学方法，综合运用所学知识提高解决实际问题的实际能力，最终培养学习的创新素质。"①

（3）网络学习模式的主要方法

通过网络学习模式培养网络人才，彻底打破了时空限制，从高校课堂学习转向自我学习能力培养，这对教育过程和教学资源的设计、开发、利用、评价和管理都提出了很高的要求。

一是制定整体学习框架。网络学习模式和传统课堂教学模式不同，必须制定整体学习框架，明确网络学习模式涉及的学习内容、课程设置、教学环节和师资配备情况。使各类人才在借助网络学习网络各类专业的过程中，了解学习目的，明确学习内容，清楚学习步骤，知晓学习效果，以保持网络学习模式在网络人才培养中发挥正向效应。

二是加强自主学习引导。基于网络的学习是自主式学习，是网络人才积极主动、独立自主进行学习的实践过程。在这一过程中，教师的正确引导是网络人才顺利自主学习的保证，而网络人才的自主式学习、协作性学习也需要得到教师的指导和帮助。教师应该引导网络人才正确利用网络进行学习，帮助网络人才提高利用网络提取有效信息，指导网络人才掌握学习策略，自主选取合适的学习目标和最优学习内容。

三是加强网络学习评价。网络学习模式是教师和学生利用网络教学支撑平台进行课程教学内容的发布、教学资源的管理、教学的实施等过程和环节。网络学习效果的测试与评价，在其中占有重要分量。必须加强网络学习评价的规范与引导。要规范网络教学实施过程的评价，对网络教学系统的技术、实现功能、科学化程度及使用效果进行评价。要规范教学计划的评价，对网络教学的教学计划或教学材料进行评价，如网络课程评估、课件评估等。要规范对网络人才学习的评价，即对网络人才网络学习行为和学习结果的评价、判断和评定，包括网络人才的成绩变化、进步幅度、能力增长以及学习努力程度等。

---

① 王亚鸽. 基于 php 技术交流平台的设计与实现［J］. 电子科技, 2011（24）: 78–79, 115.

第五章　我国网络人才培养机制创新

当前，我国互联网络产业发展迅猛，网络人才成为攸关建设网络强国战略① 成败的核心要素，迫切需要"把人才资源汇聚起来，建设一支政治强、业务精、作风好的强大队伍"，迫切需要"培养造就世界水平的科学家、网络科技领军人才、卓越工程师、高水平创新团队"，② 迫切需要打造一支规模宏大的高素质网络人才大军。唯有加快网络人才建设的机制创新，才能突破制约网络人才建设水平提升的机制障碍，真正释放出万马千军投身网络产业创新创业的磅礴能量，为我国挺进世界网络强国之林提供不竭动力。

一、我国网络人才培养机制创新的背景和动因

机制泛指一个工作系统的组织或部分之间相互作用的过程和方式。③ 社会学认为，机制就是在正视事物各个部分存在的前提下，协调各部分之间的关系以更好地发挥各部分作用的具体运行方式。④ "人才是鱼，机制是水"，⑤ 人才建设机制攸关人才建设水平的各独立部分有机整合、相互协调，以放大各独立部分原有

① 《中共中央关于制定国民经济和社会发展第十三个五年规划的建议》提出实施网络强国战略 [N]. 人民日报，2015 – 11 – 04.
② 习近平纵论互联网 [N]. 人民日报海外版，2015 – 12 – 16（8）.
③ 中国社会科学院语言研究所词典编辑室. 现代汉语词典（第6版）[K]. 商务印书馆，2012：597.
④ 机制 [EB/OL]. [2016 – 10 – 10]. http://baike.baidu.com/view/79349.htm.
⑤ 李明江. 学校管理学 [M]. 郑州：河南大学出版社，2008：126.

作用，从而决定人才建设的质量。我国网络人才培养机制创新具有深刻的现实背景和深层动因。

（一）迫切需要突破建设网络强国人才瓶颈

《国家中长期人才发展规划纲要（2010—2020 年）》① 强调，要"构建与社会主义市场经济体制相适应、有利于科学发展的人才发展体制机制，最大限度地激发人才的创造活力"②；十八届五中全会指出，要"深入实施人才优先发展战略，推进人才发展体制改革和政策创新，形成具有国际竞争力的人才制度优势"③；中共中央印发的《关于深化人才发展体制机制改革的意见》④ 指出，"必须深化人才发展体制机制改革，加快建设人才强国，最大限度激发人才创新创造创业活力，把各方面优秀人才集聚到党和国家事业中来"⑤。可见，人才发展建设机制的改革创新对于培养汇聚人才、建设人才强国有着重大的意义，受到党和国家高度重视。我国网络产业⑥经过了 20 多年⑦的发展历程，网络人才建设的机制及其政策体系正在形成，但仍然存在诸多阻碍网络人才建设效益最大化的障碍。加之我国互联网络技术发展起步相对较晚⑧，这导致我国网络产业与美国等

---

① 《国家中长期人才发展规划纲要（2010—2020 年）》是我国第一个中长期人才发展规划，是当前和今后一个时期全国人才工作的指导性文件。制定并实施《国家中长期人才发展规划纲要（2010—2020 年）》，是贯彻落实科学发展观、更好实施人才强国战略的重大举措，是在激烈的国际竞争中赢得主动的战略选择，具有重大意义。《国家中长期人才发展规划纲要（2010—2020 年）》颁布［EB/OL］. 新华网，（2010 - 06 - 06）［2016 - 04 - 03］. http：//news. xinhuanet. com/politics/2010 - 06/06/c_ 12188243. htm.

② 国家中长期人才发展规划纲要（2010—2020 年）［N］. 人民日报，2010 - 06 - 07.

③ 中共中央关于制定国民经济和社会发展第十三个五年规划的建议［N］. 人民日报，2015 - 11 - 04.

④ 2016 年 3 月，中共中央印发了《关于深化人才发展体制机制改革的意见》，并发出通知，要求各地区各部门结合实际认真贯彻落实。［2016 - 08 - 12］. http：//baike. baidu. com/item/关于深化人才发展体制机制改革的意见.

⑤ 中共中央印收《关于深化人才发展体制机制改革的意见》［N］. 人民日报，2016 - 03 - 22.

⑥ 网络产业是指提供基于互联网技术而建立起来的"硬件—软件"网络系统产品和服务的企业所组成的集合。网络产业［EB/OL］.［2016 - 08 - 12］. http：//wiki. mbalib. com/wiki/网络产业.

⑦ 1994 年，中国通过一条 64KB 国际专线接入互联网，将此作为我国互联网络产业的开端。潘旭涛，刘家琛，林济源. 中国接入互联网二十年 一根网线改写中国［N］. 人民日报海外版，2014 - 04 - 18（5）.

⑧ 美国国防部高级研究计划局计算机网 APAR 网络于 1968 年就开始组建，而我国互联网 1994 年才正式建立。陈炜. NCFC，中国互联网从这里起步［EB/OL］.（2014 - 04 - 19）［2016 - 04 - 16］. http：//www. cnic. cn/xw/rdxx/201404/t20140419_ 4093684. html.

网络强国相比，在人力资源要素方面差距较大，这种差距不仅体现在能胜任岗位的网络从业人员数量以及企业家素质等方面，更体现在教育质量、可利用研究机构数量以及人力资源开发利用水平等方面。网络强国战略的提出和落实，催生出一大批网络及周边产业，使本已紧张的网络人才供需矛盾雪上加霜，网络人才特别是高素质网络人才的短缺，已成为制约网络产业发展最直接、最现实的问题。推进网络人才建设机制创新，从源头上提高网络人才建设的造血能力，是激活网络强国建设内生动力的主要途径，也是破解网络强国战略人才难题的现实需要。

（二）迫切需要探究网络人才培养内在规律

网络产业是一种知识密集型、科技牵引型、综合集成型、快速变化型的虚拟化产业，强调概念和思维方式的颠覆。一瞬间的创意闪现，可能诞生一个新的产业，网络产业的这种鲜明特点对网络人才能力素质不断提出新要求。网络产业的发展特点决定网络人才培养的内在规律，而网络人才建设机制则是网络人才培养规律的外在表现。因此，研究网络人才建设机制，首先要弄清网络人才培养的特点。

1. 网络人才培养的动态性

集成电路作为网络产业的"核心元件"，其发展特点很有代表性。按照摩尔定律①，集成电路可容纳元器件数量，每隔 18～24 个月增加一倍、性能提升一倍，也即是说同等价格所能买到的计算能力，每 18～24 个月就会翻一番。再比如，1976 年，美国克雷公司推出世界上首台运算速度达每秒 2.5 亿次的超级计算机②；2013 年，我国研制的"天河二号"超级计算机以每秒 33.86 千万亿次的运算速度登顶世界③。在不到 50 年的时间里，计算能力提升 1.3544 亿倍，这种速度是其他任何行业所不可达到的。以计算能力、网络技术更新换代为动力，网络产业快速发展变化，知识更新速度极快，为网络人才培养内容不断注入新内涵，高速地扩展着网络人才的内涵与外延，对网络人才的能力素质水平要求不断

---

① 摩尔定律是由英特尔（Intel）创始人之一戈登·摩尔（Gordon Moore）提出来的。吴军. 浪潮之巅 [M]. 北京：电子工业出版社，2011：54.
② 赵欣. 超级计算机能力 [J]. 兵器知识，2010（5）：22.
③ 申孟哲. "天河二号"蝉联全球第一 [N]. 人民日报（海外版），2013-11-21（4）.

提高。

目前，国内高校网络相关专业知识体系在不断的构建和更新过程之中，在学科建设、教学资源、师资队伍等各方面都存在不少局限，高校的学科建设、专业设置和培养计划从建立到落实，明显滞后于产业发展速度，部分教师基本都处于边学边教的状态。此外，当前我国大规模、有组织地推动网络人才培养专项研究的工作力度较小，活跃在学科前沿的教师缺乏编写教材的意愿和动力，反映学科最新进展的教材不足，学科前沿最新的发展趋势不能及时反馈给教学工作，导致培养方案、培养模式、教学方法滞后于学科的发展。例如培养对象完成培养任务后，可能毕业就要投身移动互联网①、O2O②、互联网金融③等新兴行业，但是其接受的培养计划制定时，这些产业还没产生或没有发展起来，因此很可能就没有涉及这方面的培养内容。近年来，随着产业互联网时代的到来④，融合传统产业的新型网络经济又将不断对网络人才培养提出新需求。这就要求网络人才培养要以产业发展趋势为导向，形成培养目标、培养内容、培养方法等要素的动态更新，以及时跟上时代步伐。

2. 网络人才培养的综合性

网络产业有这样的特点：从业者具有较高知识、技术、技能和科学文化水平；网络产品研究开发投资大、费用高，产品具有较高的附加值；网络产业是一种对人类的精神财富进行开发利用的产业，强烈依赖从业人员的脑力劳动进行生产。从这个角度来看，网络产业是典型的知识密集型产业，知识与智力在网络产业发展进步进程中起关键作用。而且，相对于其他知识密集型产业，网络产业对人才的综合能力要求更高。网络产业的产品生产不是一个人就能够完成，网络产

---

① 移动互联网，是指互联网的技术、平台、商业模式和应用与移动通信技术结合并实践的活动的总称。移动互联网［EB/OL］.［2016 – 08 – 12］. http：//baike. baidu. com/view/1168245. htm.

② O2O 即 Online To Offline（在线离线/线上到线下），是指将线下的商务机会与互联网结合，让互联网成为线下交易的平台，这个概念最早来源于美国。O2O［EB/OL］.［2016 – 10 – 10］. http：//baike. baidu. com/subview/4717113/13607799. htm.

③ 互联网金融（ITFIN）是指传统金融机构与互联网企业利用互联网技术和信息通信技术实现资金融通、支付、投资和信息中介服务的新型金融业务模式。互联网金融［EB/OL］.［2016 – 10 – 10］. http：//baike. baidu. com/subview/5299900/12032418. htm.

④ 邬贺铨. 迎接产业互联网时代［J］. 电信技术，2015（1）：18.

业的岗位也不是一个仅仅具备一项专业技能的人员所能胜任的。以移动智能终端①（如智能手机）为例，其制造要涉及工业设计、结构设计、硬件设计、软件设计、项目管理、质量监督等流程，需要用到数百个零部件和一系列的软件系统作为支撑，智能手机里任意一款APP②走上市场都需要由产品经理、程序员、测试专员、运营团队、UI设计师等至少10人组成的专业团队来完成，而且产品经理要懂技术，程序员需要有一定的美工知识，UI设计师也要对编程知识有一定了解，以确定自己的设计能不能实现。因此，相对于劳动密集型产业而言，知识密集型产业需要投入较多高级复杂的脑力劳动，即需要较多的科学家和专业技术人才参与。

传统观点认为，网络学科是多学科的交叉学科，是计算机、网络、通信、数学、密码、信息等多类理工学科融合的综合性学科，但从现在来看，网络学科已经扩展到艺术、法律、营销策划等文科领域，涉及的内容非常繁杂，强调理论性和应用性并重，牵涉面大、协议繁多、实践性灵活性比较强。因此，只有具备复合理论知识、创新创造意识、团队协作精神、沟通交往能力和终身学习能力的人才才能胜任岗位需要。这就要求网络人才培养要拓宽口径，向综合性方向演进，突出人才培养的综合化，注重网络人才综合素质的全面提升。

3. 网络人才培养的多样性

从广义上来讲，网络产业是所有与互联网发展有关产业的总称，按照产业分工的不同，可以分为网络设备制造业、网络通信业和网络服务业，可派生出多如牛毛的细分行业，如终端设备制造业、核心网络设备制造业，网络基础设施运营商、网络服务提供商，电子商务、互联网金融、网络搜索等。这使得网络人才培养呈现多样性。这种多样性，还体现在不同行业对网络人才需求的侧重点不一样。不同行业需要的网络人才不同，同行业对同类网络人才的需求也不尽相同，如有的需要网络编程人才，有的需要网络安全人才。要求培养的人才要体现出明显的差异化特点，要掌握从事各自行业的必备技能，而目前我国网络人才确定培

---

① 移动智能终端拥有接入互联网能力，通常搭载各种操作系统，根据用户需求定制化各种功能。常见智能终端包括智能手机、车载智能终端、智能电视、可穿戴设备等。移动智能终端［EB/OL］.［2016－10－10］. http：//baike. baidu. com/view/9675795. htm。
② APP（应用程序，Application 的缩写）一般指手机软件。APP［EB/OL］.［2016－10－10］. http：//baike. baidu. com/view/1176527. htm。

养内容时，普遍忽略人才发展客观需要，存在盲目求大、求全的问题。体现在个体差异方面，网络人才培养机制既要能产生科学家，又要能产生合格的普通劳动者，我国不同层次网络人才培养机构目标导向不科学，忽略人才发展规律、自身能力，各培养机构目标都是培养世界级高端人才，造成网络人才培养资源浪费。这就需要对网络人才培养进行分类、分层设计，不断增强网络人才培养的多样性，改变单一化的网络人才培养方式，向多层次、多维度培养网络人才转变。

4. 网络人才培养的个性化

创造力是人类特有的一种综合性本领①。美国哈佛大学前校长普西曾指出，一个人是否具有创造力，是一流人才和三流人才的分水岭。心理学研究认为，一个正常健康的人只运用了其能力的10%。那些没有被充分利用的潜能中，创造潜能又属于最有价值的能力，而发展个性、弘扬个性是发展创造力的重要途径，也是前提条件。网络人才是一种典型的创新型人才，创新型人才与服务型人才不同，不可能通过批量模式培养，必须根据每类乃至每一个培养对象的特点，定制个性化的培养方案。这里有个案例，"超级课程表"② 创始人余文佳酷爱编程，老师允许他自己给自己出题当作业交，客观上为他创造个性化的成才环境，他和团队只用一个星期就将灵感实现——"超级课程表"，后来获得阿里巴巴③等多家公司投资，成为中国第一家校园网络应用。我国网络人才培养对象的主体，是网络产业发展繁荣过程中成长起来的年轻一代，他们的思想观念、价值取向、思维方式、行为模式等都有着鲜明的特点，如大部分有强烈的以自我为中心的意识、依赖网络和电子产品、追求独立和个性化等。这就需要网络人才培养机制适应培养对象的变化，进行个性化变革，为培养对象提供更加广阔的发展空间。

---

① 创造力 [EB/OL]．[2016 – 10 – 10]．http：//wiki. mbalib. com/wiki/创造力．
② 广州超级周末科技有限公司旗下应用。超级课程表 [EB/OL]．[2016 – 10 – 10]．http：//baike. baidu. com/view/8536689. htm。
③ 阿里巴巴网络技术有限公司，简称阿里巴巴。阿里巴巴是以曾担任英语教师的马云为首的18人，于1999年在中国杭州创立的电子商务公司。阿里巴巴 [EB/OL]．[2016 – 10 – 10]．http：//baike. baidu. com/view/1247049. htm。

（三）迫切需要推动网络人才培养多重因素融合

网络人才作为一种高技能人才，其培养需要结合社会各方面力量，特别是政府、高校、企业、社会，这些是影响网络人才培养的主要因素。从现实来看，政府、高校、企业、社会这四个要素协同不够紧密，基本陷于各自为战的"孤岛式"培养怪圈，严重制约网络人才培养质量和效益提升。

1. 政府是网络人才培养的主导力量，但主导作用明显欠缺

政府通过财政投入、政策支持、引导管理，对学校、企业[①]、社会等各方开展网络人才培养的活动进行激励和导向，确定学校、企业、社会等对网络人才培养的权责，并负责监管培养质量。政府要确保学校能够提供科学的专业设置、教育方法，确保企业能够提供必要的锻炼平台、实践辅导，确保社会机构能够发挥积极辅助作用。长期以来，我国政府制定有人才发展规划，但是没有出台专门的网络人才发展规划，由于缺乏有力的制度约束和系统的政策激励，政府既无法对网络企业形成强大吸引力，也无法进行有效约束，单纯依靠行政命令或人脉关系驱动企业参与网络人才融合式培养，容易使企业处于被动地位，企业作用难以充分发挥。

2. 高校是网络人才培养的主要阵地，但自身建设存在问题

高校担负着培养合格网络人才的重任，是网络人才培养方案、培养措施的主要制定者和落实者，是网络人才培养的主阵地。高校既要贯彻落实政府网络人才培养规划，又要紧密对接企业网络人才需求，为培养对象创造学习条件，督促培养对象搞好学习。同时，还应接受政府、社会、企业、培养对象的共同监督。1998 年，随着高校扩招，很多高校在高等教育大众化进程中工程教育特色逐渐消弭，人才培养与企业需求脱钩，教学团队缺乏学术积淀，优势资源与企业不匹配，主动服务企业的意识不强，难以吸引网络企业与之协同[②]。由于缺乏来自政

---

① 这里以企业来指代用人主体。绝大多数用人主体是企业，必须说明，网络人才的用人主体不止是企业，还包括政府部门、事业单位、社会机构等，但是这些网络人才用人主体往往具有类似企业的性质或者具有类似企业的用人行为。

② 孙秋柏. 校企协同培养应用型工程人才机制的构建与深化［J］. 现代教育管理，2014（1）：35.

府的引导和企业的支持，学校网络人才培养环境亟待改善。

3. 企业是网络人才培养的末端环节，但缺乏应有担当意识

企业是网络人才培养的最大受益者，企业需要配合学校做好人才培养工作，包括提供实践平台，确保培养对象能够将理论学习与实践锻炼有效结合，也包括提出人才需求、反馈培养质量、转化研究成果等。企业还要对人才定期开展培训，保证网络人才有机会继续深造发展。但不少企业缺乏应有担当意识。网络行业大型企业是培养对象争相进入的豪门，丝毫感受不到人才压力，小型企业虽面临招人难的问题，但出于对经营成本和产品质量的考虑，不愿意提供资源参与人才培养。受益于我国制度优势，企业早习惯于"有事找政府"，对培养网络人才应尽的义务缺乏担当。另外，校企协作目标有待融合。社会主义市场经济背景下，学校的目的是提升学科建设的系统性、科学研究的前沿性、人才培养的针对性，企业的目的是提高人力资本利用率，促进生产效益提升，这种差异性导致学校企业双赢交集的网络人才培养机制有待构建与完善，学校和企业在人才培养协作上的目标存在差异，没有找到结合点。

4. 社会力量是网络人才培养的得力助手，但存在盲目参与问题

社会力量的作用在于营造网络人才培养的浓厚氛围，为网络人才培养提供舆论支持；建立社会培训机构，为网络人才培养提供必要补充；对学校和企业行为进行监督，为政府决策提供意见和建议等。但社会力量参与网络人才培养并没有与政府、学校、企业、培养对象建立有效沟通机制。一方面，社会氛围营造、舆论引导不力，导致学校、企业协同缺少必要的鼓动者，多数培养对象没有建立起职业荣誉感；另一方面，社会培训机构培养内容与学校培养内容重复，既浪费资源又没有起到必要的补充作用。

因此，推动政府、学校、企业、社会等因素融合，是网络人才建设机制创新的重要目标。

二、我国网络人才培养机制创新的主要内容

人才工作机制创新的内容包括人才培养开发机制、人才评价发现机制、人才

选拔任用机制、人才流动配置机制、人才激励保障机制[①]等，网络人才建设机制同属于人才工作机制的范畴，其创新的内容也应包括这五个机制。

（一）网络人才培养开发机制

人才培养是指对人才进行教育、培训的过程[②]。目前，学术界对究竟什么是人才培养开发机制，并没有一个统一的、明确的定义，有的认为是培养开发人才应遵循的相应规律，也有的认为是培养开发人才应采取的方法手段。结合机制的涵义和学术界的不同观点，可以认为网络人才培养开发机制是指培养开发网络人才时，探索其内部组织和运行变化的规律，遵循相应的规律并采用相关的手段，以实现特定的目标。可以看出，网络人才培养开发机制的核心是"遵循相应的规律并采用相关的手段"。

1. 综合开发机制

随着网络产业不断发展，对网络人才的综合素质要求越来越高，综合素质不全面已经成为制约网络人才能力水平提升的突出问题。综合开发机制是契合网络人才培养综合性规律的必然选择，也是提升网络人才综合素质的关键。综合开发机制要求对培养模式进行优化设计，体现出学科综合、专业综合、课程综合、方法综合的特点，对网络人才进行综合、系统、全面的教育，从而确保网络人才能力素质实现全面发展，不存在短板弱项。具体来说，一是优化学科设计。网络专业学科结构的合理化，是提高网络人才综合素质的基础。优化网络专业学科设计，就是要突破原有的学科布局，打破学科间的壁垒，进一步推进学科的交叉融合和优化重组，形成综合优化的学科体系，积极适应网络产业的发展变化趋势，合理整合教育资源，及时调整专业设置，拓宽专业培养内容的广度和深度，实现对网络人才的宽口径培养。二是创新课程设计。创新课程设计是对课程结构和内容的优化升级。适应网络产业高度综合的发展趋势，将相关课程和相关环节组成一个系统，进行统一规划、重新组合，构成综合课程。同时，处理好综合课程与专业课程的关系，使两类课程相互依存、相互支撑；增加自主设计类课程，鼓励

① 国家中长期人才发展规划纲要（2010—2020年）［N］. 人民日报，2010-06-07（14，15）.
② 人才培养［EB/OL］.［2016-10-10］. http：//baike. baidu. com/view/992314. htm.

培养对象学习实践、自主研究，利用科研机构、企业提供的平台开设实践课程，使理论课程和实践课程合理搭配。创新课程设计应实现显性课程与隐性课程的相互渗透。显性课程是有明确教学内容、有组织的教学活动，隐性课程包括人文环境、学习风气等方面，重视时代的人文关怀，可促进培养对象健康和谐地发展，可以弥补显性课程的缺陷。三是运用多种方法。综合运用多种先进教学方法和手段，是提高网络人才综合素质的重要桥梁。发挥传统教学手段作用的同时，应对教学方法体系建设的机制进行创新，形成创新运用教学方法和手段的常态机制。将最新教育技术运用到网络人才培养的教育教学活动中，推动教育手段网络化、智能化、信息化，大力开展虚拟教学、模拟训练、远程教学，提高网络人才综合素质提升的效率。

2. 个性塑造机制

建立个性塑造机制是契合网络人才培养个性化规律的必然要求。在共性与个性这对矛盾中，个性作为一种非智力因素，是相对稳定的心理品质和精神面貌，是决定培养对象是否具有创新能力的重要因素。各发达国家在人才培养的改革中，都十分强调培养机制的个性化，以促进培养对象个性发展。《国家中长期教育改革和发展规划纲要（2010—2020 年)》指出，要"关心每个学生，促进每个学生主动地、生动活泼地发展，尊重教育规律和学生身心发展规律，为每个学生提供适合的教育""适应国家和社会发展需要，遵循教育规律和人才成长规律，深化教育教学改革，创新教育教学方法，探索多种培养方式，形成各类人才辈出、拔尖创新人才不断涌现的局面"[①]。因此，网络人才培养开发的个性塑造机制就是要遵循个性发展规律，设计个性化的网络人才培养过程。一是激发培养个性。家庭、学校、社会等要形成尊重个性的共识，善于鉴别发现并利用培养对象的个性特点。对于个性不突出的培养对象，应鼓励并帮助其培养个性；对于个性突出的培养对象应使其个性向良性方向发展。二是促进个性发展。对于有突出个性的培养对象，应为其量身打造培养模式，包括定制培养方案、课程设计、培养目标等，家庭、学校要给其提供必要的学习环境、资金支持，促进其个性发展。三是实施主体教育。课程体系建设要给培养对象预留充足的个性发展空间，教学

① 国家中长期教育改革和发展规划纲要（2010—2020 年）[N]．人民日报，2010 – 06 – 07.

过程要充分认识培训对象的主体地位，把培训对象由单纯的旁观者转变为积极的参与者，要加大培养对象参与教学互动的力度，实现培养对象与社会、企业、学校的良性互动，从而促进其个性发展。

3. 竞争淘汰机制

网络人才培养过程中，不同培养对象间存在个体差异和竞争现象，而竞争结果本身体现的是对培养对象的一种优选和淘汰过程。因此，竞争淘汰机制的关键在于鼓励和引导培养对象积极参与竞争，以极大地激发培养对象参与学习的积极性，促进网络人才快速成长。一是丰富竞争平台。目前，考试考核是各类培养机构对网络人才学习情况进行测评的主要方式，也是一种重要的竞争平台，应加以创新应用，并增强其竞争特性。同时，应创建更多各式各样的竞争平台，包括举办各级各类网络技术大赛、软件设计大赛和网络创新创业实践活动等，为培养对象切磋技术、交流思想提供舞台。二是扩大竞争收益。如果培养对象无法通过竞争满足某种需要，那么竞争就无法继续下去，扩大竞争收益也是确保竞争淘汰机制能够运行的重要保障。一方面，要对竞争中涌现出的优秀人才进行肯定、表扬，甚至大力宣扬其事迹，使竞争参与者体会到强烈的成就感。另一方面，要建立竞争奖励机制，将网络人才培养对象参与竞争的成果，与学习环境挂钩，对竞争中的优胜者，可以提供更加优秀的导师、更加优越的学习实践平台；与学业评价挂钩，竞争中的优胜者可以获得学业鉴定加分、优先保送深造机会等。三是完善进出机制。有竞争就必然有淘汰，完善网络人才培养过程中的淘汰机制，是从源头上提高网络人才整体质量的根本措施。对于在竞争中明显表现出不适应既定培养方案的培养对象，应引导其退出现有的培养体系，并转入其他专业或者网络专业的其他领域继续学习。同时，对于在各类竞争活动表现优异的其他专业的培养对象，应给其提供转入网络专业学习的畅通渠道。

4. 动态调控机制

动态调控机制是对网络人才培养开发动态性规律的应对措施。网络产业兴起和变革根植于网络新技术突破，网络产业不断发展对人才的需求不断变化，人才培养必须紧跟产业发展趋势，对全过程进行不间断的调整，包括培养理念、培养规划、培养模式甚至培养机制的动态调整。科学的网络人才培养开发需求预测是进行动态调控的基础。人才需求预测的关键，是确保其科学性和预测数据的参考价值，这就需要从网络产业发展特点出发，创新网络人才需求预测方法，科学地、系统地、全面地预测网络人才需求。科学的网络人才需求预测要做到流程专业、对象全面、参与多元、周期合理、结果实用。动态调控机制的核心，是基于网络人才培养开发需求预测的结果，动态调控机制的关键在于结果运用，根据需要不定期对培养机制进行调整，确保培养机制具备自我更新能力，能够不断适应网络产业的快速发展。

5. 超前培养机制

超前培养是适应网络人才培养内在规律而采用的一种积极应对策略，有两个层面的含义。一是超前设计培养方案。充分掌握网络产业发展规律，准确预测网络产业发展趋势，针对即将到来的产业爆发点，超前设计相应的培养方案并实施，破解"产业等人才"困局。发展前沿学科，努力抢占网络技术新发展的制高点，不断开辟新的研究方向和领域，始终保持网络学科发展的适应性和先进性。二是提前实施培养内容。随着网络人才的内涵越来越广，网络人才培养的难度也越来越大，提前实施培养内容就是将网络人才培养的部分内容提前到高等教育之前进行，在高级中学阶段、义务教育阶段普及网络基础教育，让更多人有机会进行网络基础学习，增强国民整体网络基础素养，并通过超前教育选拔一批优秀的网络人才，发掘储备一大批少年网络人才苗子，为后续培养深造提前打牢基础。

6. 融合共育机制

融合共育是提升人才培养效率的重要手段。网络人才培养开发参与要素多、中间环节杂、实施周期长，可以说是一个长期而复杂的系统工程，绝不是一朝一夕、一蹴而就的事情，唯有通过各参与力量形成共识，围绕中心合力展开各环节，才能确保长期的人才培养过程始终不会偏离网络人才培养开发的根本方向。融合培养实质上体现的是一种开放包容的科学人才培养理念。融合共育的基本措施是融合多种方式、多种力量形成合力，共同参与人才培养全过程，既包括"政、校、企、社"等多种参与要素的融合培养，也包括军民融合、国际国内等不同层次力量的融合，还可以包括多种培养方法、模式的融合等。

7. 多维培养机制

多维培养机制是契合网络人才培养多样性规律的最佳机制。多维培养机制突出实用，强调以产业需求和岗位要求为核心依据，是实事求是办事原则在网络人才培养开发过程中的充分体现，在学校定位培养目标、设计教育体系时，要有计划地进行多样化多维度调控。一是建设不同层次互补的学校。既要建设数个高水平的顶尖网络人才培养学校，也要建设一大批培养一般性网络人才的职业学校，并对各类学校的数量比例进行调控，以确保各类学校呈现合理的梯度发展态势。由政府用法治化的手段，规范不同学校的办学行为和办学目标，规定不同的学校开设相同专业时，应根据学校的培养能力和水平不同，确定不同的培养目标和导向。二是确立多种维度的培养目标。培养目标是对网络人才培养结果的导向。网络人才培养开发以"用人"为目的，产业和岗位需要用什么样的人才，就要把什么样的人才作为培养目标。培养目标要精确定位到专业职业，既要针对不同的专业设置不同的培养目标，体现培养目标按专业需求分类设计的特点，又要针对同一专业的不同的岗位发展需要，设置深浅不同的培养目标，体现培养目标按岗位需求分层设计的特点。三是构建多种形式的教育体系。综合开发机制要求对教育体系进行综合化的设计，这与设计多种形式的教育体系并不矛盾，设计多种形式的教育体系是在综合设计的基础上，针对不同的培养目标，对教育体系进行差异化设计，是达成不同培养目标的必然选择。具体要求是，课程体系建设要多样化，细分类别，为不同工作岗位定制课程体系，为不同培养对象设计难易不同、深浅不同的课程体系；培养方法的运用要多样化，针对不同培养目标，打破固定套路、定式思维，采用不同培养手段，注重实际效果；培养质量的评价要突出多样化，突破传统的单纯的知识质量观、能力质量观，设计不同的培养质量评价指标，以培养出的人才能不能适应岗位需要，作为评判人才培养质量的最终标准。

8. 终身培训机制

终身培训最大的特征，是它突破了正规学校的框架，把教育看成是一个人一生中连续不断的学习过程，是人们在一生中所受到的各种教育的总和，实现了从学前期到老年期的整个教育过程的统一，既包括正规教育，又包括非正规教育，包括教育体系的各个阶段和各种形式①。当前对网络人才的培养主要依靠学校教育，但是有数据表明，一个人在学校学习所得的知识，只占其知识总量的10%～20%，大部分知识是在工作实践阶段获得的，可见学校教育虽然是培养网络人才最重要的途径，但对网络人才的成长来说是远远不够的。终身培训，就是要确保网络人才参加工作以后有机会接受继续教育，而且这种继续教育应该伴随网络人才的整个职业生涯。终身培训机制下，学校教育只是网络人才培养的一个阶段，而不是终点，社会机构继续教育、企业在职培训等也是网络人才培养的重要环节，将网络人才培养过程长期化，确保网络人才能够不断提高自身专业水平。保证终身培训机制的良性运行，需要各方协调互动、共同作用。具体来说，一是打牢学校教育基础。这里的打牢基础包括打牢必备的专业素质基础，但更多的是要培养网络人才的自我学习能力和终身学习精神。社会机构或者企业提供的培训，并不像学校教育那么系统、全面、科学，培养时间短、培养强度小，培训往往只是提供学习平台，如果网络人才缺乏一定的自我学习能力和学习精神，很难达到预期培养效果。因此，网络人才的终身培养强烈依赖学校教育打基础。二是发展社会培养机构。社会培养机构应在网络人才终身培养过程中发挥核心作用。落实终身培训机制，应加快建立一批高水平的社会培训机构，提供优质继续教育服务。可以探索开办网络人才培养社区大学、网络人才培养 MOOC② 平台，甚至可以开办专门的提供在职教育服务的网络学院。三是监督企业搞好培训。从常理来讲，加大对员工的培养可以提高企业人才队伍整体水平，对企业是一件大好事，但是很多企业在权衡短期支出和长期效益之后，往往不情愿提供充足的培训平台，习惯于以用人为主，人才不合适或者人才能力素质跟不上时代需求时就换人，这对国家的网络人才队伍整体素质提升非常不利。因此，应对企业培养行为做好监督，保证网络人才在企业有接受必要的继续培养的机会。

9. 立体发展机制

一般讨论人才培养开发，主要是从提升人才培养的效果出发，重点关注不同主体相互作用的运行方式对人才培养效果的影响，往往会忽略培养开发过程对各

---

① 终身培训 [EB/OL]. [2016 - 10 - 10]. http://baike.baidu.com/view/99160.htm.

② 大型开放式网络课程，即 MOOC（massive online open courses）[EB/OL]. [2016 - 04 - 16]. http://baike.baidu.com/view/10187188.htm.

参与要素的影响。网络化是今后产业发展的方向，网络人才的培养开发将会贯穿今后很长一个时期。网络人才培养的立体发展机制，就是要统筹网络人才培养开发机制对网络人才培养开发效果的影响和对各参与要素的影响。立体发展机制体现的是一种全局思维，是用发展的眼光看待网络人才培养开发的全过程，要求网络人才培养开发要全面系统整体推进，避免出现重片面发展和短期利益的不良倾向；要求培养过程不仅要确保个体的全面发展，要确保国家网络人才队伍建设的全面提升，还要保证网络人才培养各参与要素能够全面进步、不断提高人才培养的能力，确保网络人才培养开发过程的可持续运行。立体发展机制的具体要求是既要尊重人才培养规律、又要兼顾国家网络人才培养开发资源的现状，既不能荒废培养资源、也不能透支培养资源，既要实现培养目标、又要实现培养资源的良性增长。

（二）网络人才评价发现机制

十八届三中全会通过的《中共中央关于全面深化改革若干重大问题的决定》提出，要"加快形成具有国际竞争力的人才制度优势，完善人才评价机制[①]"；中共中央《关于深化人才发展体制机制改革的意见》也指出，要"创新人才评价机制[②]"。人才评价发现机制，是人才评价发现工作的系统化与科学化发展，具有发现和甄别人才的作用。网络人才评价发现机制是识才、爱才、敬才、用才、留才的重要依据，对网络人才建设具有重要意义。人才评价发现机制的创新，必须要用开放的视野、创新的理念，站在时代的高度，对人才评价发现的运行方式进行创新设计。

1. 开放评价机制

开放，多表示张开、释放、解除限制等含义[③]。开放评价，即放开评价发现的限制要素，释放制约因子，使评价发现全方位扩大，引入更多力量、更多理念，以提高评价发现的全面性、科学性。网络人才种类繁多、人才水平难以定量分析、人才评价发现周期较长，开放评价发现机制是最优选择。网络人才评价发

---

① 中共中央关于全面深化改革若干重大问题的决定［N］. 人民日报，2013 – 11 – 16（1）.
② 关于深化人才发展体制机制改革的意见［N］. 人民日报，2016 – 03 – 22（1）.
③ 开放［EB/OL］.［2016 – 10 – 10］http：//dict. baidu. com/s？wd = 开放 &ab = 12.

现机制涉及评价标准、评价方法、评价实施和评价主体等，网络人才的开放评价发现机制即是用开放的理念协调网络人才评价发现的各个部分，使之共同发挥作用的运行方式。

（1）开放评价标准

确定用什么样的标准来衡量网络人才，是网络人才评价发现机制的基础。长久以来，不同时代、不同国家、不同社会对人才评价标准的定义都不尽相同，可见人才评价标准并没有一个唯一的、标准的答案。开放网络人才评价标准，即要打破网络人才评价标准的单一化缺陷，发动全社会力量共同参与，建立多种评价标准组成的标准体系。

开放评价标准的前提是尊重人才。开放评价标准并不是随心所欲地决定人才评价标准，而是要围绕一定的基本原则进行开放性设计。一切具备先进理念和创造能力、能够创造财富和价值的人都是人才，品德、知识、能力、业绩、创新等都是人才的实质内涵。网络人才同属于人才的范畴，因此网络人才的内涵也是如此，开放评价标准要坚持的原则，也是确保网络人才的评价标准符合人才的基本涵义。

开放评价标准的要求是体现差异性。网络人才评价标准的设计，与网络人才培养目标紧密关联。网络人才培养不仅要造就工程技术人员，还要产生企业家、各层管理人员、网络服务人员等，企业家应当具有敏锐的创新意识、懂技术、会管理、敬业精神强；网络科技人才应当精力旺盛、经验丰富，有专业知识而又德才兼备；网络服务人才需要具有较强的开发市场能力、提供服务能力。对于不同人才，评价标准也应体现出差异性，建立多样化的网络人才评价标准体系，充分把握多种指标的内在联系性和相互统一性，才能全面、客观和准确地反映网络人才的本质特征，真正做到"野无遗贤"。

（2）多元参与评价

各评价主体是驱动网络人才评价发现工作的直接动力，各评价主体是网络人才评价发现机制的直接实施者和具体推动者，多元参与网络人才评价发现，是开放评价机制实现的关键，不仅要参与评价实施，更要参与确定评价标准和评价方法。

多元参与评价要共同完成评价准备。评价准备主要是评价标准和评价方法的确定。当前，人才的评价标准和评价方法是以政府制定、发布的相关文件为依据的，这种政府一元主导下产生的结果，带有浓重的计划色彩，很明显是脱离于市场经济发展的，当前网络人才评价标准体系和评价方法体系还没有完全建立起来。按照开放的理念，评价方法和评价标准应该由政府、学校、企业、社会、网络人才共同参与制定，汇聚各方意见，形成各方共识，从而兼顾全面性和差异性。

多元实施评价要加强数据融合共享。网络人才评价可以根据实施主体的不同，划分为政府对网络人才的评价、学校对网络人才的评价、企业对网络人才的评价、社会机构对网络人才的评价和网络人才的自我评价等。政府实施网络人才评价，主要是由政府教育部门策划、组织各类网络人才资格认证考试，为合格人才颁发资格证书，这些证书往往会成为人才走上岗位的通行证。学校实施网络人才评价，主要是学业评价，贯穿从入学到毕业的整个过程，评价培养对象对学习内容掌握及运用程度。社会实施网络人才评价，主要指行业协会、同行等对网络人才的评价。一般来说，企业实施网络人才评价是最终评价，企业作为用人主体，其评价结果能直接决定网络人才职业选择。网络人才是贯穿各个环节的参与主体，应当重视网络人才的自我评价。当前，多元参与实施网络人才评价是彼此分离的，评价的结果仅仅作用于特定环节或特定时间或特定区域，因此应将不同主体对网络人才评价的结果数据共享，推动各主体、各时期产生的评价数据的融合，从而使对网络人才的评价，体现出长期稳定性、综合全面性和结果一致性等特点。

（3）开放评价方法

开放评价方法就是要根据不同的网络人才特点设计不同的评价方法，是"不拘一格降人才"的重要保证。事实证明，单纯通过考试、考核选拔不能全面地评价人才的能力素质水平。调查表明，当前人才评价存在"六重六轻"，即人才评价中重学历、轻能力，重资历、轻业绩，重论文、轻贡献，重近期、轻长远，重显能、轻潜能，重数量、轻质量[①]，评出来的人用不上，用得上的人评不出，影响了许多亟待开展的科研工作，表面上看，这是评价标准的问题，实质上是评价方法单一的问题。只有开放评价方法，综合运用多种形式手段，才能不断增强评价的科学性。需要注意的是，开放评价方法并不是片面追求评价方法的多样性，

---

① 孙悦. 建立科学有效的人才评价新机制［N］. 中国青年报，2016－03－31（2）.

要考虑评价的综合效益，突出强调不能"一刀切"，可按照分类评价的思想，针对不同评价环节、不同评价对象采用不同的评价方法。

2. 口碑评价机制

前面提到，网络产业是一种知识密集型的强虚拟性产业，其产品或者说成果也是强虚拟性的，要么直接就是虚拟的，要么可以间接通过虚拟的方式进行体验，借助网络时代的信息高速公路，虚拟的产品或者服务可以快速地在受众间传播，从而能够引起全社会的关注和评价，因而会产生口碑效应。

口碑，指众人口头的颂扬，泛指众人的议论、群众的口头传说①。口碑评价似乎是一个比较老旧的概念，以往的观点中，口碑评价具有一定的模糊性，难以量化，比如，人们评价一个事物可能说"很好""非常好""很不错"等，但究竟好到什么程度，并不能定量分析。而且，口碑评价往往带有强烈的主观色彩，不同人因为个人偏好、情绪等因素，对同样一个事物的评价很容易偏离本质，做出不客观的评价结果。但是，借助网络和大数据的优势，口碑评价的缺点可以被弥补，并释放出难以想象的效应，有着独特的应用价值。

建立口碑评价机制，就是要借助网络平台和群众力量，共同完成对网络人才的评价，具有代价低和响应快等明显优点。由政府引导、市场主导，建立网络人才展示作品和成果的平台，平台本身应具备吸引群众参与的良好机制，建立可供参考的评价标准体系，还应具有可以量化的评价方式，引导群众积极参与，并用具备一定客观性的标准和可以供量化的方式进行评价。比如，网络人才可以将自己的简历、作品部署到平台上，或者通过平台进行展示，群众对网络人才的作品通过点赞、好评等方式进行评价，平台运用大数据技术和科学分析方法，分析出评价结果。

口碑评价机制在实践中应注重灵活运用，可以采用市场口碑、同行口碑、专家口碑等多种方式，综合得出评价结果。口碑评价机制应该成为一种重要的网络人才评价发现的辅助机制加以应用。

（三）网络人才选拔任用机制

人才选拔是指企业为了发展的需要，根据人力资源规划和职务分析的要求，

---

① 口碑［EB/OL］．［2016－10－10］．http：//baike．baidu．com/subview/717432/11175193．htm.

寻找吸引那些既有能力又有兴趣到本企业任职的人员，并从中挑选出适宜人员予以录用的过程，以确保企业的各项活动正常进行①。可见，人才的选拔与任用往往是同步进行的。人才选拔任用是其他各项活动得以开展的前提和基础，正确识别和选拔网络人才，对于网络产业发展至关重要，良好的人才选拔任用机制，要能够同时解决选贤用能和防止人才埋没与浪费的问题。网络人才选拔任用主要由四部分组成，即选拔者、选拔对象、选拔标准、选拔任用方法。网络人才选拔任用机制创新的目的，就是对这些部分的运行关系进行优化和协调，最终目的是形成"科学合理使用人才，促进人岗相适、用当其时、人尽其才，形成有利于各类人才脱颖而出、充分施展才能的选人用人机制②"。

1. 开源海选机制

开源的含义是开辟水源、开辟收入的新来源等，引申为开辟新的来源。"海选"顾名思义就是在茫茫人海中挑选符合特定条件的那个人。网络人才选拔任用的实质，是网络人才筛选的过程，开源海选机制实质就是扩大选拔范围，在更大的人才基数中选出需要的网络人才。在一定的网络人才培养能力之下，通过开源海选机制，能够尽可能更多地发掘出网络人才，尽可能地满足网络人才需求。

（1）扩大选拔范围

一是地域分布上，面向全球选人。互联网络本身就有全球互联的属性，而网络人才突出强调专业能力，除了语言和文化上的差异，各国网络人才的专业评价指标是共同的，这客观上为全球选才创造了条件。有人曾夸张地说中国赶不上美国的原因，是"中国从 14 亿人中选拔人才，而美国从 70 亿人中选拔③"，可见我们迫切需要改变传统的选才观念，突破意识形态、体制机制障碍，将全球的网络人才纳为选拔对象。

二是行业分布上，打破专业限制。网络行业的广泛性、高渗透性的特点，决定网络人才来源广泛，各行各业的人才都有可能在网络行业有所作为，比如传统行业的营销人员，很有可能同样能够胜任网络营销行业的岗位，传统行业的金融人才，也可能胜任互联网金融行业的岗位等，不能简单地以有没有接受过网络相

① 人才选拔 [EB/OL]. [2016-10-10]. http：//wiki. mbalib. com/wiki/人才选拔.
② 国家中长期人才发展规划纲要（2010-2020 年）[N]. 人民日报，2010-06-07.
③ 张长生，白丽. 人才是创新驱动战略关键因素 [N]. 南方日报，2014-06-16.

关专业的培训来论英雄。

三是资格准入上，降低入围门槛。当前，随着教育产业的不断发展，国民素质普遍提高，而且网络信息服务高度发达，国民可以通过多种手段学习到网络专业相关知识并掌握相关能力，即便是没有接受过高等教育，也可能具有较高的开展网络相关业务工作的能力水平。加拿大 CYBERTEKS 设计公司总裁凯斯·佩里斯、中国儿童网 CIO（首席信息官）宋司宇等成就事业时都不过才十多岁[1]。王江民三岁因患小儿麻痹留下后遗症而腿部残疾，38 岁时自学计算机知识，后来成为中国著名的反病毒专家[2]。可见人为地不恰当地设置学历、年龄、健康状况等入围门槛，会错失很多网络人才。

（2）确定选拔标准

面对数目庞大的选拔对象，为防止不合格的人才滥竽充数，必须要有一个可以执行的标准。网络人才的选拔标准，应以岗位需求为主要着眼点，契合网络产业发展对网络人才需求的特点规律，与网络人才评价发现机制紧密互动，根据不同职业的特点，广泛发动社会力量共同研究确定。选拔一般的网络人才，应要求其具备完成网络行业职业任务必需的五种能力——完成业务能力、团队协作能力、沟通交往能力、创新创造能力、学习提高能力。选拔特殊岗位网络人才或者针对特殊的选拔对象，应尊重个性，不拘一格，只要网络人才能够胜任特殊岗位或者在完成一般岗位的任务时有特殊能力，可以权衡利弊后，适当降低某些标准，破格选拔人才。

（3）广开选拔渠道

选拔渠道是从培养对象中选出合格人才的方法路径，突出解决怎样海选的问题。面对数目庞大的选拔对象，单一运用某种方法，选人的科学性和效率都无法保证。因此，综合运用多种选人方式是充分发掘网络人才的必然要求。网络人才的选拔应采用考试选拔法、问卷调查法、公开招聘法、他人举荐法、伯乐寻荐法、毛遂自荐法[3]等多种方法，将优秀的网络人才最大限度地选拔出来。

---

[1]　网络神童创业历程 [J]. 科技创业，2001（1）：23.

[2]　王江民 [EB/OL].［2016 - 10 - 11］. http://baike. baidu. com/view/82709. htm.

[3]　孙密文. 人才学 [M]. 长春：吉林教育出版社，1990：69.

2. 竞争选拔机制

竞争是优胜劣汰的过程，竞争能极大激发人才意志力、创造力、积极性。选拔任用的理想状态，是把最优秀的人才选出来，竞争选拔机制核心目的是"好中选优"。所谓竞争选拔，就是充分发挥选拔对象在选拔任用过程中的主观能动作用，变"伯乐相马"为"赛场选马"，通过公开、公平、竞争、择优的方式，好中选优、优中选强，使那些真正有本事的网络人才脱颖而出。同时，通过竞争选拔的过程，企业能对网络人才的个性特点有充分了解，对于合理安排任用、实现个性化管理等也有积极意义。

（1）创新竞争平台

竞争平台是竞争选拔机制实现的基础。以往，竞争平台常指专门用于竞赛、比赛的活动，比如网络安全大赛、网络专业竞技活动和互联网创业大赛等。通过这种活动，确实能够选拔出拔尖的网络人才，但是这种活动不具有普遍性，在人才选拔任用过程中的作用比较小。创新竞争平台，是将竞争的理念贯穿到选拔任用的全过程，让选拔任用的各个环节都成为竞争的平台，实现全程公开、全程差额、全程淘汰，可综合采用考试考核、实践竞技、才艺展示等方法进行。

（2）监督竞争过程

竞争选拔最大的特点就是要突出公平、公正。监督是保证竞争选拔机制按照既定方式、既定原则运行的必要条件。竞争选拔的过程中，宜明确选拔竞争的纪律和惩处方法，组建监督委员会，邀请企业领导、公司员工等内部力量和行业协会、记者等社会力量参与，对选拔的公开透明程度、选拔的公平公正与否、选拔对象有无作弊行为等进行全程监督。竞争选拔的过程应全程记录，面向全社会公开，接受全社会监督，并确保竞争过程有案可查。

（3）科学判定结果

网络人才竞争选拔机制，竞争只是过程，选拔才是目的。选拔任用网络人才时，应坚持事先制定的规则，避免出现主观臆断判定结果或无关因素干扰判定结果的情况。

3. 双向适配机制

一方面，优秀的网络人才非常难得，另一方面，岗位对网络人才的要求非常高。所谓双向适配机制就是协调选人与用人的关系，旨在提高网络人才选拔任用的综合效益，将网络人才资源利用效率最大化。双向适配的内涵，可以概括为因需选人与因才适用相结合。

（1）因需选人

因需选人，即是依据需求选拔人才。政府制定选人计划时，首先要正确评估网络行业在国民经济社会发展中的地位。网络行业固然重要，但是究竟有多重要、重要性体现在什么地方，都需要进行评估，并根据评估结果对国家整体的人才结构做出宏观调配，确定哪些类别、哪些层次的人才应该被选拔，确定选拔网络人才的整体规模，避免出现国家人才资源的浪费。企业制定网络人才选拔计划时，也要认清自身在行业中的地位、企业所在的区域、岗位对人才能力素质的真实要求等，以此确定人才选拔策略，选人要与地域的经济水平和人文环境相结合，选人要以恰好满足岗位需求为原则，不能明显低于或超出岗位需求选拔人才，避免好高骛远、不切实际，避免人才滥用或者流失。另外，政府和企业选拔网络人才时，要注意投入成本和选拔效益的综合衡量，根据行业需求大小、岗位重要程度，合理分配用于网络人才选拔工作的各类资源。

（2）因才适用

因才适用，即根据网络人才素质合理安排工作岗位，是网络人才任用的根本原则。三国时期，诸葛亮深知街亭的战略地位重要，马谡适合谋划未必适合做将帅，仍然怀有侥幸心理任用马谡出师街亭，结果损兵折将，使蜀国不得不由战略反攻转为战略防御①，可见因才适用的重要性。因才适用，就是要确保选拔出的人才，能够被安排到其最擅长、最热爱的岗位，可以使这些人发挥优势，从而提高工作效率，可以促使网络人才主动地不断地提升自己工作能力和综合素质，有利于降低二次培训的费用，提高人才使用效益。简单来说，因才适用的原则就是将什么样的网络人才用到什么样的地方，要求既能够胜任工作，又能够节约资源。

4. 后备人才机制

选拔人才的过程会有一个周期。网络产业发展变化快，随着企业的发展，随

---

① 熊生杰. 成也孔明，败也孔明——也谈马谡失街亭之过 [J]. 文教资料，2012（3）：15–16.

时都可能产生新的岗位，需要任用新的人才，因此需要建立一定的机制，缩短从选拔到任用的周期。网络人才选拔任用的后备人才机制，就是应对这种需求而产生的，其实质是对网络人才的预选。与"选拔任用"相比，后备人才机制突出表现为"选拔而不任用"，让人才等岗位。

（1）搞好提前预置

政府、企业要富有战略眼光。政府要着眼网络产业发展趋势，建立国家层面的网络人才储备计划，后备一批有发展潜力的青年科学家，提前选拔出一批网络人才供企业选用。企业要考虑产业发展趋势、企业未来发展的需要，一方面，在企业内部选拔出一批有潜力、有抱负、表现优异的网络人才作为高级岗位的后备力量，将其放到重要岗位重点培养；另一方面，从学校、社会提前选拔预定一批网络人才，并签订合同，待时机成熟后，安排这些网络人才到企业工作。

（2）明确储备比例

后备人才同样是国家、企业网络人才资源的一部分。企业后备网络人才队伍的结构要合理。应以企业内部的在职员工作为后备人才队伍的主体，以从学校、社会提前选拔的等待聘用的网络人才作为后备人才队伍的辅助部分，科学搭配比例。企业后备网络人才队伍的规模要合理，既要满足企业未来选人需要，又不能占用国家、企业太多网络人才资源，造成浪费。

（3）坚持全程淘汰

网络人才知识的更新速度快、折旧率高，对于后备网络人才，应设计考察培养计划，坚持全程淘汰，不断更新后备人才力量组成、质量结构、数量规模，确保后备人才真正成为需要的时候能够及时上岗并发挥应有作用的后备军。

（四）网络人才流动配置机制

人才流动是人才调节的一种基本形式，是调整人才社会结构、充分发挥人才潜能必不可少的重要环节[①]。网络人才的合理流动从短期来看，可能会加剧单个企业的人才紧张形势，但是从长期和宏观上看，可以促进国家网络人才建设整体水平的提升。网络人才的流动配置机制，就是通过促进人才合理流动实现人才配置优化，促使大量网络人才涌现。

---

① 蔡敏，曾路．人才流动的意义与对策 ［J］．石油教育，2005（5）：103.

1. 流量管理机制

美国学者卡倍里曾说，不要把人才当作一个水库，应该当成一条河流来管理；不要期待他不去流动，应该设法管理他的流速和方向①。流量管理的概念，广泛运用于各行各业，如数据流量管理、航班流量管理、人流量管理，意指通过管理手段对流量进行调控。网络人才的流量管理机制目的，是设法让网络人才流动的流向、流速、规模等按照有利于我国网络产业发展的方式进行，并通过网络人才的流动促进网络人才配置的优化。

一是区域流量管理。区域流量管理的目的是让网络人才在国际国内、国内不同地区间实现合理配置。一方面，网络人才具有全球化特点，这决定了网络人才流动的范围是整个世界，不受国界限制。网络人才大量外流会导致国家出现网络人才安全问题，合理流动则会促进国际国内交流。因此，应通过国际交流、合作培养等鼓励国际国内间的环流，通过推出优惠政策吸引，大力促进网络人才内流；通过限制政策，减少人才外流。另一方面，网络产业越发达越容易吸引人才，越能吸引人才就越发达，容易导致发展程度不同地区的网络产业出现"马太效应"，加剧网络产业发展的区域不平衡问题。发展网络产业已上升到国家战略，因此应促进人才区域合理流动，既要加速网络人才在各地区间的自然流动，又要激励网络人才向不发达地区流动。

二是行业流量管理。行业流量管理是促进网络人才结构优化的主要方式。一方面，加速网络人才在不同企业、不同岗位间的流动，可以促进网络人才能力素质不断综合优化、全面提升，增强网络人才队伍整体素质。另一方面，调控网络人才在不同行业的流动。网络产业的蓬勃发展造就大量空缺岗位，而传统产业的衰退导致传统人才面临就业难的问题。因此，通过多种手段打开人才跨行业、跨专业流动渠道，才能促进其他行业人才向网络行业流动，促进网络人才从普通专业领域向稀缺专业领域流动。

三是流量手段管理。社会主义市场经济的"两只手"在网络人才流量管理时同样能发挥积极作用。一方面，强化政府宏观调控的引导作用，借助限制性、激励性、监督性措施，引导网络人才合理流动。另一方面，发挥市场基础性的配

---

① 李珊.守住水库还是管好河流——谈领导的人才流动管理观 [J]，领导科学，2005 (2)：27.

置作用，通过供求、价格、竞争等机制，实现网络人才在市场上的合理流动配置。

2. 流动创新机制

网络人才流动配置从根本上依赖于人才的流动，没有人才的流动就无法实现人才的优化配置，建立健全流动保障机制是促进网络人才流动的必然要求。

一是政策保障创新。政府加快改革，推出一系列有利于人才流动的政策法规，打破传统的户籍、档案、身份乃至国籍等人事制度中的瓶颈约束，对人才流动提供资金支持、安全保障、生活服务等，形成有利于人才流动的大环境。

二是服务能力创新。网络人才服务的能力水平决定网络人才流动的质量。目前我国网络人才服务能力明显不能满足网络人才流动的需要，亟须创新。首先，加速人才服务的市场化。目前，网络人才服务的能力和产品存在单一化与同质化问题，不能满足网络人才流动的多样化需求，其原因是人才服务机构的行政化与资源垄断化，可探索大力发展中介公司、猎头公司等，按市场化方式为网络人才流动提供服务。政府的主要责任应向解决、促进就业转变，向提供基本的就业保障服务转变。其次，加速网络人才服务的网络化。利用网络优势开展网络人才服务工作，在用人主体和网络人才之间搭建网络桥梁，能加快网络人才流动，是提高网络人才服务水平的重要手段。网络信息传播速度快且便于共享，网络人才的履历信息一旦公布到互联网上，就能通过网络这个大平台，同时被多家用人主体看到、选用，网络人才服务网络化，可以通过建立共享网络人才数据库、搭建远程面试和网络招聘平台、促进网络人才评价数据网络共享等方式实现。最后，加速网络人才服务的多维化。网络人才服务多维化就是要全方位为网络人才提供服务。网络人才服务不能仅限于高端网络人才，要为各种网络人才提供同等服务；同时采用多种服务手段，注重网络人才服务方法的多样性；还要注意网络人才服务地域要广，全国各地网络人才服务机构要形成一盘棋，打破地域鸿沟，促进网络人才服务资源共享；从时间的维度来讲，提供网络人才服务的时间长，要树立为网络人才提供终身服务的理念。

三是流动形式创新。网络时代人才的流动配置可以突破时空限制。依托信息网络，人才不需改变组织关系、办公地点，通过在家办公、网络兼职等方式也能完成工作。因此，可以探索网络人才在发达地区生活、为不发达地区工作，在大型网络公司就职、为小型网络公司提供兼职服务，顶尖网络专家同时为多个地区多个单位提供服务等新的人才流动形式，变"人才流动"为"人不动，才流动"，提高网络人才资源综合利用效率。

（五）网络人才激励保障机制

激励，就是运用各种有效手段激发人的热情，调动人的积极性、主动性，发挥人的创造精神和潜能，使其行为朝着组织所期望的目标而努力[①]。《国家中长期人才发展规划纲要（2010—2020 年）》指出，要"完善分配、激励、保障制度，建立健全与工作业绩紧密联系、充分体现人才价值、有利于激发人才活力和维护人才合法权益的激励保障机制[②]"。可见，创新网络人才激励保障机制的目的，是要不断激发网络人才的创新精神和创造潜力，使其高效完成组织目标的同时实现自我价值。

1. 多渠道激励机制

网络人才激励保障的来源主要是政府、企业、社会等。多渠道激励机制，就是要明确各渠道在人才激励保障体系中表现的形式、发挥的作用和达到的目的。多渠道激励的目的，就是要克服单一的行政轨道激励的不足。

政府是网络人才激励的权威渠道。政府的激励保障应当发挥导向作用。对于网络人才，尤其是技术型网络人才，无论企业或者政府都会面临人才使用时的两难问题。如果把高素质的技术型网络人才提拔为行政管理者，无疑会对网络人才产生极大激励作用，能够促使其以更加高昂的热情投入工作，但是从另一个角度来看，让高素质的技术型网络人才去从事管理工作，就会使企业失去一个得心应手的研发人才；反过来说，如果到达一定阶段不进行提升，又可能会挫伤网络人才的工作积极性。解决这一难题的方法，目前西方企业普遍推行多轨制的职务提升机制，从而产生多渠道激励效应。具体到我国网络人才培养，中国共产党领导下的人民政府，在人民群众中享有崇高地位，具有天然的权威性，政府是网络人才建设机制的主导者，也是全程参与者，对网络人才的评价和激励最具权威性和

---

① 徐永森，戴尚理. 激励原理与方法［M］. 长春：吉林大学出版社，1991：215.
② 国家中长期人才发展规划纲要（2010—2020 年）［N］. 人民日报，2010 - 06 - 07.

信服力。政府激励往往带有很强的针对性，激励对象主要是某些高端网络人才，或者某一类特殊网络人才，或者某些有突出贡献的一般网络人才，在对网络人才的肯定和褒奖中居于最高层次。

企业是网络人才激励的核心渠道。企业作为用人主体，是网络人才干事创业的平台，也是网络人才获得物质基础和精神感受的最主要、最直接的来源。企业渠道对网络人才的激励，与网络人才的切身利益密不可分，在网络人才的激励保障体系中发挥主体作用。来自企业的激励具有普遍性，任何网络人才，只要能给企业发展做出突出贡献，就能得到相应的奖励，企业对网络人才的激励，能直接带来丰厚的收益、提升成就感、事业满意度等，激励的作用最直接、最有效。

社会是网络人才激励的重要渠道。社会渠道对网络人才的激励保障，体现出突出的公益性、赞助性，也是对网络人才进行激励的重要渠道。社会激励一般针对具有较大影响力的网络人才或者国家紧缺的某些类别的网络人才，社会渠道可以弥补政府和企业激励渠道的不足，为网络人才发展提供资金支持、生活补贴，也可以增加网络人才的社会影响力，极大增强网络人才的职业荣誉感。

建立多渠道激励机制，各类网络人才既能通过行政管理轨道实现晋升，也能通过技术专家轨道提升职级，物质报酬、地位及影响等方面完全对等。试想，让技术水平突出、工作成就明显的专业技术骨干的工资、奖金、地位等，都比他们的主管领导还高许多，这样他们就会更加安心于当下工作，而不是看着领导岗位眼红，不再认为只有当领导才有价值，甘于立足岗位发光发热。

2. 多形式激励机制

美国管理学家贝雷尔森和斯坦尼尔认为，"一切内心要争取的条件、希望、愿望、动力都构成了对人的激励——它是人类活动的一种内心状态"[①]。可见激励的目的是让人的内心得到满足。与所有的人一样，网络人才的需求由物质需求和精神需求组成，因此，对网络人才进行激励的基本形式，可分为物质激励和精神激励，多形式激励机制既强调物质激励和精神激励都要采用多种形式进行，又强调物质激励和精神激励这两种基本形式的综合运用。

物质激励是对各类人才给予一定物质报酬的奖励方式，物质激励主要包括薪

---

① 史青戈. 企业人力资源开发中的激励问题研究 [J]. 交通企业管理，2007（22）.

酬激励和股权激励。薪酬激励内容包括工资、奖金、奖品、纪念品、免费旅游或疗养等，这是最常见的激励形式，效果也最明显。股权激励是企业为了激励和留住核心人才而推行的一种长效激励机制，给激励对象部分股东权益，使其与企业结成利益共同体，从而实现企业的长期目标。大型网络公司如阿里巴巴、腾讯等，都建立了股权激励计划。2014 年，阿里巴巴在美国上市，约 6000 名前任和现任员工在 IPO 之前拥有近 80 亿美元的股票，一夜间暴富①。网络人才在网络企业中的地位非常重要，单个网络人才就极有可能具有决定网络企业发展的能力，物质激励尤其要注重建立长效激励的机制，让网络人才尤其是重要岗位的网络人才与企业结成命运共同体。对网络人才进行物质激励，要突出知识产权激励的作用，知识产权激励能间接地给网络人才带来收益，也可以看作是一种物质激励形式，政府层面要加强知识产权相关的法律法规建设，社会要形成帮助网络人才进行知识产权维权的机制，企业要尊重网络人才个人的知识产权。从另一方面来说，现代社会物质生活丰富，网络人才对物质生活的档次要求较高，没有丰厚物质激励也无法留住网络人才。

精神激励即内在激励，是指精神方面的无形激励，使网络人才的价值得到承认及尊重，包括授予荣誉称号、评先晋升、公开表扬、选派进修深造、推举参加学术会议、给予信任和重大任务、提供良好工作环境、提供进步空间、使之获得成就感等。网络产业作为知识密集型产业，网络人才能不能积极愉快地、心甘情愿地、精神焕发地去工作，会对网络产品的质量造成很大的影响。因此，对网络人才的精神激励，应以提高网络人才的精神满意度为目标。华为公司就经常选择高级的度假酒店来召开会议，这时与其说员工是在工作，还不如说他们是在享受，让员工乐在其中②。

《国家中长期人才发展规划纲要（2010—2020 年）》指出，要"坚持精神激励和物质奖励相结合③"，对网络人才进行激励尤其要如此。绝大多数网络人才都受过较高水平的教育，有很强的事业进取心，希望能通过职业实现人生目标，表现出较高的精神需求层次，而且网络人才呈现出年轻化特点，热衷于通过完成

---

① 纽约时报：阿里上市将带来数千名百万富豪 [EB/OL]．（2014 – 09 – 19）[2016 – 10 – 11]．http：//www.askci.com/news/finance/2014/09/19/211912myg2.shtml.
② 陈明、封智勇、余来文．华为如何有效激励人才 [J]．化工管理，2006（3）：33.
③ 国家中长期人才发展规划纲要（2010—2020 年）[N]．人民日报，2010 – 06 – 07.

具有挑战性、创造性的任务成就自我，对于网络人才，精神激励的效应远远大于金钱等物质激励。因此，要为网络人才创建发挥自身价值的机会和平台，对网络人才的努力进行肯定、表扬、表彰，突出精神激励作用。

3. 个性化激励机制

个性化激励机制是"以人为本"的管理理念在人才激励保障机制创新中的具体体现，强调对网络人才的激励，要从网络人才个体或者网络人才群体的个性特点出发，尊重并利用网络人才个体需求或者群体需求的差异，将激励的效益最大化。

个性激励机制建立的前提是对网络人才个体或者群体的充分了解。具体来说，可以根据网络人才的不同层次、不同部门、不同岗位、不同工作时期，由不同的激励渠道在不同的激励轨道上采用不同的激励形式，有针对性地实施激励。比如有些人可能是家庭的主要收入来源，可以将物质激励作为主要手段；有些人可能刚参加工作，迫切需要得到肯定，就需要把表扬、信任等作为主要激励手段。再比如，对于国家紧缺的某一类网络人才，应由政府采用发放特殊津贴、授予荣誉称号、颁发特殊奖项等进行激励。

三、 我国网络人才培养机制创新的基本路径

路径，一般用来指通向某个目标的道路①，是路线的同义词。基本路径即基本的路线，指代必不可少的几个环节。据此，我国网络人才建设机制创新的基本路径，是落实网络人才建设机制创新的主要环节。网络人才建设机制的创新和落实，需要有社会基础、主导力量、推进动力和质量反馈等环节。

（一）加快凝聚社会共识

思想支配行动，观念指导实践。人才建设观念是对人才建设的各种想法、理念的归纳和总结。创新人才建设观念，就是给网络人才机制创新明方向、定基调，是对网络人才建设机制进行创新的思想指导和先决条件。只有让整个社会树

---

① 路径［EB/OL］．［2016 – 10 – 11］．http：//dict. baidu. com/s？wd＝路径＆ab＝12.

立共同的思想观念，在对网络人才建设机制创新的认识上达成一致，形成一定的社会共识，才能使全社会自觉地在行动上协调一致。

社会共识是指社会成员对社会事物及其相互关系的大体一致或接近的看法①。加快凝聚社会共识，就是要让全社会对什么是网络人才、如何建设网络人才、网络人才建设的重要性、网络人才如何建设等系列问题，达成基本一致或者接近一致的看法。

社会共识对网络人才建设机制创新的实现具有突出重要意义。因为网络人才建设作为长期的战略性工程，需要形成广泛的社会参与，共同推进。对于网络人才建设，凝聚社会共识可以起到三种作用。一是有助于增强社会成员的凝聚力，自觉维护网络人才建设大局，积极主动地支持网络人才建设机制创新，心甘情愿为推动网络人才建设付出；二是在利益分化甚至冲突的情况之下，社会共识能提供一定共同利益的认同基础，从而让参与网络人才建设的社会主体主动协商、妥协，促进社会主体交流、合作，共同落实网络人才建设机制创新的内容，合力推动网络人才建设；三是社会共识在网络人才建设机制创新的落实中，有助于全社会形成对建设强大的网络人才队伍的共同追求，增加合作参与建设的社会主体的数量。说到底，只有在凝聚社会共识的基础上，社会成员对网络人才建设的判断和行为，才有共识的思想基础，才能为落实网络人才建设机制创新造就更加厚实而广泛的社会基础。

当前，网络强国战略已经深入人心，但是社会对如何建设网络强国，尤其是如何解决建设网络强国的人才队伍问题，仍然没有形成共同的认识。很多社会主体，包括自然人主体和法人主体，甚至对什么是网络人才都没有一致的认识，更无从谈起对网络人才建设的机制创新形成共识。落实网络人才建设机制创新，严重缺乏必要的社会基础。因此，应当充分发挥我国社会在舆论引导、氛围营造和统战工作等方面的优势，大力推广网络人才建设的先进理念，大力宣传网络人才建设的重要性，大力普及网络人才建设机制创新的内涵，促进全社会形成共识。

（二）发挥政府主导作用

发挥政府主导作用是落实网络人才建设机制创新的重要保证。在我国，党领

---

① 王锁明. 凝聚社会共识的重要性及路径思考 [J]. 人民论坛：中旬刊，2014（4）：27.

导下的人民政府拥有强大的社会治理能力，社会发展框架的设定、人才建设规划以及人才建设支撑资源的供给等，都与政府的社会职能密不可分。发挥政府主导作用，是指政府以较强的治理能力，通过政策规划、行政监管等手段的运用，为网络人才建设提供基本依据，主导网络人才建设机制创新的进程。发挥政府主导作用，政府应调整心态、强化职能，抓住着力点、积极作为。

1. 发挥规划主导作用

杰克·韦尔奇曾说过，"我整天几乎没有几件事做，但有一件做不完的事，那就是规划未来[1]"。对于任何一个领域，规划的重要性都是不可小觑的，规划尤其是战略规划的重要性已成世界共识，国家离开规划会像无头苍蝇到处乱撞，结果不是累死就是撞死。发挥政府主导作用，首先要建立国家层面的网络人才建设规划，将网络人才建设作为国家人才工作的重要战略方向，进行有针对性的规划指导。网络人才建设规划既是网络人才建设的基本准则，也是进行网络人才建设机制创新的基本依据。

用战略的眼光指导网络人才建设。确定规划要把注意力摆在关照全局上面，胸怀全局、通观全局、把握全局，处理好全局中的各种关系，抓住主要矛盾，解决关键问题。同时，应当注意了解局部、关心局部，特别是注意解决好对全局有决定意义的局部问题。

用宏观的手段调控网络人才建设。通过对国际国内网络产业发展趋势的深刻洞察、对我国网络人才建设状况的细致分析、对网络人才需求变化的准确预测等，明确网络人才建设的形势、目标任务和规划措施等，适时调整网络人才建设方向、建设规模、建设目标，确保网络人才的数量和质量等能够满足我国网络产业发展的需要。

用系统的思维统筹网络人才建设。注重发挥规划的统筹协调作用，对各级政府的政策制定，要提供统一的可供仿照的依据和准则，以保证各级政府的政策干预和网络人才发展的长期趋势相衔接。各地方政府，要将网络人才建设规划纳入地区网络产业发展规划和地区人才建设规划，将网络人才建设工作纳入政府工作的重要日程，将网络人才建设的情况纳入政府绩效考评体系，确保国家的网络人

---

① 喻阳. 略论中小企业确立经营战略 [J]. 网友世界·云教育，2014（1）：60.

才建设规划能够成系统地贯彻落实。

2. 发挥政策主导作用

政府通过制定发布政策引导相应主体做出或停止相应行为，是政府实施市场干预、纠正市场缺陷的重要手段，具有立竿见影的效果，如金融、房地产等领域的政策波动就常常引发市场的动荡。相对于人才建设规划，人才建设政策具有较强的实践性、执行力，制定政策也是发挥政府主导作用的主要方式。

一是法规政策。将网络人才建设纳入法治化轨道，制定相关法律法规制度，对政府、学校、企业、社会等，在网络人才建设的各个环节的权利和义务等进行约束和规范，使网络人才培养、评价、选拔、流动、激励等环节有法可依，用法治化的手段主导网络人才建设工作。具体来说，通过法规政策，对企业在高端网络人才带薪学习、培训、出国进修等方面建立鼓励办法；通过法规政策，要求企业改进企业文化和管理方式，确保网络人才能够不断成长进步和全面发展；通过法规政策，对在网络人才培养方面作出贡献的人和机构，采取长效激励措施进行激励，对涌现出的先进网络人才进行表彰和宣扬；通过法规政策，使网络人才成长阶段有机会参加科技攻关、技术革新、成果转化等实践任务；通过政策机制，对网络人才建设领域的创新成果进行保护，鼓励全社会对网络人才的培养手段、培养平台、教育工具、管理模式等进行创新创造。

二是财政政策。财政政策因为能够直接主导利益分配，能起到鲜明的、内生的导向性功能，是政府进行网络人才建设调控的重要手段，对引导全社会资源向网络人才建设倾斜起重要作用。具体来说，通过财政政策，增加公共财政用于加强网络人才培养院校、基地、培训机构等投入，重点支持网络产业稀缺人才培养；通过财政政策，对稀缺网络人才的招聘、引进、评选、表彰以及师资队伍建设等给予必要的经费支持；通过财政政策，推动企业、社会等参与网络人才培养，对于有代表性的或规模质量层次高的，经审核批准可以在税收等方面给予优惠；通过财政政策，建立健全问责程序，对网络人才建设的投入，做到方向可控、资金安全、保证效果、责任明确，确保对网络人才建设的财政投入资金合理使用。

3. 发挥监管主导作用

如果没有机构对实施效果进行监管，规划和政策的主导作用就难以发挥。社会主义市场经济条件下，市场的监管作用是以局部的、短期的利益为导向的，其对人才建设这种长期性的战略性的工程的监管具有天然缺陷，因此必须强化政府的监管职能，通过充分发挥其监管作用，主导网络人才建设。具体来说，对各参与主体的网络人才培养行为进行监管，监管对象包括学校、企业、社会机构等，确保其人才培养质量达标；对企业等的网络人才管理行为进行监管，确保其能充分合理运用网络人才；对网络人才的流动进行适当的监管，防止网络人才的不合理流动等。

（三）整合资源协同推进

资源整合，体现的是系统论的思维方式，指通过组织和协调，把彼此相关但却彼此分离的物力、财力、人力、智力等力量，整合成一个完整的系统，取得"1＋1＞2"的效果①。网络人才建设是一个系统工程，整合影响系统建设的一切可以利用的资源，协同推进，能极大提高网络人才建设推进的力度和速度。

1. 整合教育资源协同培养

网络人才培养是网络人才建设过程中分量最重、牵涉面最广的一部分，整合资源的第一步也是最关键的一步就是整合各种教育资源，落实网络人才培养开发机制创新内容，协同完成网络人才培养重任。

一是整合国际教育资源。整合国际教育资源，就是利用全球化的优势，统筹运用全世界范围内的一切可以利用的教育资源，包括引进世界先进的教育理念、培养模式、教学方法等，引进世界顶尖的师资资源、课程教材等。同时，促进国内的教育资源参与国际竞争，在竞争过程中不断壮大，提升培养网络人才的能力水平。

二是整合军民教育资源。将军民融合的理念应用于网络人才的培养，关键是整合军民教育资源。整合军民教育资源，可以通过直接利用的方式进行，如军队直接提供教育资源供地方单位使用，包括派出专家、学者到地方学校、企业任

---

① 资源整合是系统论的思维方式。就是要通过组织和协调，把企业内部彼此相关但却彼此分离的职能，把企业外部既参与共同的使命又拥有独立经济利益的合作伙伴整合成一个为客户服务的系统，取得 1＋1＞2 的效果。资源整合［EB/OL］．［2016－10－11］．http：//baike.baidu.com/view/57987.htm.

教,反过来也是一样;可以通过间接利用的方式进行,如军队科研院所、教育机构为地方代培网络人才,军队网络人才到地方科研院所、教育机构、企业等学习深造。

三是融合多元主体力量。树立多元主体合力培养的新理念,通过政府组织,协调校企关系、协调校人关系、协调人社企关系等,搭建合作平台,促进共享交流,实现校企深度融合、社会广泛参与、培养对象密切配合的局面,逐步形成多元主体联动运行的网络人才培养机制,最大限度地集聚网络人才培养各参与主体的力量,促进网络人才培养的效率提升。

四是整合教育机构资源。整合教育机构资源,主要是通过组建各类教育机构联盟等,共建课程体系、共享师资队伍、共育网络人才,促进各类网络人才培养机构的优势互补。

2. 整合智力资源协同创新

网络人才建设机制创新是一项创造性的工作,完成这些工作,依赖于多方贡献智慧,需要"最强大脑"作支撑。智力资源的整合,能够让智力资源在融合中,碰撞出更多的思想火花,促进智力资源运用效率的提升。

一是集聚多方智慧。网络人才建设涉及人才培养、人才管理等多方面的内容,网络人才来自于不同地域、具有不同教育背景,网络人才建设需要考虑的问题涉及各个专业领域、各种利益集团。因此,必须集聚多方智慧为网络人才建设出谋划策。可以组建涵盖各领域专家的网络人才建设指导委员会、组织研讨交流活动、组建集智攻关平台等,整合各自独立的智力主体,使之在建好网络人才队伍的共同目标指引下,直接沟通、共享智慧、融合智慧,进行多方位交流、多样化协作,激发网络人才建设机制不断创新的思想动力。

二是发展专业智库。智库又称智囊团,智囊团又称头脑企业、智囊集团或思想库、智囊机构、顾问班子[1]。智库具有天然的集聚各方智慧的属性,应大力发展专业的服务于网络人才建设机制创新的智库,利用智库的决策咨询意见,推进学校等教育机构创新教育理念,推动企业等用人主体创新管理方式方法,促进国家创新网络人才建设规划、政策等。

---

[1] 智库 [EB/OL]. [2016 – 10 – 11]. http://baike.baidu.com/view/793642.htm.

3. 整合支撑资源协同保障

充足的支撑资源是落实网络人才建设机制创新的必要条件。就网络人才建设的需求而言，主要有空间资源、财力资源和信息资源三种。

一是整合空间资源。空间资源，也即网络人才建设的场所。整合空间资源，有两层涵义：一方面，要为网络人才建设相关的各类机构提供空间资源的支持；另一方面，在单一地区内，要使人才建设的空间尽可能集中，通过空间上的集聚促进各参与主体深化融合与加强协同。

二是整合财力资源。财力资源，也即网络人才建设的经济支柱，是确保网络人才建设机制创新的内容能够实现的最基本的保障。整合财力资源，就是将政府、企业、社会、学校，国际、国内，业外、业内，等等，各方面投入的资金进行统筹管理，合理运用，既要保证有充足的资金投向网络人才培养、网络人才管理等各个环节，又要保证有充足的资金能够对网络人才实施各种激励，还要着眼于资金的利用效率，防止过度投资，避免出现资金的浪费等。

三是整合信息资源。整合信息资源，也即实现数据共享。信息资源是支撑参与主体进行改革创新的重要资源，网络人才建设过程中，产生大量的数据，有评价数据、统计数据、预测数据等，不同参与主体掌握有不同的信息，不同的信息可以被反复利用，因此应整合信息资源，实现信息的共享。

（四）质量评测反馈调整

人才建设质量是一个非常宽泛的概念。它既可以小到一个企业、一所学校，又可以大到一个地区，甚至一个国家。影响人才建设质量的因素也非常复杂而且经常变化，网络人才建设质量指标具有不确定性，不像生产物质产品的质量标准那样具体和易于操作。人才建设质量是人才建设机制好坏的最直接的体现，因此应注重评测分析网络人才建设质量，并用分析结果去改善网络人才建设机制，实现网络人才建设机制的动态化创新。

1. 多主体参与质量评测

长期以来，我国网络人才建设质量评测由政府包办或政府委托有关机构独立完成，自我运行、自我管理，是典型的单方面、单一性评测，可以说是计划经济时代的遗留产物，在网络人才建设参与主体不断多元化的今天，远远不能适应网络人才建设质量评测的需要，不能全面反映网络人才建设质量。

当前，各国对人才建设质量评测各有侧重，人才培养质量评测方面有很多好的做法。譬如，美国主要通过非政府组织的认证、排名和博士点评价等活动来保障高等教育质量，官方没有专门的评估机构，联邦政府不直接参与评估活动①；2002 年，英国高等教育质量保障局开始采用院校审查的评估方法，院校审查的重点不是直接评估高等学校的教育质量，而是评估高等学校内部质量保障机制的有效性②，实质是由政府和院校共同完成人才培养质量评价。美英两国的多元化人才培养质量评测手段，某种程度上促进了两国人才培养质量的提升，可供我国借鉴。人才培养是人才建设的核心内容，人才培养质量评测的手段可以推而广之，应用到人才建设质量评测中去。

一是多元主体共同制定评测指标。以往，政府单方面制定人才建设质量标准，一厢情愿，难以真实反映人才建设质量。应引入各参与主体，充分吸收各方智慧，对网络人才建设质量的标准共同研究、反复推敲，确保网络人才建设质量标准能够准确而全面地反应网络人才培养的质量、网络人才管理的质量、网络人才开发的质量等。

二是发展专业化的评估中介机构。所谓评估中介机构，即依托评估主体而建立的专业评估团队③，主要是受雇于政府的人力资源或劳动部门，按市场化的方式运作，具有较高的活跃度和专业性。发展专业化质量评估机构是各国、各种质量评测中的通行做法，可以将这种做法引入到对网络人才质量的评测工作中，比如建立网络人才建设质量达标评估认证机构等。

三是多元合力实施人才质量评测。所谓多元合力实施人才评测，并不是简单的各自分别投入，而是注重相互交叉融合。比如，企业、学校、社会力量、评估中介等，要参与国家人才建设质量的评测；企业、社会力量等，要参与学校网络人才培养质量的评测；政府、社会力量等，要参与企业网络人才管理质量的评测。

---

① 常文磊. 质量认证——美国高等教育评价体系的典型特征 [N]. 中国社会科学报，2015 – 07 – 23.
② 金顶兵. 英国高等教育评估与质量保障机制：经验与启示 [J]. 教育研究，2007（5）：79.
③ 安然. 本科特色人才培养质量评估多元主体研究——以海洋经贸人才为例 [J]. 才智，2014（17）：47.

2. 开展多层面质量评测

对网络人才建设质量的评测，即对网络人才质量的评价。从本质上来说，评价是人类的一种认识活动，是一种以把握世界的意义和价值为目的的认识活动[①]。网络人才建设是个全方位的工程，把握网络人才建设质量要注重多层面同时展开。既要宏观地评测国家的网络人才建设质量，又要微观地评测企业的网络人才建设质量；既要对网络人才培养的质量进行评估，又要对网络人才管理的质量进行评估；既要对网络企业的人才建设质量评估，又要对非网络企业的网络人才建设质量评估，以确保评测结果的全面性。

3. 实行网络化质量评测

网络人才建设质量评测的目的，是获取网络人才建设质量相关的统计数据，从而分析、发现网络人才建设存在的问题，纠正建设机制问题并总结推广经验做法。但是，同各类评测类似，网络人才建设质量评测的突出特点就是周期过长，不能及时将信息反馈给政府、企业等。而网络技术突出的特点就是加速信息流动，可以探索建立实施网络化网络人才建设质量评测体系。

首先，充分利用现代网络技术，建立统一规范的网络化人才建设质量评测系统，通过互联网络，将系统部署到政府人力资源部门、企业等用人主体的人事部门、社会评测分析机构，核心是构建收集与分析攸关网络人才建设质量的各类信息的系统，提供人才建设质量数据查询服务和人才建设质量评测服务。其次，通过细化制度规定，确保政府人力资源部门、企业的人事部门、学校、相关社会机构等积极运用评测平台，实时整理提交网络人才培养开发、评价发现、选拔任用、流动配置、激励保障等过程中的数据。最后，运用大数据手段分析处理海量信息，及时发现网络人才建设的问题和趋势，形成质量评估报告。

4. 建立市场化咨询机构

咨询机构主要服务于政府和企业，从事软科学研究开发，运用专门的知识和

---

① 李晓春. 语言哲学与俄语主体评价问题 [D]. 北京：首都师范大学.

经验，用脑力劳动提供具体服务①。运用人才建设质量评测信息反馈调整人才建设机制也是一门学问。政府、企业等机构是网络人才建设的主体，又是参与评测的主体，一方面，难以从分析结果中发现问题；另一方面，由于质量评测常态化，无论是国家层面的网络人才建设，还是企业层面的网络人才建设，都要面对常态化的策略和机制的调整，即便发现问题也难以解决。如果各级政府、各类企业都建立专门的人才建设机制创新研究机构，显然是既浪费资源又缺乏专业性。因此，需要推动建立一批专门的网络人才建设机制创新研究咨询机构，按照市场化方式运作，提供市场化咨询服务，对各级政府、各类企业的网络人才建设质量评测结果进行科学分析研判，为各级政府、各类企业提供调整人才建设机制的解决方案，促进我国网络人才建设机制不断创新，不断科学化、合理化。

---

① 咨询机构 ［EB/OL］. ［2016 - 10 - 12］. http：//baike. so. com/doc/5400498 - 5638088. html.

第六章　我国网络人才培养战略重点

建设网络强国，没有一支优秀的人才队伍，没有人才创造力迸发、活力涌流，是难以成功的。培养造就高端网络人才，重视开发利用网络人才资源，抓住网络人才培养战略重点，突出强化网络人才安全，构建与网络强国需求相适应的人才发展战略，才能实现网络强国建设质的突破。

一、培养造就高端网络人才

高端人才的数量质量往往直接决定一个行业甚至一个国家在全球经济、政治、军事、科技等全方位竞争中的地位，并进而决定其未来发展空间。从第三次科技革命以来科技的发展历程可以看出，在信息网络领域，无论是数量还是质量上，我国缺乏的不是一般性人才，而是高端人才。因此，培养造就一大批高端网络人才，是我国网络人才建设的核心关键与战略重点。

（一）高端网络人才的含义

众所周知，具有世界水平的高端人才对科技发展和进步起着不可替代的核心作用。因此，培育、引进、集聚一批高端人才，是实施网络强国战略的关键因素。习近平同志在网络安全和信息化工作座谈会上的讲话中指出"高端人才依然稀缺"，并特别强调，"要培养造就世界水平的科学家、网络科技领军人才、卓越工程师、高水平创新团队。"① 习近平同志把培养造就高端人才作为网络人才

---

① 总体布局统筹各方创新发展 努力把我国建设成为网络强国［N］. 人民日报，2014－02－28.

建设的首要问题，抓住了人才培养问题的牛鼻子。"所谓拔尖创新人才一般指国际一流的科技尖子人才、国际级科学大师、科技领军人物，可以带出高水平的创新型科技人才和团队，可以创造世界领先的重大科技成就，可以催生具有强大竞争力的企业和全新的产业。"这个界定是对"拔尖创新"人才一般特征的描述。参照习近平同志关于建设网络强国思想中对于网络人才的论述，高端网络人才的一般内涵可从三个方面进行界定。

1. 计算机网络领域和行业的拔尖人才

一般意义上，高端人才可以直接理解为行业和研究领域的拔尖人才。这里的高端人才不能等同于一般所说的高级人才，高端人才强调的是处于本专业领域人才分布金字塔顶端的"拔尖"人才，这个"拔尖"可以从两个方面进行界定：一是具有国家设立的科学技术方面的最高学术称号的人，如中国工程院院士，以及长江学者、国家杰出青年科学基金获得者等国家级部委给予认定的人才；二是可以从学历和专业技术职称的角度进行界定，可以直接理解为具有高学历、高技术职称的专业人士。学历培训和技术职称评定是对一个专业人士的专业训练和专业水平的肯定和确认，以学历和职称认定人才等级是世界各国通行的方法，具有较高学历和高级专业技术职称的从业人员一般就是本专业或者行业领域的高端人才。

从我国院校培养和技术职称评定的实际情况出发，一般来说，具有博士学历和高级技术职称的计算机及相关专业从业人员可以看作高端网络人才。但是仅仅从学历和专业职称的角度对高端人才的内涵进行界定是不够全面的，因为学历和专业技术职称的评定还受到毕业院校本身的专业水平以及职称评审单位的资质等复杂因素的影响，最常见的是学历和职称相同而专业水平和能力并不相同甚至相差较大的情况。因此，对高端人才进行界定更应该看重的是同行评价，就是从能力和水平以及在专业领域的影响力的角度进行的界定。

在这个意义上，高端网络人才是指站在互联网研究领域前沿、掌握核心网络技术，基础特别扎实、综合能力特别强、具备创新意识、创新思维、创新能力、能够带动和影响网络行业发展的网络领军人才。

2. 具有"世界水平"的"国际级"人才

从人才在各专业领域的地位和影响看，"高端人才"应是具有本专业发展国际领先水平的人才。所谓的"高端"人才本身就是相对而言的，以什么标准和在何种范围内衡量人才，关系到"高端"人才的"含金量"。2016 年两会期间，习近平同志在参加上海代表团审议时指出，要以更加开放的视野引进和集聚人才，加快集聚一批"站在行业科技前沿、具有国际视野"的领军人才。众所周知，包括计算机技术在内的引领第三次科技革命的高新技术发轫于以美国为首的西方发达国家，到目前为止，在计算机技术领域仍然是这些国家起着引领和主导作用。有专家曾表示，在互联网领域，"我们缺乏一批能在国际舞台上表达中国立场和主张的领军专家。我们不仅要学习国际上的先进技术，更要参与并影响国际网络规则的制定。"① 我国的计算机和互联网行业要发挥后发优势，达到国际领先水平，更需要大批具有全球视野，准确把握本专业发展趋势、预见行业发展、精准聚焦本领域核心技术的学科领军人物和专家。因此，衡量我国网络人才的质量和层次也应该以国际互联网行业整体水平而言，是已经具备或者有潜力成为国际领先技术水平的人才。只有培养造就"世界水平"级别的高端网络人才，我国才能真正在互联网行业奋起直追，并占据一席之地。

3. 具有战略眼光和创新意识的领军人才

习近平同志在两院院士大会上的讲话中指出："我国科技队伍规模是世界上最大的，这是我们必须引以为豪的。但是，我们在科技队伍上也面对着严峻挑战，就是创新型科技人才结构性不足矛盾突出，世界级科技大师缺乏，领军人才、尖子人才不足，工程技术人才培养同生产和创新实践脱节。"② 习近平同志这段话尖锐地指出了我国科研队伍构成层次上的缺陷，这种情况在计算机互联网行业体现得也较为典型。业内专家认为，未来十年是中国互联网产业发展的重要机遇期，网络人才不仅仅与网络行业发展紧密相关，更因为其带动科技产业全面进步的趋势而与中国社会的变革与发展紧密相关，因此，如何培养造就高端网络人才，成为当前紧迫的问题。

从人才引领行业发展的作用来看，高端人才是站在学科领域科学研究最前沿、创新意识极强并兼具领导能力的人才。现代科技研究和发展的专业化和社会

---

① 沈忠浩，崇大海. 从战略高度培养人才是建设网络强国之关键［N］. 中国信息报，2014 - 8 - 19.
② 习近平. 新的事业呼唤创新的人才［EB/OL］.（2016 - 04 - 17）［2016 - 06 - 05］. http：//news. sohu. com/20160417/n444567770. shtml2016 - 04 - 1710：59：12.

化程度越来越高，每个行业内部从业人员之间的依赖性也越来越大，科研项目的研发需要多人协作才能完成。特别是在互联网行业，我国基础较为薄弱、研发和技术水平都较为低下，要想实现跨越和发展，不可能仅靠个人的创新发明来完成，必须依靠大量的创新团队，通过团队集体攻关，才能促进互联网行业的快速发展。因此，网络高端人才当然是具有战略眼光和具备创新意识、创新思维、创新能力，并具有卓越领导力的人才，是创新团队的核心人物[①]，也为我国网络人才建设最急需。需要指出的是，"人才"内涵有个体和群体之分，因此，网络高端人才也可以理解为群体，是"高水平的创新团队"。

（二）培养造就高端网络人才应把握的原则

2016年3月，中共中央印发了《关于深化人才发展体制机制改革的意见》（以下简称《意见》）。《意见》着眼于破除束缚人才发展的思想观念和体制机制障碍，解放和增强人才活力，形成具有国际竞争力的人才制度优势，明确了深化改革的指导思想、基本原则和主要目标，从管理体制、工作机制和组织领导等方面提出改革措施，是当前和今后一个时期全国人才工作的重要指导性文件。文件提出了坚持党管人才、服务发展大局、突出市场导向、体现分类施策、扩大人才开放等一般性原则。在这些原则的基础上，我们根据高端网络人才培养的特点和规律，提出以下原则。

1. 坚持政策和市场相结合

发挥政策和市场这两只"看得见"和"看不见"的手的相互协调和相互促进作用是培养造就高端网络人才的基本原则。《意见》指出："坚持人才引领创新发展，将人才发展列为经济社会发展综合评价指标。综合运用区域、产业政策和财政、税收杠杆，加大人才资源开发力度。"在现代市场经济社会中，政府和市场在社会资源配置中所起的作用和相互关系已经成为衡量一个国家管理能力成熟水平的重要标志，在人才培养和使用领域，则直接表现为在以政策为导向的基础上，充分发挥市场的决定性作用。《意见》指出，"充分发挥市场在人才资源配置中的决定性作用"，这就规定了在人才配置中市场起决定作用，而政府则起

---

① 鞠蕊. 网络信息化背景下拔尖创新人才培养探究 [J]. 科技论坛，2013 (23)：272.

服务、调节作用。高端人才作为潜在稀缺资源的创造过程，市场同样起决定性作用。市场机制通过对人才培养的高效回报，期待和激励人才主体实现自我价值，以此来筛选、促成高端人才的出现和成长，如供求机制能够引导人才的培养目标，价格机制能够通过促进人才价值的实现从而激发人才的创造潜能，竞争机制有助于高端人才脱颖而出，促进人才的健康成长。

国家政策对高端网络人才的培养具有宏观和方向性的影响，政策强化并引导社会重视高端人才培养，关注人才发展的潜力和创新能力的动态发展，营造有利于高端人才脱颖而出的社会舆论环境，促进高端人才培养、资助、评价和激励体系的良性发展。在政策导向基础上，还要充分发挥市场自发调节作用，通过市场本身的内在机制，特别是竞争、供求机制，从需求、质量、评价等方面为培养造就高端人才提供动力。当然，市场作用的发挥只有在国家政策的宏观调控和指导下，才能避免市场无序发展的弊端。因此，只有把握好政策和市场的辩证关系，准确定位二者的作用和界限，才能培养造就出高端人才。当然，由于市场调节存在自身难以克服的缺点，如自发性、滞后性和盲目性，因此，国家必须对其进行及时有效的调控，从符合国家互联网发展全局和国家信息安全全局的高度，通过特殊政策或者政策倾斜，引导国家亟需而市场需求不明显的高端网络人才培养；在科学预见网络和计算机行业发展前景基础上，促进高端网络人才的培养。

2. 坚持培养与引进相结合

自主培养人才与积极引进人才相结合是世界各国人才队伍建设的普遍原则和基本做法。在互联网这个以创新为生存发展命脉的新兴行业，高端人才的竞争尤为激烈。近年来，我国互联网行业发展势头猛、普及广，带动了计算机网络专业的人才培养，全国多个综合性高等院校设置了相关专业，培养了大批行业发展急需的人才。但从总体而言，我国的网络信息核心技术与世界先进水平相比，依然存在较大的差距，在涉及国家网络信息安全等领域的"世界级"拔尖创新人才、领军人才缺口较大，短时间内也无法通过自主培养满足这一需求，因此，积极引进我们急需的高端人才成为弥补网络计算机行业人才短板的有效途径。

《意见》指出，"实行更积极、更开放、更有效的人才引进政策，更大力度实施海外高层次人才引进计划（国家'千人计划'），敞开大门，不拘一格，柔性汇聚全球人才资源。对国家急需紧缺的特殊人才，开辟专门渠道，实行特殊政策，实现精准引进。支持地方、部门和用人单位设立引才项目，加强动态管理。"习近平同志强调，"外国专家主管部门要继续完善外国人才引进体制机制，切实保护知识产权，保障外国人才合法权益，对做出突出贡献的外国人才给予表彰奖励，让有志于来华发展的外国人才来得了、待得住、用得好、流得动。要遵循国际人才流动规律，更好地发挥企业、高校、科研机构等用人单位的主体作用，使外国人才的专长和中国发展的需要紧密契合，为外国专家施展才能、实现事业梦想提供更加广阔的舞台。"[①] 关于互联网人才的引进，习近平同志特别强调，"网信领域可以先行先试，抓紧调研，制定吸引人才、培养人才、留住人才的办法。"[②]

网络高端人才要坚持以自主培养为主、引进人才为辅。核心技术买不来，高端人才同样不能只靠引进，涉及互联网核心技术的高端人才归根结底还是要靠自己培养。要加强学科专业建设和教师队伍建设，改进和创新人才培养模式，促使更多的高端人才脱颖而出。正如习近平同志所指出的，"培养网信人才，要下大功夫、下大本钱，请优秀的老师，编优秀的教材，招优秀的学生，建一流的网络空间安全学院。"[③]同时要积极抓住全球经济特别是发达国家经济发展放缓给我国提供的机会，加大人才引进的力度。"在人才选拔上要有全球视野，下大气力引进高端人才。随着我国综合国力不断增强，有很多国家的人才也希望来我国发展。我们要顺势而为，改革人才引进各项配套制度，构建具有全球竞争力的人才制度体系。不管是哪个国家、哪个地区的，只要是优秀人才，都可以为我所用。"[④]不断提高我国在全球配置人才资源的能力，同时加紧进行人才体制机制改革，用好引进的高端人才，使其切实发挥应有作用。

3. 坚持人才队伍建设整体相宜

培养造就高端人才必须与网络人才队伍整体建设同步规划整体相宜。俗话说"水涨船高""红花也得绿叶衬"，高端人才本身就是一个相对的动态概念，是从

---

① 习近平. 创新的事业呼唤创新的人才［EB/OL］.（2016 – 04 – 17）［2016 – 06 – 06］. http：// news. sohu. com/20160417/n444567770. shtml2016 – 04 – 1710：59：12.

②③④ 习近平在网络安全和信息化工作座谈会上的讲话［N/OL］. 人民日报，（2016 – 04 – 26）［2016 – 06 – 06］. http：//media. people. com. cn/n1/2016/0426/c40606 – 28303634. html.

人才队伍整体角度对人才质量和地位进行的判断。由于互联网行业和部门分工的高度发展，高端人才的作用和影响需要各类各层次人才的配合支持才能实现。我国要实现在互联网行业的"弯道超车"，需要大量的、各层次的专门人才，只有在一定"量"的积累基础上，才能实现人才建设"质"的突破。这是因为，人才队伍整体素质和质量不仅决定高端人才的"高度"，还决定高端人才的"密度"，更决定高端人才的"效用"发挥。要做好高层次人才的培养造就工作，必须从网络人才建设的整体和大局出发，提高整个人才队伍素质，为高端人才的脱颖而出打下良好基础；同时，充分发挥高端人才的辐射和带动作用，促进其他层次人才队伍建设，形成分布合理的人才队伍梯队。一定意义上，只有实现网络人才队伍建设的整体相宜，才可能造就高端网络人才持续涌现的局面，使高端网络人才的作用得到充分发挥。

4. 坚持专业能力与职业道德建设相结合

专业能力与职业道德是关系高端网络人才综合素质的重要方面。专业能力主要是指人才在进行本专业相关工作过程中表现出来的思考问题、发现问题和处理解决问题的实际能力。职业道德是一般社会道德在职业生活中的具体体现，是职业品德、职业纪律、专业能力及职业责任等的总称。

网络和计算机从业人员的职业道德主要体现在计算机安全、网络规范、知识产权、道德约束等方面。一方面，互联网是技术密集型产业，也是技术更新最快的领域之一，这就决定了高端网络人才培养必须以提高专业能力为核心，否则就会在激烈的国际、国内竞争中处于劣势，高端人才的培养也就失去了意义；另一方面，正是由于互联网对我国经济、社会发展所处的重要地位以及目前日益严峻的网络安全形势，必须坚持把职业道德作为衡量人才培养质量的重要判断标准。只有培养出"又红又专"的高端网络人才，才能在推动我国互联网事业发展的同时保证国家网络安全。高端网络人才只有加强职业道德建设，才能坚持实事求是和科学求实精神，以对国家和社会负责的崇高使命感和高度责任心，带领团队攻坚克难，勇攀技术高峰，实现本专业领域的跨越发展。正如习近平同志所要求的那样，"科技人员要有国家担当、社会责任，为促进国家网信事业发展多贡献自己的智慧和力量。"①

（三）培养造就高端网络人才应注意的问题

在坚持以上几个原则的基础上，培养造就高端网络人才还要坚持辩证思维，坚持"两点论"和"重点论"相结合，正确把握好以下关系。

1. 正确处理政府主导与企业合作的关系

坚持政策和市场相结合原则培养造就高端网络人才，必须处理好政府主导与企业合作的关系。现代社会，人才作为社会生产力的主体和社会资源的实体性要素，当然是通过市场进行配置的重要内容。依靠市场交换的内在规律自发作用来促进人才的培养是世界通行的规则，也是培养高端网络人才必须遵循的原则，利用供求、价格、竞争等市场机制，促进高端网络人才的培养。如前所述，政府通过制定政策、指导管理，对人才培养、集聚、流动起着重要的支持和导向作用，关系人才培养的质量和数量。这就要求政府着眼实际，建立健全人才发展规划体系，营造有利于高端人才培养的社会环境，加强人才培养的基础设施建设，在经费投入、人才培养模式、科研、知识产权保护、公共服务等方面提供政策法规支持。

在政府主导与企业合作的关系中，发挥企业作用是关键。社会主义市场经济条件下，企业作为市场主体，也是研发主体、创新主体，更是人才培养特别是高端人才培养造就的主体，企业与人才特别是高端人才之间是一种相互依存、相互促进的良性循环关系。企业通过发挥市场的自发调节机制，培养人才、集聚人才、使用人才；而高端人才的集聚也为企业自主创新、参与国际国内竞争创造条件。政府要为企业培养造就人才发挥服务作用，通过加大政策支持和体制机制改革，打破阻碍人才成长流动的各种体制机制壁垒和政策制度藩篱，为高端人才发展打通脱颖而出的通道，提供展示才华的平台。

2. 正确处理整体推进与重点突破的关系

坚持人才队伍建设整体相宜的原则，要把握好人才建设整体推进与重点突破

---

① 习近平. 在网络安全和信息化工作座谈会上的讲话［EB/OL］. （2016 – 04 – 26）［2016 – 06 – 06］. http：//media. people. com. cn/n1/2016/0426/c40606 – 28303634. html.

的关系。坚持整体推进，就是从网络空间人才体系建设的整体出发，统筹谋划，建设包括网络空间战略人才、网络安全与信息科技领军人才、网络空间法律人才、优秀的网络企业家以及网络安全和信息技术工程师为主体的多层次专业人才，使之合理分布，相互促进，实现各类人才队伍建设协调发展。但对于我们这样一个互联网发展基础薄弱的"后发"国家，要在日趋激烈的技术和人才竞争中立于不败之地，就需要认清自己存在的"短板"和"命门"，在关键领域实现高端人才培养的重点突破，尤其是在互联网核心技术领域。2016 年 4 月 19 日，习近平同志在网络安全和信息化工作座谈会上发表重要讲话，指出"同世界先进水平相比，同建设网络强国战略目标相比，我们在很多方面还有不小差距，特别是在互联网创新能力、基础设施建设、信息资源共享、产业实力等方面还存在不小差距，其中最大的差距在核心技术上。"[1] 互联网核心技术是我们最大的"命门"，核心技术受制于人是我们最大的隐患。我们要掌握我国互联网发展主动权，保障互联网安全、国家安全，就必须突破核心技术这个难题，争取在某些领域、某些方面实现"弯道超车"。

当前，我国计算机网络人才队伍建设任务主要由高等院校和行业培训机构来完成，高等院校是人才培养的主要力量。从 20 世纪 90 年代开始，全国多个综合性高等院校开始设置计算机网络专业，计算机网络技术人才在国家网络信息化建设中发挥了重要作用。但是，在涉及国家网络信息安全和网络核心技术等重要领域，网络科技人才缺口依然很大，高水平的网络领军人才还十分匮乏[2]，制约了我国网络信息技术的创新发展。我们要健全和完善计算机网络相关学科建设，并以此为基础，在教学资源如师资配备、经费投入、条件建设等方面加大投入，促进人才培养体系化、规模化、系统化，解放思想，拓宽事业，创新思路，把院校与企业结合起来，促进核心技术领域高端人才的脱颖而出。

3. 正确处理精神激励与物质激励的关系

马克思说过，人们为之奋斗的一切，都同他们的利益有关。物质利益需求和精神需求是现实的人的自我价值的体现。物质利益需求表现为对一定水平的生活

---

① 习近平. 在网络安全和信息化工作座谈会上的讲话［EB/OL］.（2016 – 04 – 26）［2016 – 06 – 08］. http://media. people. com. cn/n1/2016/0426/c40606 – 28303634. html.

② 于世梁. 论习近平建设网络强国的思想［J］. 江西行政学院学报, 2015（2）: 41.

条件的要求，如一定量的报酬和福利等；而精神需求则是人对自身存在价值得到他人、社会承认和肯定的非物质层面的内在要求，如获得荣誉，得到尊重。物质利益需求是基础，精神需求是高于物质需求的更高层次的需求，物质利益需求得到满足后，人们的精神需求上升为主要需求。

贯彻高端网络人才培养原则，其最终目的是充分调动人才的积极性和主动性，形成努力成才、渴望成才的强大动力，这就要把握好精神激励与物质激励的关系，坚持思想领先原则。《意见》强调，要加大对创新人才的激励力度，以及科研成果转化、完善分配制度和人才奖励制度等方面的政策和制度探索和创新，强化人才创新创业激励机制。

互联网行业是一个技术密集和人才密集的行业，人才特别是高端网络人才的作用和价值更为凸显。这就要求我们必须尊重人才创新创造价值，建立完善充分体现创新能力、工作业绩的分配制度，做到一流贡献一流报酬，以价值体现价值，用财富回报财富①。这无疑对人才的培养具有很大的激励作用。同时，要充分发挥精神激励作用，特别是高层次网络人才，他们自我实现的需求比一般人更为强烈，把事业看成自己的生命，把能否充分施展自己的才华看得比以物质财富衡量自己的才华更为重要，仅仅靠物质手段反而不能满足他们对自身价值评价的需求。要通过建立和完善国家荣誉制度，对具有重大创新贡献的人才在政治上给地位，在社会上有尊严。当然，高端人才无论是培养还是引进，都要坚持思想领先，以精神激励为核心。核心技术、创新技术买不来，单靠金钱也培养不出、吸引不住、留不住真正的高端人才。要加强思想政治教育和人生观引导，使高端网络人才树立以国家利益、社会责任为重，以造福社会、造福人民作为自我价值实现的成才观，为了国家、民族的利益而自觉努力成才，这样的高端网络人才是我们真正需要的人才。

二、 开发利用网络人才资源

当前，我国作为一个互联网新兴大国，网络已走进千家万户，网民数量居世

---

① 在人才激励上多想办法［EB/OL］.（2016 – 04 – 15）［2016 – 06 – 08］. http：//rencai. peo-ple. com. cn/n1/2016/0415/c244807 – 28279851. html.

界第一位，已成为网络大国。但同时要看到，网络人才总量不足、网络人才结构不合理，尤其是在自主创新以及一些核心关键技术方面的人才还非常缺乏，国内互联网发展瓶颈仍然较为突出。因此，在建设网络强国和"互联网＋"战略背景下，必须高度重视网络人才资源的开发利用，为实现目标提供有力的人才和智力支撑。

（一）开发利用网络人才资源的主要内涵

1. 人才资源的含义

人才资源指人力资源中较为先进、较为精华的部分，即人力资源中素质层次较高的那一部分人。由此说来，它是能够作为生产性要素投入经济社会活动的人才，一般是指全部人口中具有劳动能力的人才。人才资源与人力资源一样，也有狭义与广义之分。狭义的人才资源，即具有劳动能力的劳动适龄人才。广义的人才资源，即狭义人才资源部分加上超过劳动年龄而还有劳动能力的那部分老年人才。[①]

2. 网络人才资源的含义

关于网络人才资源的含义，目前学术界尚未有明确的界定。我们认为，依据人才资源的概念内涵，可以对网络人才资源的含义作如下界定：指网络人力资源中较为先进、较为精华的部分，即网络人力资源中素质层次较高的那部分人才。

3. 网络人才资源开发的含义

网络人才资源开发，是指一个互联网企业或组织团体在现有人才资源基础上，依据企业的战略目标、组织结构变化，对人才资源进行调查、分析、规划、调整，提高组织或团体现有的人才资源管理水平，使人才资源管理效率更好，为团体创造更大价值的过程。其核心内容包括培训开发、组织发展和职业生涯规划三个部分。具体可以从四个方面来理解：一是开发的对象是人的智力、才能，即人的聪明才智；二是人才资源开发的手段主要是借助于教育培训、激发鼓励、科

---

① 叶忠海. 叶忠海人才文选（人才科学开发研究）［M］. 北京：高等教育出版社，2009：187.

学管理等手段来进行；三是人才资源开发活动是无止境的；四是人才资源开发是一项复杂的系统工程。人既是开发的主体，又是被开发的客体，开发过程既受主观因素的影响，又受客观因素制约。人才资源通过开发，实现两个目标：一是提高人的才能；二是增强人的活力或积极性。

（二）开发利用网络人才资源应把握的原则

1. 人才优先发展原则

网络人才优先发展原则，是指着眼建设网络强国需要，确立网络人才在经济社会发展中优先发展的战略布局，充分发挥网络人才的基础性、战略性作用，做到网络人才资源优先开发、网络人才结构优先调整、网络人才投资优先保证、网络人才制度优先创新，促进经济发展方式向主要依靠科技进步、网络人才素质提高、网络人才管理创新转变。

坚持网络人才优先发展原则，要切实做到"四个优先"。一是网络人才资源优先开发，大力培养选拔优秀的、有潜力的网络人才。进一步加大网络人才资源的开发培养和评选表彰力度，更加重视网络人才培养模式的创新和网络人才可持续发展能力的开发，更加注重凭贡献评选表彰网络人才。二是网络人才结构优先调整，引领产业结构优化升级。在调整目标上，要根据事业发展需要适时调整网络人才队伍的专业结构、层次结构、分布结构；在调整手段上，要处理好市场配置与政府引导的关系，既要遵循市场运行规律，促进网络人才"自然流动"，又要发挥好政府引导作用，推动网络人才"按需补缺"。三是网络人才投入优先保证，有效保障网络人才事业发展。牢固树立网络人才投入是效益最高投入的理念，开放网络人才资源开发管理市场，引导政府、企业和民间资本共同投资开发网络人才资源，共同推进网络人才事业科学发展。四是网络人才制度优先创新，构建网络人才发展良好环境。科学谋划设计对网络人才事业发展具有全局性、根本性、创新性的工作制度，以政策创新为突破，努力破除网络人才工作中的体制机制障碍，促进网络人才事业科学发展。

2. 人才预先合理储备原则

网络人才预先合理储备，是指为了互联网企业的长远发展，在准确把握企业的战略目标和人才资源规划的基础上，设计优化对网络人才的层次、数量、结构，通过长期性、持久性、针对性的网络人才库存与培养，保证网络人才能够满足企业长远发展目标需求的人才资源管理开发策略。需要着重指出的是，网络人才预先合理储备需要从互联网企业未来的发展目标出发，对企业网络人才的现状进行深入分析，明确网络人才的层次、数量、结构与环境的关系。必须着眼"互联网＋"战略需求，科学预测互联网行业人才需求，把握网络人才发展特点规律，提前合理进行网络人才储备。通过预先合理储备人才，可以使企业在激烈的竞争中占据人才优势，并通过高端人才带动企业发展，从而获得竞争优势。

之所以需要预先合理储备人才，主要基于四个原因：一是未来人才的稀缺程度将会加大，二是未来吸引人才的难度将会加大，三是未来吸引人才的成本将会增加，四是人才储备可以为人才的使用创造条件。"凡事预则立，不预则废。"对于互联网企业来说，人才储备能够为人才建设起到重要物质基础作用，脱离人才储备，就无法开展人才资源建设。互联网企业进行人才储备时，需把握六个方面：一是广泛吸引人才；二是不拘一格选拔人才；三是培养复合型人才；四是尝试建立企业人才竞争力评价指标体系，充分确定人才储备提前量；五是实现企业人才信息共享，推进人才储备产业化；六是建立企业人力资源储备库。通过紧紧围绕选人、育人、留人、用人四个环节，逐步形成专业齐全、比例合理的后备网络人才队伍，为互联网企业未来发展提供有力的人才和智力保障。

3. 人才资源配置优化原则

人才资源是人类社会各类资源中最活跃、最积极、最具生产力的一种"活性"资源。人才资源配置的优劣直接决定着企业其他各类资源效用的发挥，人才资源的优化配置对企业来说尤为重要。人才资源优化配置，是指互联网企业通过各种方法使网络人才资源得到最优的配置比例以及在此基础上做到人尽其才、才尽其用，从而提高人才资源的投入产出率，为企业带来尽可能多的经济收益。

随着互联网技术和市场经济的飞速发展，国内很多互联网企业要在国际大企业和同类企业双重竞争的夹缝中生存发展，就必须拥有自己实用、高效、经济的人才资源优化配置原则与模式。人才资源合理优化配置，不仅是对各类网络人才工作的主动性、积极性及创造性进行充分调动，更要确保企业网络人才队伍健康发展，实现事半功倍的效果。人才资源优化配置应遵循三条原则。一是应符合人事相宜原则。俗话说的好：牛耕田，马拉人；车载物，舟渡河。几种不同事物代表能力不同的人，充分表明人事配置适宜时才能人尽其才，并发挥最大作用。二是应符合能岗匹配原则。就是说人的素质、能力应与所在岗位的要求配置相符合，要合理。在有关条件适宜的基础上对岗位具有一定的胜任空间。只有存在差距才会有追求的动力，进而形成高层人才具有一定事业心、中层人才具有一定责任心、一般人才具有一定上进心的良好局面，从而为企业发展打下坚实的基础。三是应符合动态相宜原则。过去适宜的目前不一定适宜，目前适宜的将来不一定适宜。员工与企业一起成长甚至比企业发展还要迅速的思想必须在员工心中树立，这样才能使员工在竞争中更具优势。互联网企业通过对人才资源进行优化配置，最终充分调动各类网络人才工作的积极性、主动性和创造性，实现企业网络人才最优比例配置，实现岗位和人才的最佳匹配。以此确保互联网企业人才队伍和谐发展，真正收到事半功倍的效果。

4. 人才培养渠道多样化原则

人才培养渠道多样化原则，是指互联网企业为了留住人才、用好人才、使人才充分发挥聪明才智，拓展多种渠道开展人才培养工作，提高人才，发展人才，以此来吸引人才、留住人才，提高人才的综合素质，从而提升企业的整体核心竞争力。英国科学家詹姆斯·马丁研究表明，人类科学知识在 19 世纪每 50 年增长 1 倍；20 世纪中期，每 10 年增长 1 倍；20 世纪 70 年代，每 5 年增长 1 倍；目前，估计每 2～3 年增长一倍。今天，人类社会已进入互联网时代，面对信息网络技术的飞速发展，知识更新的速度越来越快，对人的素质要求越来越高。只有重视加强对网络人才的教育培养，才能使其不断获取新知识、新技能，才能适应时代和经济社会发展需求。

根据互联网行业的发展趋势以及网络人才自身的素质特点，互联网企业可以采取以下四种方式，灵活拓展人才培养渠道。一是参加国际交流培训。应该说这是对网络人才培养最直接最有效的办法。在有针对性地选拔人才参加国内相关院校培训的基础上，还要有计划、有步骤地将那些学历高、素质好、接受能力强、有发展前途、尤其是与企业长远发展密切相关的年轻后备人才，向国外知名互联网企业输送进行培养。二是积极进行专业培训。为全面提高网络人才队伍的整体素质，互联网企业应遵循"得人者昌，用人者兴，育人者远"的育人、用人理念，按照"分层级、按类别、强化培训、反复培训、优先培训"的原则，有针对性地对高端管理人才、经营管理人才、专业技术人才进行全面培训。通过扎实的业务培训，着力增强员工的自觉性、积极性、创造性以及对企业的归属感，在不断提高企业效益、培养企业长远发展后备力量的同时，全面提升企业网络人才队伍整体素质。三是加强轮岗培训。从互联网企业人才队伍建设实际出发，有计划、有目标地选送一些特殊人才、重点人才到各个企业单位进行轮岗实习，使其在实践中迅速成长。四是鼓励自学。积极鼓励人才参与各种短期培训、学历教育、各类岗位技能培训，通过上述渠通方式，努力缓解网络人才短缺的矛盾。

5. 人才政策措施保障原则

人才政策措施保障原则，是指互联网企业为了更好地开发人才、培养人才、留住人才、激励人才，充分调动人才的主动性、积极性、创造性，增强他们的团队意识、主人意识、创新意识，着力在政策机制保障方面下功夫的一种人才资源开发原则。按照政策措施保障原则开发利用网络人才资源，需要重点强化人才政策的保障和激励机制建设，具体包括以下几点。一是树立科学理念，从思想观念和作风建设入手，制定实施符合本企业实际的人才发展规划，树立正确、科学的用人理念。二是完善企业管理制度，建立完善内容清晰、指导性和实用性强的管理制度。三是建立规范合理的薪酬体系，构建稳定并具有激励作用的薪酬体系。四是营造人才脱颖而出的法制环境，制定防止人才外流和吸引人才回归的法律、法规。五是健全各项保障措施，从物质待遇、生活条件等员工关心、关注的方面着手，以超常思路，不惜重金引进人才；积极为员工办理"五险一金"等保障，使员工没有后顾之忧，使他们全身心地投入到企业长远发展中去，为企业发展做出自己应有的贡献。通过以上措施，最大限度地调动人才的工作积极性、主动性和创造性，让人才把能量充分释放出来。

（三）开发利用网络人才资源应注意的问题

近年来，"以人为本"理念在我国已经牢固树立起来，无论国家、军队还是企事业单位，普遍重视对人才的理解和尊重，但从人才长远发展、从人才战略角度来说，这还远远不够。从人才开发角度看，"以人为本"就是要充分理解人、尊重人、关心人，就是要紧紧依靠人的力量来推进各项事业的发展，其最终目的则是实现人才价值，促进人尽其才、才尽其用。从这个意义上说，一个国家、一个组织人才战略的核心应该是人才开发。同时，在开发利用人才资源时，组织人事部门应结合各类人才的素质特征、各种需求等因素，在掌握运用人才资源开发特点规律的基础上，充分发挥组织文化的作用，在全社会真正营造"四个尊重"的良好氛围。

1. 研究掌握网络人才资源开发的特点规律

苏联科学学学者Ъ·M. 凯德罗夫曾说，"发现规律，是各门学科的主要任务或目的。当有关的规律还没有被发现时，人只能描述现象，搜集事实并使事实系统化，积累经验材料。然而这并不是真正的科学，它什么东西也不能够解释，什么东西也不能够预言。"[①] 因此，开发利用网络人才资源也须深入研究掌握人才资源开发的特点规律，以增强人才资源开发的针对性和指导性。

一是充分尊重网络人才自我价值目标实现。美国著名心理学家马斯洛关于人的需要层次理论指出，当人的生存、安全需求被满足之后，一个普遍的特征就是渴望被尊重，希望自身价值被社会所认可。也就是说，完成与自己能力相称的工作，在自身价值实现中使自己的潜能得到充分的发挥，这是人类的最高需要。每个人都期望自己的理想、才华得到最大程度的社会认可和价值实现，这是人才成长最强大的内驱力。网络人才选择职业和岗位的第一驱动力，往往不是物质待遇，而是自身价值的实现以及成就感。在某种程度上，尊重与自我实现正是人才资源管理的中心环节。当前，建设网络强国，建设创新型国家，尤其是"互联网＋"战略的深入实施，大批富于进取精神的创新型网络人才越来越重视自身价值的满足程度和实现程度。我们知道，实现自身发展与自我价值是人类一直以来的美好理想，而创新的意义就在于对自我生命质量的提升、发现和开拓，也即马斯洛所说的"自我实现的创造性"。这就是说，创新精神和创新能力是人才全面发展的核心内容，网络人才的创新精神是否得到发扬，创新能力是否得以发挥，这是检验网络人才是否得到自我实现和全面发展的重要标志。因此，只有高度重视并实现网络人才的价值，才能有效盘活网络人才资源，才能实现网络人才个体和企业的双赢。

---

① A 拉契科夫. 科学学 [M]. 北京：科学出版社，1984：24.

二是借鉴吸收"马太效应"对人才开发的启示。"马太效应"是美国科学史研究者罗伯特·默顿于 20 世纪 70 年代概括的一种社会现象，主要对社会和经济生活中普遍存在的两极分化现象进行描述。这种现象的突出特点是趋利避害、强者恒强，即由于任何个体或群体在某一方面获得成功进步而产生优势积累，会使他们有更多的机会取得更大的成功进步。马太效应揭示了一个人或一个组织在发展过程中良性循环或恶性循环的两极发展走向，这对一个组织的事业发展和人才开发，都具有重要的启发意义。客观地说，无论人们是否愿意，马太效应不仅是客观存在的事实，而且在一定程度上体现了事物发展的潜规则。因此，我们必须充分认识它、理解它、尊重它、运用它，最主要的是利用它的基本原理，对未来可能发生在企业中的马太效应采取积极有效的应对措施，在做好预测规划的基础上，促使马太效应良性循环。对于开发利用网络人才资源来说，我们如果想实现马太效应的良性循环，就要切实尊重知识、尊重人才，形成人才规模效应，在稳定企业原有人才的基础上，加快事业的发展，更好地集聚人才，从而促进企业和人才发展实现双赢。如果对人才不够重视，那么，企业就会逐渐甚至很快垮下去，由此导致人才流失，更谈不上吸引和引进人才了。

三是有效应对"推拉定律"对人才开发的挑战。人才学家认为，在人才流动呈现"马太效应"的背后，实际上是"推拉定律"在"作怪"。所谓推拉定律，就是在人才流动过程中，有两种力量在起作用：第一是流出单位的推力效应，第二是流入单位的拉力效应。[①] 我们知道，人才合理流动是盘活人才资源的重要途径。习近平总书记强调，在人才流动上要打破体制界限，让人才能够在政府、企业、智库间实现有序顺畅流动。国外那种"旋转门"制度的优点，我们也可以借鉴。那么，为有效应对"推拉定律"挑战，互联网企业在开发利用网络人才资源时，一方面要在推拉定律中广揽人才。一个企业要很好地吸引人才，除了地理、生活环境比较理想外，员工的事业发展空间大、待遇比较好、人际关系融洽等方面同样重要。从历史角度来说，互联网企业管理者应该充分发挥马太效应的正面作用，克服小富即安思想，加大人才引进力度，由此才能更好地吸引人才，推进事业发展。另一方面要在推拉定律中积极应战。推拉定律告诉我们，一个单位不具备竞争力，招揽不到人才，除了地理位置、生活环境不太理想外，

---

① 薛永武. 人才开发学 [M]. 北京：中国社会科学出版社，2008：322.

还与单位缺乏事业发展吸引力、待遇不高、人际关系不和谐等因素有关。因此，在竞争中处于弱势的互联网企业，最重要的就是管理者要用真情感染人、用真心打动人、用诚心取信人、用良好的事业发展愿景吸引人，用可能的优惠政策服务人。由此，才能吸引到人才，才能使企业具有可持续发展的后劲和动力，从而在激烈的竞争中开创新的局面。

2. 重视发挥组织人事部门在网络人才资源开发中的重要作用

互联网企业人力资源开发在我国出现的时间不长，水平还比较低，存在的问题也不少，比如行政色彩浓厚、制度不健全、开发培养人才不够、薪酬分配体系不科学、人才流失严重、人力资源管理开发技术不成熟、普遍缺乏人力资源规划与相关战略等。客观地说，存在这些问题的原因固然是多方面的，有外部因素，如政策、文化环境、劳动者素质等，也有内部因素，如组织架构、制度框架、管理理念等，但我们往往忽视另外一个极为关键的问题，即互联网企业组织人事部门作用发挥不够的问题。分析目前组织人事部门发挥作用不够问题的原因，主要有三个：一是观念滞后，对人力资源管理开发的作用认识不到位；二是管理理念滞后，造成人力资源浪费；三是定位太低，人力资源部门难有作为。

着眼解决以上问题，发挥互联网企业组织人事部门作用，必须充分认清互联网时代人才开发的特点趋势。当前，互联网人才资源的开发与管理呈现出一系列新特点，概括说有八大趋势：一是人才开发战略化。在"互联网＋"背景下，人才开发战略化特点趋势越来越明显。劳动力的多少往往不成为发展的重要因素，最重要的是看谁拥有更多的高素质人才，建设网络强国首先必须开发人才资源。二是人才竞争全球化。当今世界人才资源开发的追赶竞争非常激烈，世界各国纷纷采取强有力措施，出台许多优惠政策，提升网络人才资源开发、配置、利用和管理效益，不断加大人才国际竞争力度。三是人才资源资本化。"人才资本是第一资本""人才资本投资是效益最好的投资"的人才资本化理念正在兴起，必须建立健全网络人才资本产权制度，支持人才创新创业，破除人才资源向人才资本转变的体制性障碍和政策性壁垒。四是人才配置市场化。人才配置市场化有利于提高人才资源的使用效率效益，有利于吸引社会资源投资人才资源开发。必须最大限度地发挥市场配置资源的决定性作用，促进人才与其他生产要素结合，推动网络人才资源向人才资本转变。五是人才所有社会化。全球化条件下"单位人"已变为"社会人",人才所有社会化特点趋势要求树立大人才观,最大限度地拓宽人才开发视野,按照"不求所有,但求所用"原则积极推动网络人才柔性流动。六是人才开发创业化。"互联网＋"条件下的网络人才向能干事、干成事的地区或岗位流动,自主开发、自主创业的特点趋势已明显呈现,需着力构建网络人才加事业平台加良好的创业环境。七是人才管理法治化。创新网络人才工作机制,实现人才管理制度化、规范化、法治化,需进一步加强党的领导和实施人才强国战略,加强人才管理制度和法制建设,制定切实可行的法律法规,逐步实现网络人才管理法治化。八是人才培养优先化。随着互联网技术在经济增长中的作用日益增强,教育发展和人才资本的先导作用更加明显。应紧紧抓住网络人才资源开发战略机遇期,加大人才培训力度,增加对人才培养的投入,全面提高网络人才素质能力。此外,还需做好以下四个方面:一是从转变观念入手,二是根据市场环境做好人才资源规划,三是增加投入搞好员工培训,四是转变角色提升人力资源部门地位。

3. 重视发挥企业文化在网络人才资源开发中的积极影响

企业文化是指一个企业的信念和价值体系,是组织在长期发展过程中形成的行为方式、传统习惯和价值观念,核心是价值观念。企业文化对人才资源开发有着极其重要的影响。这是因为,企业文化与人才开发的关系首先表现在价值观念的认同上。如果企业文化倡导的价值观与人才开发坚持的价值观相匹配,这样的企业会对人才开发产生正面影响,企业的人才开发会获得正面激励,企业凝聚力增强;反之,则会对人才开发产生阻滞作用,企业难以吸引保留人才。因此,开发利用网络人才资源,需高度重视企业文化,只有适应企业文化的人才资源开发才能奏效。面对激烈的国内、国际竞争,互联网企业要想保持基业常青,就必须随环境变化而进行自身变革。在变革过程中,企业文化建设应与企业人才资源开发同步进行,力求避免出现文化和开发"两张皮"现象。目前,互联网企业发挥文化在人才资源开发中的作用,可以从四个方面着力。一是用团队文化凝聚人才。大凡优秀企业都非常重视企业文化、团队精神建设能够在企业内部形成友好协作和相互帮助的文化氛围,建立相互依赖信赖的人际关系,通过把各个方面、各个层次的员工团结在企业周围,产生强大的凝聚力,从而使企业内的生产关系和同事关系保持和谐。二是用精神文化升华人才。企业精神文化是企业的价值观、经营理念和精神风貌的集合体，它能够反映企业的现实状况和员工的精神境界和道德意识，体现企业的经营理念与管理原则，激发员工的积极性创造性。在精神文化的熏陶下，员工面对困难挫折，勇往直前而成为更优秀的人才，进而创造出辉煌业绩。三是用制度文化约束人才。制度文化是企业文化的重要组成部分，是精神文化的保证。企业精神所倡导的一系列行为准则都必须依靠制度去保证，并通过制度来规范员工的行为，使企业精神转化为员工的自觉行动。四是用创新文化激发人才。企业的创新文化是企业的品牌，更是企业发展的动力。面对日益激烈的竞争，创新文化能力的高低直接决定着企业的生死存亡，创新型网络人才成为企业最重要的战略资源，建立激发人才的创新文化氛围越发重要。

4. 在全社会营造尊重人才的环境氛围

网络人才开发问题是关系党和国家人才战略实现、事业发展的关键问题。加强网络人才开发利用是贯彻落实网络强国基本方略、推进"互联网＋"深入实施的必然要求，必须以更大的决心、更有力的措施，努力营造尊重劳动、尊重知识、尊重人才、尊重创造的社会环境，营造广罗人才、人尽其才、人才辈出的社会氛围，营造人人尊重人才、人人争当人才的社会风气。"尊重人才"既是态度，又是行动，还必须体现在制度上，落实在行动上。互联网企业在开发利用网络人才资源时，必须从制度方面下功夫，努力营造人才开发的良好制度环境。一是不断优化创业环境。人才发展的体制机制和环境直接决定着人才的积极性创造性的发挥。因此，要革除一切不利于人才资源开发的体制弊端，构建充满生机活力，让人才各得其所、用当其时、才尽其用，有利于人才智力汇聚、创新活力迸发、优秀人才脱颖而出的人才创业环境。二是积极创新制度环境。创新型网络人才只有在创新的环境中才能发挥其应有的才干。这就要营造鼓励创新、支持创新、爱护创新、宽容失败的环境，使一切创新理念得到尊重、一切创新举措得到鼓励、一切创新才能得到发挥、一切创新成果得到肯定，从而使创新型网络人才脱颖而出，最大限度激发他们的创新活力，最大程度提高他们的创新能力。三是大力推动发展环境。要把握网络人才成长规律，充分尊重他们的特殊禀赋和个性，克服论资排辈、求全责备等陈旧观念，善于发现、大胆使用那些才智出众、个性特点突出的人才。同时，要以提高网络人才创新能力和实践能力为核心，以领军人才为重点，组织实施"首席专家培养工程""科技创新明星培养工程"

等，建立创新型网络人才梯队。四是有效实施引才环境。积极拓宽人才引进渠道，以更加开阔的视野、更加科学的方式选拔引进人才，为其提供更为广阔的发展空间和更加优质的工作平台。同时，还要重视为引进的人才解决后顾之忧，用感情、政策留人，给人以强烈的归属感，把尊重知识、尊重人才真正落到实处，从而在全社会形成鼓励、支持、保护人才干事创业的良好环境，使各类人才在推动发展中实现抱负，在贡献社会中得到尊重，在创新实践中发展成长。

三、突出强化网络人才安全

人才安全是指一个国家的人才队伍，在国际、国内人才市场竞争中，不会因其无序或过度流失而使经济社会发展的竞争优势受到损害或威胁[①]。当今世界，人才尤其是高端人才流动加速，各国都把人才当作最宝贵、最稀缺的资源。在清华大学，跨国公司已经把"触角"延伸到一些学院和系[②]，这反映出国际人才争夺日趋激烈，人才安全成为国家性的战略课题。我国推出网络强国战略，优先发展网络相关产业，产业的发展繁荣需要大量网络人才做支撑，因此，必须把网络人才安全问题摆到更加突出的位置。

（一）强化网络人才安全的重大意义

打个比方，我国对网络人才的需求就像一个超大号的水桶，里面盛的水就像是我国网络产业发展渴求的人才，网络人才建设机制就是源源不断向水桶注入新成分的泵，而网络人才的无序或者过度流失就像是打在这个桶底的洞，因为这个洞的存在，不管我们付出的努力有多大，都不可能填满水桶，巨大的网络人才需求永远也不可能被彻底满足。强化网络人才安全就是要堵住网络人才流失之洞，其重大意义不言而喻。

战国时代，魏国的人才可以说是群星璀璨，有吴起、商鞅、孙膑、乐毅、张仪、范雎、尉缭子，还包括信陵君等。可以毫不夸张地说，战国的经纬之才十之七八出自魏国，但这些人才绝大多数都流失了，尤其是商鞅、张仪、范雎的流

---

① 曹蓉，邱力生．人才安全问题与战略应对［N］．光明日报，2008 - 06 - 10.

② "人才争夺"现实残酷"人才安全"浮出水面［EB/OL］．（2003 - 12 - 17）［2016 - 07 - 03］.
http：//news. xinhuanet. com/newscenter/2003 - 12/17/content_1235965. htm.

失，直接帮助秦国成为第一强国，实在是令人扼腕叹息。整个战国史大约 250 年，其中 140 年魏国都是最强国，其最终衰亡与人才流失关系非常大。同一时期，还给后人留下"楚材晋用"① 的成语，本意为楚国的人才为晋国所用，引申为本国的人才外流到别的国家工作。战国时代，人才流失的巨大危害已经凸显，但仍停留在人才的自然流动阶段，即人才因得不到重用或受到迫害主动到别国求职。

发展到近现代时期，国际人才流动演变成国家幕后驱动的行为。美国一直高度重视"挖人"工作。1929 年，德国人约翰·冯·诺依曼，时年 26 岁，担任一所大学的助教以及汉堡大学的兼职讲师，年轻有为，生活境遇还算不错。美国普林斯顿大学此时向他发来一张客座教授的聘书，并承诺如果他愿意离开德国到美国定居，将增加薪金并在一年以后将他聘为正式教授，以更好的待遇、更高的职务、更丰厚的薪水、更优越的科研条件吸引他加入美国。冯·诺依曼欣然接受，选择离开德国到美国供职，后来在美国成为"电子计算机之父"，对计算机技术的发展起到"教父"式的作用。原子弹的爆炸、氢弹的发明、现代火箭的研制、人造卫星的上天、登陆月球的实现以及电子计算机时代的来临，无一不是改变整个人类历史并使美国引领世界趋势的大事件。然而，这些美国的"火箭之父""氢弹之父""电子计算机之父"都不是美国本土人士，全是来自欧洲的科学家。如果这些科学家留在欧洲而非美国，也许美国成为不了超级大国。美国运用国家力量引进人才，并因尝到甜头而乐此不疲。

美国实行的面向全世界吸引人才的战略，已经对世界各国人才安全形成威胁②，其他西方发达国家也更加重视对人才的争夺。新时代，网络产业作为一种快速发展的高端产业，是各国竞相发展的新领域，全球性的网络人才供求矛盾，也促使网络人才成为各国争夺的新目标，网络人才争夺的方式更加多元，争夺的人才类型也不仅限于顶尖网络科学家，还包括一般网络工程师等。早在 20 世纪 70 年代，欧共体就意识到必须制定和采取紧急措施以制止"智囊外流"③；近年来，日本、英国等都放宽了向引进的信息技术等人才发放绿卡的限制④。德国工

---

① 楚材晋用［EB/OL］. ［2016 - 08 - 07］. http：//baike. baidu. com/view/113091. htm.
②③④ 王庆东. 人才安全是强国战略［N］. 环球时报，2003 - 12 - 12（15）.

业界联合会（BDI）① 认为，计算机及相关行业发展太快，德国已经处于落后，相关人才严重短缺，只有从欧盟以外的国家大量引进专业人才，才能得到缓解，德国直接向需要的 IT 人才发放绿卡，利用德国经济发达、生活条件优越的优势，吸引经济相对欠发达地区的人才"一步到位"地向德国流去。澳大利亚则规定，凡是通信和信息专业的外国留学生，只要毕业合格就可以提出永久居住申请②。西方发达国家一直把我国当成其最大的人才基地，不仅大量引进我国顶尖网络人才，还通过在华建立研发机构"就地用才"等方式，吸引我国网络人才为其全球战略服务。如建立在我国的朗讯麾下的贝尔实验室，拥有科研人员 500 多人，其中具有博士、硕士学位的达 96%；微软中国研究院的 60 多名研究人员中，20名有国外留学背景，40 名是中国著名学府的博士；IBM 公司中国研究中心的 60多名研究人员全部具有硕士或博士学位③。综上，我国网络人才安全面临的威胁，绝不是耸人听闻，而是战火已经烧到家门口的一场战争。

对于一家网络企业，流失一个网络技术骨干带头人，或流失几个技术人员，可能造成整个网络企业产品研发系统陷入瘫痪；相应的，网络产品营销人员流失，可导致网络企业失去市场，使网络企业走向死路；中高层管理人员的流失，会造成网络企业的商业信誉损失而使网络企业股票暴跌。对于国家来讲，多留住一个网络人才，对我国网络产业的发展就多一份力量，多一份繁荣的希望。反过来说，流失一个网络人才，不仅是我国的损失，更将使他国受益，使之对我国形成更大相对优势。可见，面对网络人才安全威胁，突出强化网络人才安全对我国网络人才队伍建设、对网络产业发展，甚至对我国国家安全等意义都非常重大。

（二）强化网络人才安全的策略措施

即便是自然状态下，网络人才也会发生流动，更何况我们当前面临的是一场网络人才争夺的战争，而且对手是发展超前、异常贪婪、财力雄厚、经验老道的

---

① 德国工业联合会代表着德国工业界 37 个行业，成员有 10 万家企业，是德国工业界的代言人，其主要任务是影响国家经济政策，是维系联邦政府政策与德国经济界的纽带，对德国国家经济政策的制定起着决定性的咨询和顾问作用。德国工业联合会新任主席将来自中小企业［EB/OL］.（2014 - 11 - 23）［2016 - 07 - 03］. http：//www. mofcom. gov. cn/article/i/jyjl/m/200411/20041100308999. shtml.

② 常城. 正确对待人才外流问题 高度重视我国的人才安全政策［EB/OL］.［2016 - 07 - 03］.http：//htzl. china. cn/txt/2003 - 03/12/content_5292077. htm.

③ 赵必隆. 人才流失问题研究［J］. 企业家天地旬刊，2014（1）：58.

西方发达国家。网络人才竞争具有一切竞争共有的残酷特性，西方发达国家不会有任何的同情和怜悯之心，绝不会把到手的网络人才拱手让人，这需要我们主动作为，通过一系列策略措施构筑起我国网络人才安全防线。网络人才安全的核心是"留人"，首要问题就是要避免出现网络人才赤字，即网络人才流出与流入的差值，制定策略措施应突出强调增加流入和减少流出。

1. 加强领导，打造网络人才安全机制屏障

人才安全乃是国之大计，属于国家安全的一个重要范畴。网络人才安全又是人才安全的重要部分，必须把网络人才安全工作统一在政府的强力领导下，加强对网络人才安全的宏观调控和管理。通过制定政策法规、整合力量等，建立健全网络人才安全机制，不断推进网络人才安全工作的制度化、规范化、程序化，并建立网络人才安全工作领导机构，促进国家网络人才安全相关政策、措施的落实，保证我国网络人才安全。

建立网络人才安全预警机制。定期开展对网络人才安全态势的定性、定量评价，进行动态跟踪分析，及时进行预警，加强对网络人才流动的监管监测、统计分析，及时研究发现并解决妨害网络人才安全的新情况、新问题，将网络人才安全威胁扼杀于萌芽之中。

健全网络人才安全保障机制。网络人才安全保障机制作用于网络人才建设机制的形成过程，必须充分考虑网络人才安全的重大意义，针对网络人才安全形势做出相应调整，确保各种机制能够共同作用，保障网络人才安全。比如确保网络人才培养机制能够充分解决如何对培养出的人才进行保留的问题；确保网络人才管理机制能够引入国际化的网络人才管理方式方法，增加网络人才对工作环境的满意度；确保网络人才激励机制能够对网络人才形成有效吸引力等。

建立网络人才安全防范机制。政府统一领导，构建网络人才数据库，完善网络人才备案入库制度和顶尖网络人才流动审批制度，确保掌握国家核心网络技术的人才和高层次管理人才队伍的安全稳定。同时，制定完善相应法规来规范不合理的网络人才流动，借鉴国外"竞业避止"① 的规定和做法，用人单位可通过与

---

① 所谓竞业避止，是指负有特定义务的人不得对其所服务的企业从事具有营业竞争性质的行为，其实质是禁止职工在本单位任职期间和离职后一段时间内与本单位竞争，只有通过合理的竞业避止才有可能提供有效堵塞侵犯商业秘密权的"主渠道"的有利条件，消除侵权者赖以侵权的职业依托和社会角色的支撑。竞业避止［EB/OL］.［2016–08–10］. http：//baike. baidu. com/view/4710547. htm.

一些特殊岗位上的网络人才签订保密协议，建立有约在先、防范在前、责任到人的网络人才安全和风险防范的契约机制，以减少国家或单位因关键网络人才外流而造成的重大损失，确保国家网络产业安全发展①。

建立网络人才安全问责机制。通过建立网络人才安全工作问责机制，将网络人才安全工作的责任落实到各参与主体，谁承担责任谁就要对出现的网络人才安全问题负责到底。针对高端网络人才流失事件、重大网络人才安全问题等，一查到底，深入发掘网络人才安全问题隐患出现的根源，对相关单位、人员进行惩治，有效解决各参与主体不作为、乱作为的不良行为，鞭策各参与主体团结一心、形成合力。

2. 发挥优势，形成具有中国特色的吸引力

提供丰厚物质报酬、优越生活待遇、优先加入国籍等条件是西方发达国家吸引发展中国家人才流入的惯用手段，不可否认这些手段非常有效，是影响网络人才流动的重要条件，但并非是唯一条件，不应过分夸大其作用。而且，随着我国经济社会发展进步，这种方法对我国网络人才的吸引力正在逐步减弱。从另一个角度来看，西方发达国家对这种手段的运用已经非常娴熟，建立起一整套的法律法规、政策制度，如果我们单纯地效仿它们，继续用这种方式挽留网络人才，相当于在同一条道路上追着对手奔跑，只能处于被动状态，赶超的难度和成本都非常高。因此，我们可以结合制度优势、文化特点、社会传统等，探索形成独具中国特色的网络人才吸引力，并使之成为网络人才在出国和留下之间抉择时的重要参考。

一是发展理念吸引力。十八届五中全会提出创新、协调、绿色、开放、共享五大发展理念，总结了30多年来我国改革开放和现代化建设的成功经验，吸取了世界上其他国家在发展进程中的经验教训，概括了世界历史力量转移的重要启示，揭示了经济社会发展的客观规律，这种科学的发展理念能够引领世界未来发展趋势，本身就具有极大魅力。当前，我国正在大力推进网络强国战略，大力推广"互联网＋"等发展模式，促进产业网络化，很多新生事物、创意产业将会诞生，必将给网络产业的发展带来巨大想象空间。我们应积极地将中国这种先进

---

① 张峰. 构建适合我国国情的人才安全政策［N］. 中国人事报，2006 – 10 – 23.

的产业发展理念推广出去，增强网络人才对我国网络产业发展理念的认同，从而形成吸引力。

二是特色文化吸引力。世界上很多国家都注重通过文化输出和国际宣传，宣扬自己的文化，塑造自己的"国家梦想"，并凝聚成为一种国际形象品牌[①]，进而吸引全世界的人才投怀送抱。由于西方发达国家对我国的强势文化输入，很容易让我们忽视我国的特色文化优势，而不注重发挥其重要作用。我们有独具一格的餐饮文化、孝道文化、包容文化等优良传统文化，又有世界上绝无仅有的中国特色社会主义先进文化，这些都是我国的文化优势。要想避免单纯依靠报酬、待遇等来争夺全球顶尖网络人才，将"争夺"变成"吸引"，让那些怀有雄心的网络人才主动来到中国，就要加强文化输出，在全世界塑造一个凝聚"中国梦"、共筑"中国梦"的强势文化品牌，不仅仅让海外人才到中国赚钱，更要让他们深深地为中国的文化所吸引，愿意留在中国扎根并安居乐业，心甘情愿地把产业和成果留在中国。

三是亲情感情吸引力。当代人才的流动，不再是简单的由经济欠发达国家流向发达国家，打破了人才单向流动的趋势，也有人才从发达国家向母国回流甚至环流的现象，也充分说明经济收入不再是唯一决定性因素，亲情情感也可以成为吸引海外人才回归母国的重要因素[②]。选择到国外工作的人才比起留在国内的与其能力水平相当的同胞，虽然经济收入有大幅提高，但在社会地位和亲情感情上的幸福感，远远无法与同胞相比。我国自古就有"光宗耀祖""国家兴亡，匹夫有责"等社会传统，中国人有着浓厚的"家国"情怀，我国培养出的网络人才是在中国特色社会主义制度呵护下成长起来的，成长过程中受到中国传统文化的熏陶，骨子里的"家国"情怀是无法消弭的。应当充分发挥我国在舆论引导、典型塑造等方面的优势，培树并宣扬投身网络产业，为建设网络强国做出突出贡献的"从网报国"先进典型。不仅要对优秀网络人才个人进行表彰，还要对优秀网络人才的家庭、家乡进行宣传，还可对优秀网络人才的家庭发放特殊补贴、进行节日慰问等，使其充分感受到与祖国的情感联系，努力报效国家。

四是制度优势吸引力。受益于中国特色社会主义制度优势，我国在很多方面具有西方社会所不具有的优势。比如重视社会治理，治安状况整体良好，能给网

---

①②　王辉耀. 遵循国际人才流动规律引进人才 ［N］. 中国组织人事报，2014－06－05.

络人才带来安全感。而在美国，普通人随时有被枪击的危险。在欧洲，暴恐袭击不断，人身安全难以保障。我国政府形成决策的效率很高，能够根据产业发展变化，快速及时推出有利于网络人才的决策政策。而美国等西方国家推出一项决策，要权衡各大资本集团的利益，形成决策受掣时，过程非常缓慢。我国的制度优势还有很多，都应该被充分发挥出来，并形成对网络人才的有效吸引力。

以上这些特色的网络人才吸引力，是西方发达国家所不可能模仿或获得的，应该成为强化网络人才安全的一个重要着力点。

3. 加速发展，用产业竞争力汇聚网络人才

网络产业发展繁荣与网络人才汇聚的关系，就像是"先有鸡还是先有蛋"的问题，二者相辅相成，没有网络人才的大量汇聚就没有网络产业的发展繁荣，没有网络产业的发展繁荣也难以汇聚大量网络人才。网络产业不仅是经济社会发展的新引擎，更是留住网络人才的关键。

网络产业是网络人才发挥效能的平台和载体，只有将网络人才的能力素质优势，转化为可以投入市场的网络产品优势，才能凸显出网络人才的价值。网络人才尤其是高端网络人才最关心的是找到发挥自身价值的"着力点"，网络产业链、网络项目源就是最具吸引力的"着力点"。只有网络产业的发展繁荣，才能给网络人才提供更多实现个人发展的机会。因为网络产业发展到一定高度，就能够在某个地区或者某个国家，形成完整的网络产业链，产生网络产业集聚效应，造就网络产业集群，产业集群能提供大量工作机会、较高的收入和较好的人才成长性①，可形成大量的创业园区、科技团队、孵化基地、信息交流平台等，为网络人才实现自身抱负提供有力支撑，从而形成对网络人才的最有效的吸引力。

俗话讲，"水往低处流，人往高处走"。立足网络产业发展的制高点就意味着有更多的挑战，能够实现更大的价值。综观国内，网络人才总是向网络产业发达的城市集聚；国际上，网络人才的流动方向也往往是网络产业高度发达的国家或地区，比如美国的硅谷等，就可以大量汇聚网络人才。可以说，有什么样的产业就能留住或吸引什么样的人才，加快网络产业的发展是汇聚网络人才的必要策略。

---

① 王勇 . 人才集聚研究综述［J］. 成才之路，2013（24）：3.

4. 破除障碍，为网络人才的发展开山铺路

真正的人才需要一定的物质待遇以满足生活所需，但更重要的是追求才华的展示和个人价值的实现。自古以来，得不到重视或者发展受到阻碍，都是引起人才流动的最大内在因素。因此，破除网络人才发展进步道路上的阻碍，解除网络人才对发展前景的顾虑，为网络人才的成长创造有利环境，是强化网络人才安全的重要策略。

解网络人才待遇之忧。薪酬待遇直接影响网络人才对物质生活水平和工作的满意度，可探索对国际或国内优秀网络人才实行"全球定价"。网络人才的收入会因为国界和地域的限制而明显不同。对于网络人才，尤其是高端网络人才来说，各国的大门都会为他们敞开，若国内不愿意接受国际定价，他们就会外流到海外去工作。因此，应突破对不同行业、不同岗位收入差距增大的顾虑，对国内顶尖网络人才和国际网络人才进行"全球定价"，既可通过直接给予高额报酬提高待遇，也可通过对网络人才及相关的项目进行减、免、退、补税，提供民间基金、特殊津贴、丰厚奖金等支持，间接提高网络人才的待遇。

建网络人才发展平台。干事创业需要的配套人员、设施、资金的缺乏和制度的不完善等不如意，会限制网络人才发展，导致网络人才产生出走的动机。对于热衷创业的网络人才，可以通过建立网络创业园区，提供优惠甚至免费的创业空间，建立创业融资平台，提供网络创业金融服务，并在制定政策规定时倾斜照顾，提供减免税费、降低贷款利率、提供创业资金补助等支持。同时，针对安心工作的网络人才，应积极引导企业引进国际化网络人才管理理念，发展先进企业文化，充分考虑网络人才的成长需求、对工作环境的满意度等，不断加大员工在职教育培训、改善员工工作环境等方面的投入，为网络人才创造良好成长环境。

破网络人才进步障碍。打破论资排辈、任人唯亲、以权用人等陈旧落后的用人观念，改革网络人才评价、选拔、科研经费分配等方面的机制，可突破名额限制、资历限制、年龄限制等，对有卓越才能的网络人才破格提拔晋升，全力支持其成长进步；对企业网络人才选拔使用过程进行监督，引导企业树立"以人为本"选才用才观念，确保优秀的网络人才能够脱颖而出；国家层面对顶尖人才奖励激励时，应对网络领域人才予以倾斜，给予更多的名额、更大的支持。

保网络人才合法权益。这里的合法权益，主要是指网络人才通过自己的创意

或创新成果产生的正当利益。保护网络人才的合法权益就是要确保网络人才能够从创新创业中获利。要完善科研机构、企业等与网络人才在研究成果分配方面的制度机制，并以法律法规的形式予以具体明确，确保相关制度有效实施，杜绝用人单位侵占网络人才劳动成果的现象发生；要加强对网络人才创新成果的保护，建立网络创新成果专利库，对网络人才专利申报、维权等建立快速通道，确保网络人才知识产权不受侵犯。

5. 以攻为守，积极参与国际网络人才竞争

目前，我国应对人才安全的主要策略还停留在防止人才流失方面，处于"守"势。世界各国政府可以用关税或贸易壁垒等手段保护本国产业，控制有关生产要素的流动，但唯一无法控制流动的就是人才，单纯的防守不可能确保网络人才安全万无一失。面对西方发达国家推出系列措施吸引我国网络人才，我国应"以攻为守"，主动出击，积极投入国际网络人才争夺战。

一是完善网络人才引进政策法规。可以借鉴发达国家经验，为国际网络人才进入我国提供绿色通道，大力吸引优秀网络人才。对引进的网络人才，在项目申请、经费审批、税收上缴等方面采取更加优惠的政策，为国际网络人才在国内就业制定法律法规，保证国外网络人才的合法就业权益，建立完善便捷的外国网络人才职业资格证书认证程序，为国际网络人才鉴别、评价和引进提供一定标准。

二是争取海外留学网络人才归国。一方面，可以借力网络产业协会、大型网络企业等，在海外留学生群体中建立学术交流组织，加强对海外留学网络人才的教育宣讲，宣传我国网络产业发展的蓬勃态势和人才需求，吸引他们回国；另一方面，通过建立海外留学网络人才服务体系，帮助海外留学网络人才协调国内外关系，为留学生回国发展开辟畅通渠道，提供良好创业发展环境，优先支持海归网络人才创新创业，积极争取留学网络人才回国工作、发展。

三是积极吸引网络人才来华留学。采取系列措施，吸引优秀的外国学生来华留学，也是争夺人才的一种重要方式。可采取的措施有很多，比如提高外国留学生来华比例，完善来华留学网络人才奖学金制度，增大留学中国网络人才的奖学金规模，允许外国留学中国网络人才毕业后在华就业，并制定明确的法律条文，使留学中国网络人才有更加简单便捷的法律途径在中国就业，打开留学中国网络人才在国内流动的限制，让留学中国网络人才优先其他类别获得中国"绿卡"，

有更多机会落户和长期居留。

四是大力发展国际网络人才猎头。据不完全统计，世界上 70% 的高级人才通过猎头公司调整工作，90% 以上的知名大公司利用猎头择取人才①。国际人才猎头可以由行业协会、专业学会、科研机构、中介团队、基金会等多种形式组成，这些专业团队通过广泛开展国际合作与研究等，不断畅通和开拓国际网络人才信息渠道，能比政府机构掌握更多的顶尖网络人才人脉资源，且不容易引起其他国家的警惕。因此，可通过政府幕后策划、国际猎头台前实施等方式，全球选才、高薪挖才，争取一大批顶尖网络人才、科学家到我国工作。

五是扶持企业建立海外研发中心。扶持本土企业成立海外研发中心发掘人才、"就地取才"，吸聚本国在海外的留学人才或者高薪聘用他国优秀人才为本国企业服务，是西方发达国家常用的一种争夺人才的手段。随着我国对外开放程度的深度扩展，不少外国企业在中国推行"人才本土化战略"，我们可以效仿这种做法，对于有需求、有实力的大型网络企业，应积极支持他们走出去，参与国际网络产业竞争，加速网络企业全球化进程，重点打造一批大型跨国网络公司，扶持他们在海外建立研发中心、研究机构，就地利用国外网络人才为我国网络产业发展服务。

（三）强化网络人才安全需注意的问题

制定强化网络人才安全的策略措施之后，我们还应当对强化网络人才安全应注意的问题进行分析，避免策略措施执行过程中走入误区。

1. 避免用道德观念绑架网络人才

从全球角度看，学有专长的人应当得到充分发挥其才干并得到与之相应报酬的机会，人才流动包括外流都是由于所在地的发展水平相对低下或人力资源配置不尽合理，或者缺乏让人满意的发展环境等而出现的②。面对出走与留下的选择，经济水平是否提高，科研环境是否改善，对人才是否尊重，相关体制、法律

---

① 猎头行业分析报告 [EB/OL]. [2016 – 07 – 16]. https：//article. liepin. com/20120912/112648. shtm.

② 仇春川. 看胡春华解决人才外流"孔雀东南飞"的新思维 [EB/OL]. 中国共产党新闻网，(2016 – 06 – 18) [2016 – 08 – 12]. http：//cpc. people. com. cn/GB/64093/64103/11902412. html.

和政策等是否配套……都使各类人才不得不无意识地拿起衡量尺，当发现国外有更加优厚的条件诱惑时，人才的外流也是正常的选择。

我国培养一名合格网络人才，要占用国家大量教育资源，可以说我国培养的网络人才，肩负为国效力的道德责任。对于这些人才，我们可以通过加强爱国主义教育等方式，促使其担负应尽的国民道德义务，主动留在国内发展。但是，不应该把网络人才选择在国外工作或国内工作，作为判定网络人才"是否爱国"的依据。一方面，网络人才即便是留在国外工作，也是有机会、有可能为我国网络产业发展做出贡献的，一定时期也可能重新回流，即便这种可能性比较小；另一方面，"良禽择木而栖"，国家需要网络人才，就应该为网络人才创造良好发展环境，增加吸引力才是根本的解决办法，脱离实际地空谈爱国，对保留网络人才无益。

2. 强化人才安全不等于禁止流动

强化网络人才安全的目的，是要防止网络人才无序或过度流失，而不是要禁止网络人才的流动。外流人才的返回或在人才输出国与输入国之间的流动，可能为人才输入国带回重要的技能和联系。半个多世纪前，钱学森等一批顶尖人才的回国，构筑了共和国的坚强脊梁。百度创始人李彦宏，也曾留学美国并在美国工作数年，归国后利用研究成果和工作经验创建百度搜索，并一举将谷歌公司[①]挤出中国，全球多数国家的网络搜索市场被谷歌公司霸占，中国是少数能独善其身的国家之一。可见，规模合理的网络人才外流，对我国掌握第一手先进信息和经验、跟踪世界网络产业发展动向、最终发展壮大自己的网络人才队伍等，都是有重要意义的。因此，我们需要客观看待正常的网络人才外流，正视其所具有的积极意义，在强化网络人才安全问题上，不能再回到闭关自守状态或者出现因噎废食现象。

3. 避免偏离"留人"的根本目的

对国家培养的网络人才进行保留或者引进国际网络人才，都不能偏离"为我

---

① Google 公司（中文译名：谷歌），是一家美国的跨国科技企业，致力于互联网搜索、云计算、广告技术等领域，开发并提供大量基于互联网的产品与服务。2010 年，谷歌因为拒不接受我国政府内容审查的问题，退出中国内地市场。Google 公司 [EB/OL]. [2016 - 08 - 12]. http：//baike. baidu. com/view/105. htm.

所用"的根本目的。实际操作中，应坚持实用主义的留人原则，不能受制于道德观念、文化差异，更不能过分强调网络人才的资历、经历等。第二次世界大战结束后，美国顶住国内外舆论压力秘密行事，启用一大批纳粹科学家，让这些人优先成为美国公民，在美国政府部门工作，使用天文数字的科研经费，服务美国国家建设和尖端科技发展，这些人才后来为美国科技进步做出很多重大贡献。我们也应该效仿美国，对于网络产业发展需要的网络人才，可以不拘一格留人，哪怕突破重重障碍，也要吸引他们为我国效力。

围绕"为我所用"的根本目的，还要提高警惕性，充分认清一些华裔外籍人士或者外国"专家"，通过各种关系窃取我国情报和机密的问题，对重点保留或者引进的人才进行严格审查，确保引进的是真正的网络人才，不能是一些徒有虚名并无真才实学的庸碌之辈，更不能"引狼入室"。

4. 克服网络人才安全的片面认识

谈到网络人才安全时，我们都会想到顶尖科技人才的安全，而往往容易忽视网络人才的内涵，从而对网络人才安全的范畴产生片面的认识。的确，遇到网络人才安全问题，首当其冲的就是科技人才尤其是顶尖网络科技人才，但同时应当注意，中等或者一般性的网络人才大量外流也会产生极大危害；应当注意，除科技人才以外的其他网络人才也应当受到重视，比如高端互联网金融人才，他们对我国互联网金融产业有着非常深入的了解，在某种程度上，甚至可以说掌握着国家经济机密数据，一旦流失也可能造成巨大损害；应当注意，大型网络企业的缔造者和管理人才，他们虽然没有直接参与产品研发，但是掌握着雄厚资金和人脉，一旦流失带来的不仅仅是人才损失，伴随着还有资金的外流，危害并不会小于顶尖的网络科学家。

第七章　网络人才培养效益及其评价

当前，我国网络人才培养存在诸多亟待改进的地方，重视人才培养效益，构建一个科学有效的网络人才培养效益评价体系十分必要，这对今后网络人才培养的顶层设计、政策制定、措施实施等有着举足轻重的作用。网络人才培养效益日益得到各界关注，但由于网络人才培养效益研究仍处于起始阶段，未能形成科学有效的评价指标、评价方法，更不能实现对网络人才培养效益的科学评价。针对此问题，本章深入分析网络人才培养效益的基本内涵、主要特点和影响因素，在此基础上，设计、论证网络人才培养效益评价指标体系，明确评价方法和评价标准，最终构建网络人才培养效益的评价体系。

一、网络人才培养效益评价相关理论

效益问题存在于社会生产、生活的各个环节，各项工作的开展都是围绕提高效益而展开的。同样，效益也是网络人才培养的重要追求目标，它对创新网络人才培养理念、优化网络人才培养措施、提高网络人才培养效果具有重要影响。

（一）网络人才培养效益的基本内涵

1. 效益

效益是现代社会中应用比较广泛的重要概念，是指效果和收益。在实际应用中，效益具有两种不同的内涵。一是劳动（包括物化劳动和活劳动）占用、劳动消耗和获得的劳动成果之间的比较。从经济学角度分析，效益就是生产要素的投入和产出的比较，是指社会经济活动中物化劳动和活劳动的劳动消耗与所取得的符合社会需要的劳动成果之间的比较，如果比值较高，则效益较高，反之则效益较低。按照通常的说法，效益就是指用最少的劳动成本去获取最大的综合收益，以价值最大化的方式利用物质、精神资源。二是劳动（包括物化劳动和活劳动）对政治、经济、社会所做出的物质、精神贡献，包括劳动本身得到的直接收益和由此引起的间接收益，或者劳动对政治、经济、社会所做的贡献，从而赋予效益更加丰富的内涵。两者都强调对劳动产出结构的综合评价，即注重结果的分析，这也是效益研究的重点和难点。

与效益一词相关的概念还有效率、效果和绩效等。效率通常指人、财、物等资源的利用率。效益与效率作为评价经济活动的两个重要指标，在概念上存在巨大差异。效益侧重于经济活动的开始和结果，即通过对投入和产出进行比较，来强调增益功能；效率侧重于经济活动的中间过程，强调生产要素的合理配置、优化组合以及有效利用。效益和效率又是密切相关的，当对一种经济活动的效益进行评价时，其实同时蕴含了对效率的要求。

效益和效果也是有区别的：效益强调产出和投入的比较，而效果只考虑产出。效果是发生效益的必要而非充分条件，即没有效果则不可能产生效益，但有了效果，也不一定产生效益。因为如果投入大于产出，虽然有效果，但效益却没有或者说为负。

绩效通常是人为设定一个预期值，以此为参考对考评对象进行比较评价。因此，绩效是管理者制定的一系列考核目标，具有主观性；效益则反映通过自身运作所取得的成果，受到投入情况、管理水平、所处的政治、经济、文化等外在因素的影响，具有客观性。

2. 网络人才培养效益

人才培养效益通常是指人才培养带来的经济效益和社会效益的总和。网络人才培养效益则指网络人才培养工作在经济培养、社会服务和政治稳定等方面所产生的效益总和，或者说是网络人才培养被社会认同的存在价值。从经济学的角度来看，网络人才培养效益是指网络人才培养的投入与其产生的收入（经济增长、社会服务和政治稳定之和）比较的结果。其内涵主要包含三个要素：一是投入，包括网络人才培养中的物化劳动、活劳动及其货币表现（即人力、物力、财力等）的资金消耗，通常用经费形式表示；二是产出，包括网络人才培养过程中形成的劳动成果，包括理论创新、技术创新、人才培养数量、质量规模等；三是实效，主要看产出满足社会需求的程度。构成网络人才培养效益的三要素是内在统一的，缺一不可。其中，投入是网络人才培养效益形成的物质基础，产出是网络人才培养效益的呈现形式，而实效是网络人才培养效益的社会检验。

网络人才培养效益根据具体表现形式，又可以分为社会效益和经济效益。网络人才培养的社会效益主要是指网络人才培养事业或某一具体方面对社会总体利益的影响、效果和收益，即培养出来的网络人才通过一定的脑力劳动和体力劳动，在精神文明建设中产生的社会效益。网络人才培养的经济效益主要是指由社会效益促使网络技术的发展而产生的经济效益，属于间接经济收益。它对于传播、弘扬先进网络文化，抵制、消除消极网络思潮，指导人们包括网络活动在内的整个社会实践，对社会进步产生积极的推动作用和深远影响，是一种长远效益。

（二）网络人才培养效益的基本特点

网络人才培养是一种特殊的社会实践活动，其人才培养效益具有鲜明特点。

1. 综合性

同一般经济活动相比，网络人才培养具有明显的综合性。网络人才培养的目的是满足社会对网络人才日益增长的各种需要，通过制度设计、学科培养、体系构建、完善软硬件环境等措施，促进网络人才培养，发挥积极作用，而不是以取得具体经济利润为主要目的，它具有传播、普及和提高社会网络科学文化知识、促进网络社会健康发展以及促进社会整体进步的重大社会责任。网络人才培养过程中产生的网络创新理论和技术能够促进经济发展，提高经济发展质量，但这只体现了网络人才培养社会效益中包含的经济收益，体现了网络人才培养对社会进步的巨大推动力。因此，网络人才培养效益具有明显的综合性特征。

2. 外部性

外部性是诺斯理论中的一个重要概念，当一个行为主体的行动直接影响另一个或另一些行为主体的福祉（即快乐的程度），我们就说前者的行动对后者具有外部性。网络人才培养的一切措施都是为了培养、管理和使用好网络人才，也就是要打造出一支理论基础扎实、实用技能卓越的网络人才队伍。这个过程从表面上看来只涉及培养主体和培养客体双方，但其影响范围已远远超出了这两个方面：由于网络人才通过培养过程获得了最新的网络知识和精神上的充实，在某种程度上改善了他们的思维和思想，改变了他们对网络和社会的认知，使他们能够为社会服务；同时，他们良好的精神面貌也会间接地影响他人的思想和行为，尤其是网络意识和网络行为，使得整个网络社会，甚至整个社会的道德风气和精神面貌也会向着更好的方向发展。网络人才培养的受益者不仅仅是网络人才，而是全社会的民众。因此，网络人才培养的效益具有明显的外部性。

3. 潜隐性

网络人才培养活动不同于生产经济活动，它提供的一系列制度、资源和措施，不直接生产物质产品，尤其是对网民的网络知识普及，其作用主要是以潜移默化、知识积淀的方式影响社会大众，借助人脑的存储功能，在民众身上不定期的、随机而又长期地表现出来。也就是说，培养对象在网络人才培养中的收获（如知识、技术、文化、思想等），一般不会马上体现出来，通常都要经过从潜在到显在的转化，而且这种转化过程的时间长短，在不同的培养对象身上的体现也存在巨大差异，导致网络人才培养对象的收益程度很难以定量的形式进行衡量。网络人才培养效益表现出明显的潜隐性特点。

4. 制约性

网络人才培养效益是由一定的投入、培养主体、管理制度及其软硬件环境等因素相互共同作用的结果。任何一个因素的缺失或者不适应都可能降低网络人才培养效益。比如网络人才顶层设计的不尽合理、现行高校网络学科培养的缺陷、企业网络人才资质考核的不科学等，都会直接降低网络人才培养效益，网络人才培养目标设定与当前网络人才现状的不相匹配等，同样也会导致网络人才培养的困难和效益的降低等，所以在评价网络人才培养效益时，要充分考虑各种影响因素对网络人才培养的制约作用。

5. 模糊性

虽然网络人才培养的经济效益可以通过人才培养前后人才队伍建设水平的增

速、增量以及质量等指标进行定量计算，但由于网络人才培养给网络专业人才带来的是综合素质的提升，既包括知识的学习、技能的掌握，也包括网络文化的认知和精神文化的提高，这对整个网络社会和现实社会的影响都是不容易用量化指标进行衡量和预测的。因此，网络人才培养的社会效益很难进行绝对准确的定量计算，只能通过科学方法尽可能减少误差，尽量实现准确评价。

（三）网络人才培养效益评价指标体系与设计原则

网络人才培养效益评价是根据网络人才培养自身特点和效益产生机理，确定合理的评价指标体系，采用科学的评价方法，对网络人才培养的整体效益进行分析评判，以提高网络人才培养管理水平和培养效果的过程。

1. 网络人才培养效益评价指标与指标体系

指标是指事物确定的评价依据和标准，是评价主体对评价客体活动进行测量的依据。一般而言，指标是一个数量概念，用来反映事物某一方面或特性的状况。指标体系则是指由多个单项评价指标组成的有机整体，它反映的是事物综合状况和整体状况。

众所周知，任何事物都是由质和量有机构成的系统，单从某一个方面评价，无法准确地反映其整体属性。网络人才培养效益评价系统中的指标也有质和量两个方面，其评价指标应从质和量，即定性和定量，两个方面结合起来进行综合评价。定性评价与定量评价只有有机结合，才能准确地对网络人才培养效益的各个方面进行评价，克服评价过程中的主观性、片面性。因此，建立科学的网络人才培养效益评价指标体系成为当务之急。该指标体系，要科学、系统、简明、开放，还要便于进行操作和数据处理。在评价体系中，评价指标一般具有层次结构，上级指标规定和制约着下级指标的内容与范围，下级指标的完成则对上级指标起到支撑作用。一般情况下，指标的级数越高，其描述的内容和范围就越抽象、越概括；指标的级数越低，其描述的内容和范围就越具体、越明确。

网络人才培养效益的评价指标体系是由一系列相互联系的指标所构成的整体，是实施评估的重要基础和依据。其中，评价指标，是根据网络人才培养效益特点和研究目的选取的，能够准确反映网络人才培养效益某一方面的特征依据。不同评价指标从不同方面反映网络人才培养效益的特征，它们相互联系所构成的评价指标体系能够综合反映网络人才培养效益的整体情况。

2. 网络人才培养效益评价指标体系的设计原则

评价指标的科学与否，直接关系到评价结果的效力与精度。为了给出一种合理的、便于计算的评价体系，建立一套能准确反映网络人才培养效益实际并操作简便、切实可行的评价指标体系至关重要。网络人才的、培养效益评价存在着偶然性、随机性和模糊性等特点，导致评价指标体系受到评价主体、客体和评价目标等因素的多重约束，从而在一定程度上影响评价的科学性和准确性。为统一评估思想和行为，突出网络人才培养综合特性，克服主观随意性，使评估指标体系的设计更加科学、合理，在确定指标体系时应遵循以下基本原则。

（1）定量与定性相结合原则

由于网络人才培养效益既有其他管理活动效益的一般特征，又存在综合性、外部性、潜隐性等特点，加之相关评价研究还停留在以经验为主的定性评价阶段，对其进行评估应该采取定量分析为主、定量分析与定性分析相结合的办法。贯彻定性与定量相结合原则，就是要深入分析网络人才培养效益评价的内容，对客观性强的指标采取定量分析的方法；对主观性强的指标，如环境和谐度、人才培养质量、网络文化改善等，可以采取定性分析的方法，能量化的指标，应尽可能地量化，从而得出科学、合理的评价结果。当然，对于不能量化的指标，也不要片面追求量化，以保证评价工作和评价结果的真实性和可靠性。

（2）科学性原则

科学性原则就是用理论与实践相结合的科学方法构建指标，要求评价指标能全面、准确地反映当前评价对象的客观实际情况。评价指标必须科学、合理，能够全面、准确、客观地反映网络人才培养效益真实情况。贯彻科学性原则，首先，要坚持实事求是，正确理解网络人才培养效益的内涵和外延，正确分析效益产生的内在机理，尽可能地将培养工作纳入评价系统设计之中。其次，要正确地对网络人才培养效益的各个方面进行分类比较，如经济效益、社会效益、短期效益与长期效益等，根据它们自身的情况，设立对应的指标体系，尽量减少主观因素的影响，全面、真实地反映培养效益，保证评价结果准确、有效。最后，在指标权重分配上，对那些易于量化、数据收集方便、普遍认可的指标要分配较高权重，对不易量化、数据收集困难、认可度低的指标要分配较低权重，从而减少主观误差。

（3）系统性原则

系统性原则要求把分析过的对象或现象的各个部分、各属性联合成一个统一的整体进行评价。网络人才培养是一个因素众多、关系复杂的系统工程，涉及教育部门、高等院校、企事业单位等众多方面，其培养效益体现在教育、社会、经济等各个领域，具有很强的综合性。同时，网络人才培养效益评价结果是一个多变量输出的复杂系统，评估结果不是单一指标，而是多项结果的组合。因此，评价也必须综合考量。在评估指标的设计上，必须将涉及因素考虑周全、考虑细致、考虑实用，使评价指标体系尽可能包含各个要素、各个部门，既要避免指标体系过于复杂，又要避免指标选择单一，兼顾各方面的关系，使得指标体系的构建达到完整、系统的要求。同时，系统性原则要求每个评价指标都能独立地提供信息，具有精确的指标内涵与外延，指标之间各自独立。如果指标之间内涵交叉，甚至存在冗余，这时要做进一步综合分析和组合归类，使其成为一个统一的有机整体，以全面反映网络人才培养效益评价信息，否则不仅大大增加评价的工作量，而且降低评价的科学性与精确性。

（4）可操作性原则

研究表明，人才培养效益问题是非常复杂的系统问题，有的结果可以被感知，但还没有被证实，也缺少数据支持，因此，在评价时既要考虑目的和需要，还要考虑客观条件的可行性。网络人才培养效益评价体系是一个多指标的综合系统，坚持可操作性原则，首先要突出重点，有所为有所不为。全面设计最主要、最核心的指标，适当忽略部分能反映培养效益但又可有可无的指标，尽量以较少的指标来获得较多的信息，力求做到简化、集约、清晰、易操作，以减少评价工作量，提高评价工作效率。同时，各类指标之间要具有可比性。系统中的指标包括定量指标和定性指标，也包括数值指标和单位指标，指标的量纲各不相同。因此，为了使不同指标可以进行比较，首先需要对指标进行分类，然后根据专家主观打分或利用数值统计的方法确定每类指标的权重，最后基于每类指标的权重进行比较。通过构建人才效益评价指标体系，看到培养工作的问题与不足，引起决策者的重视，并采取针对性措施加以改进，使网络人才培养向着科学、高效的方向发展。

(5) 开放性原则

管理学研究证明，人才培养效益具有周期长、见效慢的特点，一项具体措施实施后，往往要经过几个月甚至几年才能出现效果。因此网络人才培养效益评价必须坚持开放性原则。一方面，从静态状况和动态趋势结合的角度看待培养效益，不能简单地凭一次评价就对培养效益做出判定，需要长期的跟踪和评价，才能获得最接近事实的结果；同时，由于评价对象的多样性，在评价指标设计上也要体现开放性，能够根据培养主体的变化适时调整，科学增减指标，合理调整权重，进一步明晰评价标准，提高评价指标体系的适用性。

(四) 常用多指标评价方法和赋权方法

没有科学的方法，就难以得出科学的结论。科学的方法是产生有效结论的重要保障，科学方法不是主观形成的，而是人们在日常实践探索中不断总结验证得到的有效结论。目前常用的多指标评价的方法主要可分为三类：基于专家经验的综合评价方法、基于数值和统计的综合评价方法、基于决策和智能的综合评价方法。指标权重赋予的方法主要可分为两类：主观赋权法和客观赋权法。每种方法都是前人研究的结晶，都有其既定的数学模型和计算方式，在不同情况下可以根据不同需求和目标选择恰当的评价方法进行研究。

1. 多指标评价主要方法

据统计，常用的多指标评价方法不下几十种，总体可以分为主观评价法和客观评价法两类。主观评价法主要是采取定性的方法，首先由专家根据经验进行主观判断，给出自己的观点，再采用相关的算法对专家的观点进行计算评价并最终给出结果，代表性方法有模糊综合评判法、层次分析法等。客观评价法则是根据指标之间的相关关系或变异系数进行计算，代表性方法有 TOPSIS 法、灰色关联度法、主成分分析法等。此外，多指标评价方法还可以分为三类：基于专家经验的评价方法，通过向各方面专家咨询，将得到的评价进行简单处理，得出评价结果；基于数值和统计的评价方法，以数学理论和解析方法对评价系统进行严密的定量描述和计算；基于决策和智能的评价方法，这类方法或是重现决策支持或是模仿人脑功能，使评价具有像人类思维那样的信息处理过程。

（1）基于专家经验的评价方法

基于专家经验的评价方法是专家基于以前的知识、经验和思维方式对评价对象的观察和相关资料的分析而给出的主观判断。当前应用于效益评价的主要包括专家打分法和德尔菲法等。

①专家打分法。它是最早、最广泛使用的，是在从事该领域专家的主观判断基础上以打分形式进行评判的方法，其特点是专家评价时对信息资料和数据的依赖较小，发挥自己某一学科的专长对某一对象做出评价，适合于难以量化类的评价。首先由组织人员设置评价的指标，然后邀请专家按照相应的评分标准为每项指标打分，最后综合（可采用简单平均法、加权平均法等）专家对各指标的评分，并将获得的总评分作为综合评价结果。

②德尔菲法。德尔菲法最早出现于 20 世纪 40 年代，由 Helmer 和 Gordon 创立[①]，之后迅速被西方各国的科研人员广泛使用。它虽然也带有主观色彩，但比专家打分法更为科学。它采用多轮专家咨询的办法，以匿名发表意见的方式独立征求专家的评价意见，通过多次咨询，对专家的看法进行反复归纳和整合，最后将专家基本一致的看法作为预测结果。德尔菲法既充分发挥了各专家的作用，集思广益，准确性高；又有效地表达出了各专家的分歧点，实现了取长补短。同时，德尔菲法还可以有效避免面对面的专家打分法存在的如下缺点：大家意见受权威人士的影响；个别专家碍于情面不愿发表不同意见；出于自尊不愿对自己最初片面的意见进行更改等。

以上两种基于专家经验的综合评价方法操作相对简单，结论易于使用，但主观性较强，当参与评价的专家人数较多时结论难以收敛，且过程复杂，花费时间较长。因此，只适于评价简单的、指标较少的系统。

（2）基于数值和统计的评价方法

基于数值和统计的评价方法可以克服基于专家经验评价方法的缺陷，提高评价的可靠性和有效性。当前应用于效益评价的方法主要有加权平均法、主成分分析法、TOPSIS 法等。

①加权平均法。加权平均法是首先确定指标及每个指标的权重，在此基础上

---

① 潘云涛，袁军鹏，马峥. 科技评价理论、方法及实证［M］. 北京：科学技术文献出版社，2008：51 – 61.

通过特定的加权方法计算结果。加权平均法包括加权算术平均法、加权几何平均法和混合法（综合使用算术平均与几何平均）。其中，最常用的方法是加权算术平均法，它主要通过计算指标的权重的加权算术平均值，来获得被评对象的评价值。加权算术平均法主要适用于比例型的评价指标，即指标的比值是恒定不变的，且不会随着量纲的不同而改变。而对于比值型的指标，即指标量纲的不同会对综合值产生较大的影响，往往采用加权几何平均方法，以消除量纲对评价值的影响。

②主成分分析法。主成分分析法是基于评价对象的内在联系，对变量进行综合和抽象，找出规律性的东西，并生成相应的数学模型，然后基于该数学模型来研究复杂的自然现象。主成分分析法是一种多元统计的方法，基本思想为：基于方差—协方差矩阵的内部依赖结构，寻找可以代表原始特征（往往较多）的少数综合特征。主成分分析法要求少数综合特征要尽可能多地反映原始特征信息，即具有典型的代表性，同时，又要求这些综合特征之间具有良好的独立性。

③TOPSIS 法，又称为逼近于理想解的排序方法。TOPSIS 法首先是在归一化的原始数据矩阵的基础上，确定理想中的最佳方案和最差方案；然后，计算各方案与最佳方案和最差方案之间的距离（称为接近程度）；最后，根据接近程度来对各方案进行评价。

综上所述，加权平均法、主成分分析法、TOPSIS 法等基于数值和统计的评价方法具有计算简单、可操作性强等优点。需要注意的是，在实际应用过程中，往往因为统计数据量庞大而造成计算量大，同时，由于数据的全面性和准确性难以保证，导致计算出现误差，进一步降低评价精度。

（3）基于决策和智能的评价方法

随着效益评价方法的不断涌现，国内外逐渐出现了将专家经验和数值统计相结合的综合评价方法，应用较多的有层次分析法、灰色关联度分析法、模糊综合评判法等方法。

①层次分析法。它是一种定性分析和定量分析相结合的评价决策方法，体现了人们决策思维的基本特征，即分解—判断—综合。它最早形成于 20 世纪 70 年代，是由美国著名运筹学家、匹兹堡大学教授托马斯·塞蒂（T. L. Saaty）提出的一种把复杂问题进行排序简化的评价方法。层次分析法能将半定性半定量的复杂系统问题转化为定量计算问题，其基本原理是将评价系统中的各个要素分解成

若干层次，并以同一层次的各个要素按照上一层要素为准则进行两两判断比较，构造出各级的判断矩阵，确定各要素的权重，最后进行层次总排序，得出各指标的权重值。这也是目前国内外学者广泛应用的一种综合评价方法。

②灰色关联度分析法。它是在数据少且不明确的情况下，利用数据的潜在信息来白化处理，并进行预测或决策的方法。它认为若干个统计数列所构成的各条曲线几何形状越接近，即各条曲线越平行，则它们的变化趋势越接近，其关联度就越大。因此，可利用各方案与最优方案之间关联度的大小对评价对象进行比较、排序。具体过程为：首先，计算各方案与最理想方案的关联系数矩阵；然后，根据关联系数矩阵获得关联度；最后，基于关联度大小对各方案进行排序、分析，并给出最终结论。

③模糊综合评判法。模糊综合评判法的基础理论是模糊数学，其基本原理是：首先，确定被评判对象的指标集和评价集；然后，确定每个指标的权重及其隶属度向量，形成模糊评判矩阵；最后，对模糊评判矩阵和指标的权重集进行模糊运算并归一化，得到模糊评价综合结果。模糊综合评判法的优点在于可以有效结合定性和定量评价，从而有效解决判断的模糊性和不确定性。不过，模糊综合评判法具有较强的主观性，计算也较繁琐，而且无法解决因为评价指标的相关性所导致的评价信息重复问题，需要根据评价对象的不同进行适当的改进。

除了上述几个常用的评价方法外，还有一些方法也颇受关注，如数据包络线分析法、人工神经网络分析法等。每种效益评价方法存在优点和缺点，在具体实践过程中，往往根据不同的效益评价问题、专家的经验以及评判需求选择相应的评价方法。由于单一评价方法有时无法应对研究对象的复杂性，所以往往需要采用综合评价方法，以获得更优的评价值。

2. 指标权重赋权主要方法

权重的确定方法主要分为主观赋权法和客观赋权法两类。主观赋权法是专家根据其经验指定指标的重要程度，容易受专家知识、经验等主观因素的影响；客观赋权法是根据评价指标的特征来指定指标的重要程度，实现了对已知信息的客观处理，但容易受原始数据的影响，并缺乏对专家偏好程度的考虑。

（1）主观赋权法

①集值迭代法。集值迭代法首先设置指标集，然后邀请各领域专家从中选取

其自认为相对重要的指标，通过对每个指标被选中次数进行统计和归一化处理，得到每个指标的权重。该方法主要适用于评价对象的指标差异较大的情况。

②环比评分法。环比评分法主要基于各指标的相对重要性系数进行评价。首先，根据功能图系统来指定功能的级别并进一步设置功能区；其次，将相邻两项功能的重要性进行两两对比打分，即为暂定重要性系数；然后，为了确保不会出现零分的情况，修正暂定重要性系数，使得修正后的系数是暂定系数的倍数；最后，通过将各功能的修正重要性系数除以全部修正重要性系数之和来计算各功能区的权重。

③强制评分法，包括0－1法和0－4法。强制评分法是基于特定的评分规则，通过强制对比打分来实现对功能的重要性进行评价。在0－1法中，首先，对各功能进行两两比较，对相对重要的功能打1分，对相对不重要的功能打0分；其次，为避免不重要的功能得0分，通过将各功能的累计得分加1分的方法对各功能的得分进行修正；最后，每个功能的修正得分除以所有功能修正得分之和，即为每个功能的权重。在0－1法中由于不同功能的重要性程度差别仅为1分，无法有效拉开各功能之间的档次，因此0－4法将分档扩大为4级，从而提高了功能的分级标准。

（2）客观赋权法

①传统熵值法。传统熵值法主要是基于各项指标的观测值所提供的信息量的多少来设置指标的权重。一般情况下，指标观测值提供的信息量越大，对评价结果的影响就越大，指标的权重就越大；反之指标的权重越小。

②基于标准化变换改进的熵值法。在实际应用中，不同的指标往往拥有不同的量纲，导致不同指标的不可共度性。因此，首先需要对评价指标进行无量纲化处理，即实现指标的同度量化。此外，在标准化过程中指标的取值可能出现负值，可以通过平移坐标的方法来消除负值。

3. 网络人才培养效益评价的研究方法

在理论上，科学的考评应该采用定量的方法；在实践中，往往很难实现完全的量化考评。因此，网络人才培养效益评价的趋势应该是定性评价与定量评价相结合且以定量评价为主，并通过定性指标定量化来提高指标的整体量化程度，提升整个评价体系的科学性和可行性。本书详细参考了国内外众多机构及学者的指标体系研究成果，为合理、有效的网络人才培养效益评价体系的建立提供理论借鉴。

二、网络人才培养效益评价指标体系与评价方法

建立一套完整的网络人才培养效益评价指标体系，是一项复杂的系统工程，直接关系到评价工作的质量和效果。必须以先进的评价理论为指导，以科学的设计方法为手段，以提高网络人才培养效益为导向，对影响网络人才培养的各方面因素进行逐层分解，并按各自重要性确定权重。

（一）网络人才培养效益评价指标体系建立流程

网络人才培养效益评价是效益评价理论在网络人才培养这个特殊对象上的具体应用，但由于网络人才培养的特殊性，极大地增加了评价指标体系设计的复杂性和难度。根据美国学者克龙巴赫于 1982 年提出的指标体系设计程序①，结合网络人才培养的特殊性，网络人才培养效益评价指标体系的建立过程可分为以下几个步骤。

1. 提出评价指标

提出评价指标阶段的主要任务是分解评价总目标，分析评价对象所涉及的各项内容，提出详尽的初拟指标。一般而言，该步骤可分为以下三步：目标分析、系统分析和指标初拟。①目标分析是指从评估所要达到的目的出发，对网络人才培养效益评价预期结果进行分析。鉴于培养效益评价所依据的总目标较为抽象和概括，在提出指标前需进一步分解、细化评价目标，使之可以观察和测量。因评估目标由评估主体需求决定，目标分析也可看作是对评估主体需求的分析。②系统分析是指从系统工程角度出发，对网络人才培养效益评价所涉及的各项内容进

---

① 克龙巴赫提出指标体系设计的三个阶段：包括发散阶段、收敛阶段和试验修订阶段。发散阶段的主要任务是分解总目标，提出详尽的初拟指标。鉴于评价所依据的总目标一般比较概括，收敛阶段的主要任务是对初拟的评价指标体系进行适当的归并和筛选。在经过筛选、归并、确定了评价指标体系后，还应当制定相应的判断达成情况的评定标准，选择适当的评价对象进行小范围的试验，并根据试验的结果，对评价指标体系及评定标准进行修订。参见：L J Cronbach. Designing E-valuation of Educational and Social Programs ［M］. San Francisco：Jossery – Bass，2001：125.

行综合分析，弄清评价的基本目的要求，理顺评价的内外部影响因素，以及它们之间的相互关系等。目标分析与系统分析独立进行又相互作用，其结果是指标拟定的重要前提和基础。③指标初拟是指在上述分析的基础上，针对不同网络人才培养效益目标和具体内容提出评价指标。一般采用集体讨论的方法，召集网络人才培养相关领域的专家，通过头脑风暴，详细列出与评价目标有关的所有指标，力求完备。这些指标可以来自各个方面，如有关人士所关注的问题、以往实践的经验总结、评价文献中的研究发现、专业人员的咨询意见等。

2. 分析指标属性

评价指标有主观的也有客观的，有定性的也有定量的，单位和量纲各不相同。因此，网络人才培养效益评价指标属性分析就是要弄清各指标的属性，为建立评价数学模型、获取评估数据、提高评价可操作性和准确性奠定基础。其中，主观指标是根据评价主体主观判定描述的指标，客观指标是根据客观事实或数据设定的指标；定性指标是不可用数值描述的指标，定量指标是可以通过分析、计算得到具体数值的指标；静态指标是不随时间、培养措施、环境条件等因素变化而变化的指标，动态指标是随着时间、对象和事件等条件变化而变化的指标。

3. 构建指标体系

网络人才培养是一个复杂的系统，对于这样的系统追求单一目标的评估结果，往往具有很大的局限性，甚至危害性，因此应采用多目标评估体系。这就带来了评价指标的结构问题，在构建指标体系前必须对其结构形式进行分析。构建指标体系结构主要依据各项指标的特征属性，结合系统结构的设计要求确定，不同的指标属性和系统结构会带来不同的指标体系结构形式，具体在评价指标体系中，就体现为有些目标可由若干一级指标构成，某些一级指标又可分解为二级指标，甚至细化为三级、四级指标。这些不同层次的指标便构成评价的树状指标体系。

4. 赋予指标权重

网络人才培养效益评价指标体系构建后，需要采集数据，科学计算，赋予不同指标以定量权重。一般来讲，赋予指标权重包含四个方面：数据来源分析、指标值分析、归一化分析和指标权重计算。①数据来源分析是评判网络人才培养效益评价信息来源的可靠度，对象主要包括相关的数据库、专家咨询意见、统计分析结果和主观估计结果等；②指标值分析是基于各指标的属性，结合其对培养目标的贡献程度，确定各指标的数值；③归一化分析是对各指标进行归一化处理，作为指标间相互比较的前提和基础；④指标权重计算是在指标归一化处理之后，采用层次分析法、德尔菲法、数据包络线分析法、人工神经网络分析法等方法，计算出指标对培养效益总目标的贡献程度，即指标权重，为实现指标体系的可操作性，同时也为指标体系的优化提供数据支持。

5. 完善指标体系

通过上述步骤后，网络人才培养效益评价指标体系初步形成，但还需要对指标体系进行完善优化。一般而言，评价指标越全、越多、越细，评价精度会越高，评价意义也会越大。但受制于时间、认知、人力、物力等各种因素，一次评价不可能完全精确。即使条件允许，根据庞大的指标体系所收集的海量信息，也难以科学有效地分析、处理和利用，从而造成资源的浪费和评价精度的降低。因此，完善指标体系是非常必要的。具体内容有两个：一是组织专家咨询，广泛征求领域专家、管理人员、网络人才，以及评估主体和评估对象的意见，进而对指标体系进行适当的归并和筛选，最终形成比较完善的评估指标体系。二是制定评价评定标准，选择适当的评价对象进行小范围的试验，并根据试验的结果，对评价指标体系进行改进。在评估实践中，为达到更好的指标优化效果，往往两种方法同时使用。总之，完善指标体系的目的是使其更能体现网络人才培养效益的本质，保证评价的有效性和可操作性，同时突出评价的重点，使评价更具科学性。

网络人才培养效益评估指标建立过程如图7-1所示。

(二) 网络人才培养效益评价指标体系构建

从目前文献检索的结果来看，还没有找到关于网络人才培养效益评价指标体系方面的直接成果。为力求全面总结和概括网络人才培养工作中应考察的主要方面和具体内涵，本书查阅了大量有关国内外网络人才培养效益的历史与发展、评价的理论、高校培养效益评价、任职培训效益评价、人才培养效益评估、人才使

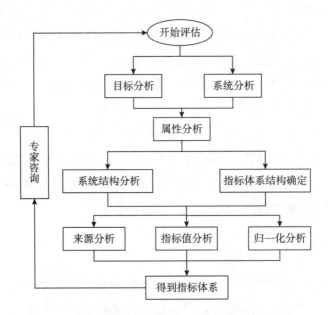

图7-1　网络人才培养效益评价指标体系建立过程

用效益评价等方面的资料，结合网络人才培养的特点并遵照评价指标体系建立的原则，按照前述的建立过程，在对网络人才培养基本制度和工作的具体研究分析的基础上，经过多次修改完善，形成了网络人才培养效益评价指标体系①，具体见表7-1。

表7-1　网络人才培养效益评价指标体系

一级指标	二级指标	三级指标	四级指标	评估指标值
人才结构合理度	职称结构合理度	职称结构	正高级职称	实际人数
			副高级职称	实际人数
			中级职称	实际人数
			初级职称	实际人数
			技术员及相当职务	实际人数

---

① 以系统论为中心的系统科学，在思维方式中引入系统整体观念，为我们进行目标分解提供了科学而有效的理论和方法。网络人才建设工作是一项复杂的系统工程，它的主体包含高校、企业和社会三个主要方面。根据本书前几章的研究，三者在网络人才建设方面存在很大的差异性，但建设效果都可以分为人才结构、创新效能、环境和谐三个方面。因此，为了简化评估过程，提高评估精度，本书不对三者分别进行评价，而是根据建设的效果统一进行评价。

续表

一级指标	二级指标	三级指标	四级指标	评估指标值
人才结构合理度	年龄结构合理度	年龄结构	60 岁以上	实际人数
			50～60 岁	实际人数
			40～50 岁	实际人数
			30～40 岁	实际人数
			30 岁以下	实际人数
	学历结构合理度	学历结构	博士	实际人数
			硕士	实际人数
			本科	实际人数
			专科	实际人数
			大专以下	实际人数
	学缘结构合理度	学缘结构	985、211 重点大学毕业	实际人数
			本单位毕业	实际人数
			一般院校毕业	实际人数
			留学归国	实际人数
创新效能度	理论成果效能度	理论成果	Science/Nature	数值×数量
			国际学术期刊	数值×数量
			国际学术会议/国内一级核心期刊	数值×数量
			国内学术会议/重点大学学报/综合大学学报	数值×数量
			省部级学术会议/国家二级核心期刊/省部级学术期刊/军队其他学术期刊	数值×数量
			国家优秀博士论文	数值×数量
			国家优秀硕士论文/省部级优秀博士论文	数值×数量
			省部级优秀硕士论文	数值×数量
			SCI/SCIE/SSCI 检索	数值×数量
			EI/ISTP/ISR/AHCI/ISSHP/CSSCI 检索	数值×数量
			国外专著	数值×数量
			国内专著	数值×数量
			译著	数值×数量
			编著	数值×数量

续表

一级指标	二级指标	三级指标	四级指标	评估指标值
创新效能度	科技成果效能度	科技成果	国际权威机构、学者公认的知名奖项	数值×数量
			国家最高科学技术奖	数值×数量
			国家自然科学一等奖	数值×数量
			国家自然科学二等奖	数值×数量
			国家技术发明一等奖	数值×数量
			国家技术发明二等奖	数值×数量
			国家科学技术进步特等奖	数值×数量
			国家科学技术进步一等奖	数值×数量
			国家科学技术进步二等奖	数值×数量
			省部级科学技术进步一等奖	数值×数量
			省部级科学技术进步二等奖	数值×数量
			通过国家863、973、自然科学基金或社会科学基金项目验收成果	数值×数量
创新效能度	教学成果效能度	教学成果	国家优秀教学成果特等奖	数值×数量
			国家优秀教学成果一等奖	数值×数量
			国家优秀教学成果二等奖	数值×数量
			省部级优秀教学成果一等奖	数值×数量
			省部级优秀教学成果二等奖	数值×数量
			全国教育科学研究优秀成果一等奖	数值×数量
			全国教育科学研究优秀成果二等奖	数值×数量
		人才投入	正高级职称	数值×人数
			副高级职称	数值×人数
			中级职称	数值×人数
			初级职称	数值×人数
			技术员及相当职务	数值×人数
		学科投入	博士后流动站	数值×数量
			博士点、高级职业培训专业	数值×数量
			硕士点、中级职业培训专业	数值×数量
			学士点、初级职业培训专业	数值×数量
			大学专科教学专业	数值×数量
			中等专业教学专业	数值×数量
			国家级重点实验室	数值×数量
			省部级重点实验室	数值×数量

一级指标	二级指标	三级指标	四级指标	评估指标值
创新效能度	教学成果效能度	学科投入	网络人才职业培训	数值×数量
			骨干人员资助计划实施对象	数值×数量
	人才培养效能度	经费投入	科研经费	数值×数量
			业务培养专项经费	数值×数量
			津贴补助经费	数值×数量
		新增人才	出站博士后数	数值×人数
			毕业博士生数	数值×人数
			毕业硕士生数	数值×人数
			毕业本科生数	数值×人数
			毕业大专生数	数值×人数
			中级任职教育培训结业人数	数值×人数
			初级任职教育培训结业人数	数值×人数
		内生人才	新增正高人数	数值×人数
			新增副高人数	数值×人数
			新增中级职称人数	数值×人数
环境和谐度	软件环境和谐度	人才规划	人才队伍培养长期计划与执行效果	优、良、中、差、很差
			人才队伍培养短期计划与执行效果	优、良、中、差、很差
			人才队伍建设规划及落实	优、良、中、差、很差
			网络人才培养基金及使用效益	优、良、中、差、很差
		政策制度	国家人才政策的落实情况	优、良、中、差、很差
			单位人才政策的完善情况	优、良、中、差、很差
			政策信息公开及沟通情况	优、良、中、差、很差
			网络人才参与政策制定情况	优、良、中、差、很差
		人文环境	管理层对网络人才队伍培养的重视度	优、良、中、差、很差
			单位内部对网络人才的尊重度	优、良、中、差、很差
			网络人才队伍内部和谐度	优、良、中、差、很差
			单位内部公平度（晋职、晋级、评审、奖惩、项目）	优、良、中、差、很差
	硬件环境和谐度	工作保障	办公硬件设施满意度	优、良、中、差、很差
			工作经费保障满意度	优、良、中、差、很差
			学术交流机会满意度	优、良、中、差、很差
			工资水平满意度	优、良、中、差、很差
		生活保障	生活福利满意度	优、良、中、差、很差
			休假情况满意度	优、良、中、差、很差
			医疗保健满意度	优、良、中、差、很差

其中，网络人才培养效益评估的一级指标共分为三个：人才结构合理度、创新效能度和环境和谐度。

1. 网络人才结构合理度

网络人才结构合理度是指把网络人才队伍视为一个整体，其内部各构成要素通过不同组合所具有的科学性和合理性。网络人才队伍结构合理度主要表现在人才队伍的职称结构、学历结构、年龄结构和学缘结构等四个维度，它反映网络人才队伍结构是否符合人才培养的需要，反映网络人才培养的科学性，它同时也是网络人才培养的重要成果之一。

2. 网络人才创新效能度

网络人才创新效能度反映网络人才能否创造性地解决当前和未来出现的各类网络问题，是网络人才培养的重要内容和结果，具体体现在网络人才培养投入、学科培养投入、经费投入与取得创新成果的对比上。网络人才培养投入主要是从事网络研究的高级专家以及各类职称人员数量，学科培养投入主要是为培养网络人才而进行的一系列学科建设，经费投入主要是为推进网络人才培养、加速网络技术研发而投入的科研经费。网络人才创新成果则主要包括理论成果、科技科技成果、教学成果和人才培养成果等。

3. 网络人才环境和谐度

网络人才环境和谐度是网络人才培养的重要内容。网络人才和谐环境的构建主要包括软件环境与硬件环境两个方面。其中，软件环境主要包括网络人才队伍发展规划、政策制度培养以及人文环境等，硬件环境主要包括工作和生活保障条件等。

在确定一级指标之后，对它们进行分析，提出相应的二级指标，以此类推，经逐级分解，可以建立一个按层次划分，包括各级要素的指标体系。

(三) 网络人才培养效益评价方法

网络人才培养效益评价是一个多指标、多评价方法的综合体系，最适合的评价方法是基于专家决策和智能综合法。本书基于对多种评价方法的研究和分析，为实现培养效益的科学、有效评价，综合采用线性加权模型与算法、投入/产出模型与算法和灰色分层综合模型与算法。其中，"网络人才结构合理度"下属 4 个二级指标采用统计查询结合线性加权的评价方法，"网络人才创新效能度"子指标采用投入/产出的评价方法，"网络人才环境和谐度"采用灰色分层综合评价方法。各项指标的权重，采用专家评价法确定。

1. 基于统计查询的结构合理度评价

对网络人才结构合理度的评价，需要考虑人才队伍规模、职称结构、年龄结构、学历结构和学缘结构等指标。具体方法为：首先，对每类指标的数值数量利用线性加权方法进行累加，计算出总数量值；然后，通过统计查询、图表显示和比较分析等多种方法，对被评单位网络人才队伍结构的现状进行直观展示；最后，通过与设定的理想结构模型进行比较，得出最终评价结果。

2. 基于投入/产出的效益度评价

网络人才创新效能度所有子指标的评价都可以归结为"投入/产出"问题，在对投入/产出模型分析法（DEA）进行分析改进的基础上，针对网络人才培养效益的特点，建立网络人才培养投入/产出模型分析方法（Input – Output Model of Network Professionals Cultivating，IOMNPC）。其作用在于通过评价，得到某个参评单位的投入/产出效益，指明该单位需要改进的方面。

在多指标的综合评价问题中，不同指标对最终评价结果的影响和作用是不相同的。因此，需要为每个为指标赋予一定的权重，体现指标的重要性，从而实现更加科学、准确的评价。投入/产出模型主要包括了如下的指标集和权重集。

- $U = (U_1, U_2, \cdots, U_m)$：投入指标构成的指标集，其中，$U_i(i = 1, 2, \cdots, m)$ 表示一级投入指标。

- $T = (t_1, t_2, \cdots, t_m)$：投入指标的权重集，其中，$t_i(i = 1, 2, \cdots, m)$ 表示第 i 个投入指标 Ui 在指标集 U 中的权重。

- $W = (W_1, W_2, \cdots, W_n)$：产出指标构成的指标集，其中，$W_i(i = 1, 2, \cdots, n)$ 表示一级产出指标。

- $C = (c_1, c_2, \cdots, c_n)$：产出指标的权重集，其中，$c_i(i = 1, 2, \cdots, n)$ 表示第

i 个产出指标 W_i 在指标集 W 中的权重。

用效益矩阵 R 来表示从投入指标 U 到产出指标 W 的投入/产出关系：

$$R = \begin{bmatrix} r_{11} & r_{12} & \cdots & r_{1n} \\ r_{21} & r_{22} & \cdots & r_{2n} \\ \cdots & \cdots & \cdots & \cdots \\ r_{m1} & r_{m2} & \cdots & r_{mn} \end{bmatrix}$$

其中 $r_{ij}(i = 1,2,\cdots,m; j = 1,2,\cdots,n)$ 表示第 i 个投入指标对第 j 个产生指标的效益因子。假设有 3 项投入指标、5 项产出指标，则其计算过程为：

$$(W_1,W_2,W_3,W_4,W_5) = (U_1,U_2,U_3) \times \begin{bmatrix} r_{11} & r_{12} & r_{13} & r_{14} & r_{15} \\ r_{21} & r_{22} & r_{23} & r_{24} & r_{25} \\ r_{31} & r_{32} & r_{33} & r_{34} & r_{35} \end{bmatrix}$$

$$W_1 = U_1 \times r_{11} + U_2 \times r_{21} + U_3 \times r_{31}$$

$$W_2 = U_1 \times r_{12} + U_2 \times r_{22} + U_3 \times r_{32}$$

$$W_3 = U_1 \times r_{13} + U_2 \times r_{23} + U_3 \times r_{33}$$

$$W_4 = U_1 \times r_{14} + U_2 \times r_{24} + U_3 \times r_{34}$$

$$W_5 = U_1 \times r_{15} + U_2 * r_{25} + U_3 \times r_{35}$$

求解后，得到效益矩阵 R：

$$\begin{bmatrix} W_1/(2 \times U_1) & W_2/(3 \times U_1) & W_3/(3 \times U_1) & W_4/(4 \times U_1) & W_5/(4 \times U_1) \\ W_1/(3 \times U_2) & W_2/(2 \times U_2) & W_3/(3 \times U_2) & W_4/(2 \times U_2) & W_5/(4 \times U_2) \\ W_1/(6 \times U_3) & W_2/(6 \times U_3) & W_3/(3 \times U_3) & W_4/(4 \times U_3) & W_5/(2 \times U_3) \end{bmatrix}$$

$$(7—1)$$

效益矩阵 R 中每行的数值表示某类投入对所有类别产出的影响效果，每列数值反映了所有类别的投入对某类产出的影响效果，矩阵中每个值称为效益因子，反映了某项投入对某项产出的影响效果，整个矩阵反映了投入与产出的整体效益。

3. 基于层次分析法的环境和谐度评价

层次分析法（简称 AHP 法），是美国匹兹堡大学教授 T. L. Satty 于 20 世纪 70 年代为美国国防部研究应变规划问题时，提出的一套多准则决策理论，主要适用于不确定的、具有多项评价因素的决策。层次分析法事实上是一种结合了定性分析与定量计算的多目标决策方法，对决策者经验实现了量化，尤其是适用于目标结构复杂且数据不足的情况。

层次分析法适用于评价多层次系统，它将复杂问题分解成多个组成因素，又将这些因素按支配关系分组形成递阶层次结构，通过两两比较的方式确定层次中诸因素的相对重要性，然后综合决策者的判断，确定决策方案相对重要性的总排序。

本书前面部分已经提及，网络人才环境和谐度评价涉及很多因素，具有较大的不确定性，仅仅依靠定性分析和逻辑判断，而没有定量分析作为依据，很难对其做出科学的评价。层次分析方法是一种定性与定量相结合的方法，应用层次分析法对环境和谐度进行评价，将专家的主观判断用数量形式表达出来并进行处理，大大提高了评价的有效性和可靠性。

（1）环境和谐度评价指标权重计算

采用层次分析方法计算环境和谐度评价指标权重，首先对最低层的三级指标两两子因素进行比较得出各子因素的权重，然后对二级指标两两子因素进行比较得出各子因素的权重，再对一级指标两两子因素进行比较得出各子因素的权重，由低到高层层分析计算，最后计算出各因素对总目标的权重。具体步骤如下。

第一步，计算环境和谐度评价指标权重判断矩阵 U，引入成对比较矩阵 $U = (u_{ji})_{n \times m}$，$u_{ij} \neq 0$，$u_{ij} = 1/u_{ji}$，$u_{ij}$ 反映指标之间的相对重要性，u_{ij} 的值由专家评价确定，其数值范围详见表 7-2。

表 7-2　因素 u_i 与 u_j 相比较

因素 u_i，u_j 相比较	说　明	u_{ij}	u_{ji}
u_i 与 u_j 同等重要	u_i，u_j 对总目标贡献相同	1	1
u_i 比 u_j 稍微重要	u_i 的贡献略大于 u_j	3	1/3
u_i 比 u_j 明显重要	u_i 的贡献明显大于 u_j	5	1/5
u_i 比 u_j 十分重要	u_i 的贡献十分明显大于 u_j	7	1/7
u_i 比 u_j 极其重要	u_i 的贡献以压倒优势大于 u_j	9	1/9
u_i 比 u_j 处于上述两相邻判断之间	相邻两判断的折衷	2，4，6，8	1/2，1/4，1/6，1/8

第二步，归一化判断矩阵的每一列。

$$\bar{U}_{ij} = U_{ij} / \sum_{k=1}^{n} U_{kj}, \ i = 1,2\cdots,n, \ j = 1,2\cdots,m$$

第三步，将归一化后的矩阵的每一行相加。

$$M_i = \sum_{k=1}^{m} \bar{U}_{ik}, \ i = 1,2\cdots,n$$

第四步，将向量 $M = (M_1,M_2\cdots M_n)^T$ 归一化。

$$W_i = M_i / \sum_{j=1}^{n} M_j$$

所求得 $W = (W_1,W_2,\ldots,W_n)^T$ 即为各指标的权重。

第五步，计算判断矩阵的最大特征值。

$$\lambda_{\max} = \sum_{j=1}^{n} \frac{(UW)_i}{nW_i}$$

式中，$(UW)_i$ 表示向量，UW 的第 i 个元素。

第六步，检验一致性。

检验系数 $CR = \dfrac{CI}{RI}$，其中 $CI = \dfrac{\lambda_{\max} - n}{n - 1}$ 为一致性指标，RI 为平均一致性指标，可通过表 7-3 查得。

表 7-3 平均一致性指标 RI 的取值

阶数	3	4	5	6	7	8	9
RI	0.52	0.89	1.12	1.26	1.36	1.41	1.46

一般地，当 $CR < 0.1$ 时，则认为判断矩阵具有满意的一致性，否则要重新调整判断矩阵。

（2）环境和谐度评价指标权重计算程序

为方便计算，根据以上步骤，对判断矩阵采用 Matlab 程式进行计算，具体过程如图 7-2 所示。

（3）构建环境和谐度评价指标判断矩阵

按照层次分析法的要求，构造各层次的判断矩阵。由专家对层次结构中各层要素进行两两比较，建立判断矩阵，分别计算出环境和谐度评价指标特征向量。

特征向量计算完成后进行一致性检验，一致性检验是为了验证专家的主观判断。然后计算出相应的单排序权重，当随机一致性值小于 0.1 时，则认为层次单

```
1
2           %****AHP法中判断矩阵的计算程式*****%
3   ─   A =[1 1 1/3;1  1  1/4;3 4 1 ];%矩阵A为要解的判断矩阵
4   ─   B =[0.52 0.89 1.12];%矩阵B是平均一致性指标3，4，5阶的RI值
5       N=size(A);
6       n=N(1);%矩阵的维数
7       Q =max(eig(A)) ; %求最大特征值
8       CI=(max(eig(A))-n)/(n-1);
9       RI=B((n-2));
10      CR=CI/RI;
11      %按列进行求和
12      M1j=A(1)+A(2)+A(3);
13      M2j=A(4)+A(5)+A(6);
14      M3j=A(7)+A(8)+A(9);
15      %将判断矩阵归一化
16      D1=A(1)/M1j+A(4)/M2j+A(7)/M3j;
17      D2=A(2)/M1j+A(5)/M2j+A(8)/M3j;
18      D3=A(3)/M1j+A(6)/M2j+A(9)/M3j;
19      %各因素权重
20      w1=D1/(D1+D2+D3);
21      w2=D2/(D1+D2+D3);
22      w3=D3/(D1+D2+D3);
23      %输出结果
24      fprintf('   Q= %4.3f\n',Q)  % 输出值为4位数，含3位小数
25      fprintf('  CI= %4.3f\n',CI) % 输出值为4位数，含3位小数
26      fprintf('  CR= %4.3f\n',CR) % 输出值为4位数，含3位小数
27      fprintf('  w1= %4.3f\n',w1) % 输出值为4位数，含3位小数
28      fprintf('  w2= %4.3f\n',w2) % 输出值为4位数，含3位小数
29      fprintf('  w3= %4.3f\n',w3) % 输出值为4位数，含3位小数
```

图 7 – 2　Matlab 计算程式

排序的权重具有满意的一致性。

（4）环境和谐度评价指标内涵及评分标准

指标内涵是环境和谐度评价指标体系的具体化。根据表 7—1 指标体系结构，将三级指标进行系统的分析，把每一项指标分解成为若干具体的评价因素，按照科学性、具体性、可行性、可比性和可测性原则，对各项指标内涵进行科学地界定，确定了环境和谐度评价指标内涵及评分标准（见表 7 – 4）。

表 7 – 4　评价指标内涵及评分标准

序号	评价指标	指标内涵		评价标准	得分
1	人才规划 U_{11}	人才队伍培养长期计划与执行效果	U_{111}	很好—优	Y_{111}
		人才队伍培养短期计划与执行效果	U_{112}	好　一良	Y_{112}
		人才队伍建设规划及落实	U_{113}	较好—中	Y_{113}
		设立网络人才培养基金及使用效益	U_{114}	较差—差	Y_{114}
				很差—劣	

229

续表

序号	评价指标	指标内涵		评价标准	得分
2	政策制度 U_{12}	国家人才政策的落实情况	U_{121}	很好—优 好 —良 较好—中 较差—差 很差—劣	Y_{121}
		单位人才政策的完善情况	U_{122}		Y_{122}
		政策信息公开及沟通情况	U_{123}		Y_{123}
		网络人才参与政策制定情况	U_{124}		Y_{124}
3	人文环境 U_{13}	管理层对网络人才队伍培养的重视度	U_{131}	很高—优 高 —良 较高—中 较低—差 很低—劣	Y_{131}
		单位内部对网络人才的尊重度	U_{132}		Y_{132}
		网络人才队伍内部和谐度	U_{133}		Y_{133}
		单位内部公平度（晋职\晋级\评审\奖惩\项目）	U_{134}		Y_{134}
4	工作保障 U_{21}	办公硬件设施满意度	U_{211}	很高—优 高 —良 较高—中 较低—差 很低—劣	Y_{211}
		工作经费保障满意度	U_{212}		Y_{212}
		学术交流机会满意度	U_{213}		Y_{213}
		工资水平满意度	U_{214}		Y_{214}
5	生活保障 U_{22}	生活福利满意度	U_{221}	很高—优 高 —良 较高—中 较低—差 很低—劣	Y_{221}
		休假情况满意度	U_{222}		Y_{222}
		医疗保健满意度	U_{223}		Y_{223}

注：U 表示指标代号，Y 表示各项指标的得分数值。

专家对第三级指标打分后，分别计算出每一指标得分的平均值，作为该指标的最后得分。根据各级指标的得分数值和权重，得出环境和谐度 Da：

$$Da = [Y_1, Y_2] \cdot [w_1, w_2]^{\mathrm{T}}$$

其中：$Y_1 = [Y_{11}, Y_{12}, Y_{13}] \cdot [w_{11}, w_{12}, w_{13}]^{\mathrm{T}}$

$Y_{11} = [Y_{111}, Y_{112}, Y_{113}, Y_{114}] \cdot [w_{111}, w_{112}, w_{113}, w_{114}]^{\mathrm{T}}$

$Y_{12} = [Y_{121}, Y_{122}, Y_{123}, Y_{124}] \cdot [w_{121}, w_{122}, w_{123}, w_{124}]^{\mathrm{T}}$

$Y_{13} = [Y_{131}, Y_{132}, Y_{133}, Y_{134}] \cdot [w_{131}, w_{132}, w_{133}, w_{134}]^{\mathrm{T}}$

同理可求得 Y_2 ：

$$Y_2 = \begin{bmatrix} Y_{21}, & Y_{22} \end{bmatrix} \cdot \begin{bmatrix} w_{21}, & w_{22} \end{bmatrix}^{\mathrm{T}}$$

式中，$Y_{111} \sim Y_{223}$ 是三级指标的得分数值，$w_{111} \sim w_{223}$ 是三级指标的相应权重，$Y_{11} \sim Y_{22}$ 是二级指标的得分数值，$w_{11} \sim w_{22}$ 是二级指标的相应权重，Y_1、Y_2 是一级指标的得分数值，w_1、w_2 是一级指标的相应权重，a 表示被评价单位。

三、 网络人才培养效益评价实施

本节选取某大学网络空间学院为评价对象，评价其网络人才培养效益，在展示评价过程的同时，验证上述网络人才培养效益评价指标与方法的有效性和准确性。

（一）网络人才培养效益评价对象简介

某大学网络空间学院（以下简称网络学院），是一所集网络人才培养、科学研究、技术开发、工程应用为一体的专业学院，在国内具有一定的知名度。学院创建于 2002 年，在大学合并整合的大背景下，集合原大学相关网络师资力量组建而成。学院发挥人才优化优势，不断发展壮大，为国内外培养了大批优秀的网络技术人才，成为政府机构、科研院所和网络技术企业重要的人才基地和技术研发中心。十八大以来，该院抓住国家大力倡导发展网络空间安全相关学科的重大发展机遇，坚持贯彻"人才为本、创新为要"的方针，大力推进相关学科的技术创新和教学改革，高度重视网络人才队伍培养，不断改善软、硬件环境，综合办学实力明显增强。目前，该院有教职员工 300 余人，从事网络技术研究、教学及辅助工作的人员有 213 人，许多专家、学者在本专业领域造诣很深，科研水平和网络人才培养水平在国内位居先进行列；不仅具有较为完备的本科、硕士、博士等网络人才培养体系，还积极为相关企事业单位进行各种类型的长、短期任职培训；对外开放程度高，积极开展对外学术交流，不仅按照计划安排本院成员到其他高校、科研单位攻读高等教育学术学位，支持成员出国参加学术会议，进行各类访问，还积极邀请国内外著名学者来院进行各种学术交流，鼓励支持成员积极开展学术研究，发表了大量被 SCI、EI 检索的高水准学术论文，同时斩获了大量国家、省部级科技、教学奖项。

（二）网络人才培养效益评价实施

1. 网络人才结构合理度评价

首先，统计网络学院网络人才的职称结构、年龄结构、学历结构、学缘结构4个三级指标；然后，分析职称与年龄结构、职称与学历结构、职称与学缘结构、学历与年龄结构、学历与学缘结构、年龄与学缘结构6项二级指标；最后，根据二级、三级指标的统计分析结果，并对照相关的标准，综合分析得出该学院网络人才队伍的结构合理度。

通过对该网络学院人员有关数据进行统计，网络学院共有网络人才213人，其职称、年龄、学历、学缘有关数据见表7-5。

表7-5　网络人才队伍结构合理度指标实测值

三级指标	具体内容	指标值/个
职称结构	正高级职称	39
	副高级职称	55
	中级职称	62
	初级职称	41
	技术员及相当职务	16
年龄结构	60岁以上	11
	50~60岁	27
	40~50岁	56
	30~40岁	88
	30岁以下	21
学历结构	博士	48
	硕士	68
	本科	34
	专科	32
	大专以下	21
学缘结构	985、211重点大学毕业	83
	本单位毕业	78
	一般院校毕业	29
	留学归国	23

（1）三级指标评价

运用的数学统计方法，该学院网络人才队伍结构各三级指标数据见表7-6。

表7-6　网络人才队伍结构合理度三级指标数据

职称结构	正高职		副高职		中职		初职		初职以下	
	数量	比例	数量	比例	数量	比例	数量	比例	数量	比例
	39	18.3%	55	25.8%	62	29.1%	41	19.3%	16	7.5%
年龄结构	60岁以上		50~60岁		40~50岁		30~40岁		30岁以下	
	数量	比例	数量	比例	数量	比例	数量	比例	数量	比例
	11	5.2%	27	12.3%	56	26.3%	88	41.3%	21	9.9%
学历结构	博士		硕士		本科		专科		大专以下	
	数量	比例	数量	比例	数量	比例	数量	比例	数量	比例
	48	22.4%	68	31.6%	34	16.0%	32	15.1%	21	9.9%
学缘结构	重点院校毕业		本单位毕业		一般院校毕业		留学归国			
	数量	比例	数量	比例	数量	比例	数量	比例		
	83	39.0%	78	36.6%	29	13.6%	23	10.8%		

注：表中"数量"表示符合该条件的人数，"比例"为该类人员占总人数的比例。

（2）二级指标评价

运用数学统计方法，该学院网络人才队伍结构各二级指标数据见表7-7。

表7-7　网络人才队伍结构合理度二级指标数据

	正高职		副高职		中职		初职		初职以下	
	年龄	比例	年龄	比例	年龄	比例	年龄	比例	年龄	比例
职称与年龄结构合理度	60岁以上	2.7%	60岁以上	10.5%	60岁以上		60岁以上		60岁以上	
	50~60岁	10.3%	50~60岁	7.9%	50~60岁	8.2%	50~60岁		50~60岁	
	40~50岁	30.7%	40~50岁	26.3%	40~50岁	37.2%	40~50岁	8.2%	40~50岁	4.2%
	30~40岁	53.2%	30~40岁	50.1%	30~40岁	54.6%	30~40岁	28.3%	30~40岁	22.5%
	30岁以下	3.1%	30岁以下	5.2%	30岁以下		30岁以下	63.5%	30岁以下	73.3%

续表

	博士		硕士		本科		专科		大专以下	
	年龄	比例	年龄	比例	年龄	比例	年龄	比例	年龄	比例
学历与年龄结构合理度	60岁以上		60岁以上		60岁以上	2.2%	60岁以上	57.6%	60岁以上	83.1%
	50~60岁	5.4%	50~60岁	14.5%	50~60岁	8.7%	50~60岁	33.9%	50~60岁	14.9%
	40~50岁	17.6%	40~50岁	22.3%	40~50岁	23.1%	40~50岁	8.5%	40~50岁	2.0%
	30~40岁	33.2%	30~40岁	35.1%	30~40岁	23.2%	30~40岁		30~40岁	
	30岁以下	43.8%	30岁以下	28.1%	30岁以下	32.8%	30岁以下		30岁以下	

	正高职		副高职		中职		初职		初职以下	
	学历	比例	学历	比例	学历	比例	学历	比例	学历	比例
职称与学历结构合理度	博士	24.2%	博士	30.2%	博士	23.1%	博士		博士	
	硕士	42.4%	硕士	48.4%	硕士	61.7%	硕士	9.2%	硕士	
	本科	17.5%	本科	14.1%	本科	12.1%	本科	80.6%	本科	12.2%
	专科	10.5%	专科	8.3%	专科	3.1%	专科	7.0%	专科	87.5%
	大专以下	5.4%	大专以下		大专以下		大专以下		大专以下	

	正高职		副高职		中职		初职		初职以下	
	学缘	比例	学缘	比例	学缘	比例	学缘	比例	学缘	比例
职称与学缘结构合理度	重点院校	50.2%	重点院校	57.1%	重点院校	62.1%	重点院校	10.1%	重点院校	10.1%
	本单位	23.1%	本单位	27.3%	本单位	19.2%	本单位	18.8%	本单位	71.2%
	一般院校	20.1%	一般院校	11.7%	一般院校	17.2%	一般院校	71.1%	一般院校	18.7%
	留学归国	6.6%	留学归国	3.9%	留学归国	1.5%	留学归国		留学归国	

（3）结构合理度参考指标

为了评价某单位网络人才队伍结构合理度，必须设定一个合理度标准作为参照。各类网络人才结构合理度的界定已有大量研究成果，也形成了相对统一的共识。通过比较筛选，本文以高校教学评价中的师资队伍结构比例作为比照模型，对该学院网络人才队伍结构合理度进行分析。比照模型见本章附录1。

比照模型的总体标准可概括为：最佳的职称与年龄配比关系应是正高职和副高职集中分布在40~50岁和30~40岁两个年龄段，初职和中职集中分布在20~30岁和30~40岁两个年龄段，且正高职和初职的比例相对较小，而副高职和中职的比例相对较多。最佳的职称与学历配比关系是正高职和副高职尽量具有研究生以上学历，博士学历更好，中职和初职尽量都是本科以上学历，硕士学历更好。最佳的职称与学缘配比关系是正高职和副高职尽量多的来自其他单位，尤其是985、211等重点高校和留学归国，而允许中职和初职较多出自本单位培养。最佳的学历与年龄配比关系是博士和硕士人员尽量分布在40~50岁和30~40岁这两个年龄段，本科尽量分布在20~30岁和30~40岁这两个年龄段，而大专主要分布在20~30这个年龄段。

（4）网络学院网络人才结构合理度分析。

将表7-6、表7-7中的数据与本章附录1的比照模型进行对照，可得出该网络学院的网络人才队伍结构合理度，如实际评价结果落在理想指标的范围之内或相差很小，则认为网络学院在该项指标上合理度较好，否则认为较差。

①三级指标合理度评价。

通过对照分析可以得出，该学院网络人才职称结构总体较为平均，两头大中间小，高（副高）、初职（以下）职称比例较大（分别是44.1%和26.8%），中职比例较小仅为29.1%（参考值为30%~45%），说明网络学院的高级网络人才实力雄厚、人才素质较高，同时也反映出该院今后面临较严重的职称评任矛盾，评任高职难势必会影响人才队伍的积极性。

该学院网络人才队伍的年龄结构也不太合理，除了50~60岁、40~50岁的比例分别为12.3%、26.3%比较适中外，其他年龄段的比例与标准的比例都存在一定差距，尤其是30~40岁的年轻人较多，为41.3%，30岁以下年轻人又较少，仅为9.9%（参考值为10%~20%）。网络人才的年龄结构以30~50岁的人员为主，占比为79.9%，其中30~40岁的人员占了51.7%，人员年龄结构基本上呈正态分布，结构比较合理。

该学院网络人才队伍的学历结构呈现本科以上硕士以下学历占较大比例的特点，与参考值相比，具有较大差距，其中硕、博比例分别为22.4%、31.6%，总占比为54.0%，两项均与参考值存在较大差距，特别是硕士学历差距较大。而本科以下学历占比相比参考值则太大，占比46.0%。这种情况应该与学院高职年龄较大、辅助人员学历较低有较大关系。表明学历结构存在较大问题，虽然当前该学院具有很强的人才技术实力，但需要加大引进高学历人才力度，改善总体学历结构。

该学院网络人才的学缘结构较为合理。其中重点院校培养、本单位培养、留学归国比例分别为39.0%、36.6%、10.8%，均符合参考值要求，但来自一般院校的人员较小，仅为13.6%，说明学院在人才引进方面较为重视人员毕业学院的办学水平，而轻视一般院校在网路人才培养方面的优势和特长，应该不拘一格引进优秀人才。

②二级指标合理度评价。

通过对照分析可以得出，该学院网络人才队伍的职称与年龄结构合理度一般，正高和副高职的年龄结构尚可，特别是30～40岁人员占比相对较高，呈现出该学院在任用年轻人的力度相对较大，而中职以下的年龄结构较差，总体而言年龄偏大。

该学院网络人才队伍的学历与年龄结构合理度比较好，总体呈现年纪越小，学历越高，占比越高的趋势，虽然当前专科以下的占比仍为9.9%，但这部分人员主要集中在年龄较高的群体，随着时间的推移，相信会自然得到解决。

该学院网络人才队伍的职称与学历结构合理度较好，但是正高职和副高职人员中具有研究生以上学历的比例相对仍较低，正高职66.6%（参考值90%）、副高职78.6%（参考值90%）。

该学院网络人才队伍的职称与学缘结构合理度一般，主要问题来自一般院校和留学归国的比例偏低，尤其是留学归国人员过少，这一方面说明该学院在引入人才方面非常重视综合素质，较为谨慎，另一方面说明该学院在引进归国人员方面仍然存在较大改进空间。从地域环境看，可能与该院所处城市经济不够发达有一定关系，不利于吸引高素质归国人员，这从侧面印证了外部环境对该学院发展的影响作用。

综上所述，该学院网络人才队伍的结构合理度总体尚可，4个指标中2个评为较好，2个评为一般。存在问题是一般院校毕业人员和留学归国人员比例偏低，主要是由于该网络学院较为重视重点院校人才的引进，在引进一般院校和留学人员上具有一定的条件限制；同时，相对而言，年龄较大人员学历较低，但这是历史原因造成的，不需过于看重。但其他问题，如职称与年龄结构不合理、职称与学缘结构不合理等问题，要引起管理层重视，着力加以改善。

2. 网络人才创新效能度评价

网络人才创新效能度体现了该单位的网络人才投入、学科投入、经费投入与其取得的理论成果、科技成果和教学成果增量之间的比值。人才投入主要是国家、省部级高级专家数量及各类职称人员数量。学科投入是网络相关专业、本、硕、博授权点和国家、省部级重点实验室等。经费投入是学院科研经费投入、业务培养专项经费投入、津贴补助经费投入等。成果增量主要包括理论成果、科技成果、教学成果等。理论成果是 Science/Nature 论文、学术期刊论文、被 SCI/SCIE/SSCI 收录论文、国内外出版专著、译著等。科技成果是国家级、省部级科技奖项、公认的知名奖项和课题验收成果。教学成果是国家级、省部级教学成果奖项。培养成果是包括单位新增培养的博士、硕士、学士、培训结业的学员以及新增的正高、副高职等人员。

通过人工采集和数学统计的方法，得到人才创新投入和有关成果增量的数据，对应指标体系结构，得到投入和产出的各指标值。运用第二节设计的投入/产出模型和算法进行运算处理，得到各类数值的量化显示和效益矩阵（见表 7 - 8 所示）。

表 7 - 8　网络学院人才创新效能度评分

二级指标	三级指标	评分
创新投入项	人才投入	315
	学科投入	470
	经费投入	655
创新产出项	理论成果	327
	科技成果	188
	教学成果	1050
	培养成果	1533

表 7 - 8 中各三级指标的评分是通过一定的计算公式计算得到的，例如"人才投入"评分为"315 分"，是网络学院所拥有的两院院士、国家级中青年专家、

政府特殊津贴享受者等高级专家的人数，乘以与其相对应的分值，再汇总求和后得到的值。

根据式（7-1），计算得到网络人才创新效能矩阵（见表7-9所示）。

表7-9　网络人才创新效能矩阵

投入＼产出	理论成果	科技成果	教学成果	培养成果
人才投入	0.5190	0.1989	1.1111	1.2167
学科投入	0.1989	0.1333	1.1170	0.8154
经费投入	0.0995	0.0957	0.2672	1.1702
总计	0.8175	0.4279	2.4953	3.2023

表中矩阵的数值为通过投入/产出模型和算法进行运算处理后的效益度值，数值越大表明效益度越好。如"人才投入"/"教学成果"的投入/产出效益值为1.1111，"人才投入"/"理论成果"的投入/产出效益值为0.1989，"人才投入"/"科技成果"的投入/产出效益值为0.5190，表明现有人才队伍在"教学成果"上产出效益大于在"理论成果""科技成果"上的产出效益。

对评价结果加以分析，可以得出：网络学院在教学成果、培养成果方面投入/产出效益较好，表明现有网络人才队伍在教学研究、人才培养上效益比较高，科研经费、津贴补助经费、专项培养经费的使用效益较高，很好地促进了人才培养和人才队伍自身成长；在理论成果、科技成果方面，都没有达到"1"，反映出投入/产出效益较差。因此，一方面，要保持对人才培养方面的投入，以确保优势领域的高效益；另一方面要改进对理论研究、科技研究等方面的管理方式，切实提高培养效益。

3. 网络人才环境和谐度评价

将"环境和谐度"三级指标转化为调查问卷表，对网络学院网络人员进行无记名问卷调查，有212人参加。发出问卷212份，收回192份，其中有效卷185份，符合调查要求。运用层次分析法进行运算处理，得到各类数值的量化显示和评价结果（见表7-10所示）。

表 7-10　网络人才环境和谐度评分

二级指标	三级指标	具体内容	指标评分
软件环境和谐度	人才规划	人才队伍培养长期计划与执行效果	89
		人才队伍培养短期计划与执行效果情况	77
		人才队伍建设规划及落实情况	75
		设立网络人才培养基金及使用效益	83
	政策制度	国家人才政策的落实情况	76
		单位人才政策的完善情况	82
		政策信息公开及沟通情况	78
		网络人才参与政策制定情况	74
	人文环境	管理层对网络人才队伍培养的重视度	75
		单位内部对网络人才的尊重度	82
		网络人才队伍内部和谐度	84
		单位内部公平度（晋职\晋级\评审\奖惩\项目）	88
硬件环境和谐度	工作保障	办公硬件设施满意度	73
		工作经费保障满意度	85
		学术交流机会满意度	78
		工资水平满意度	69
	生活保障	生活福利满意度	77
		休假情况满意度	85
		医疗保健满意度	72

　　表中"指标得分"是将专家咨询获得的"优、良、中、差、很差"结果通过层次分析法得到的具体评价值，数值越大表明培养效果越好。如"人才队伍培养长期计划与执行效果情况"得 89 分，"人才队伍培养短期计划与执行效果情况"得 77 分，表明前者优于后者，经权重系数一次归并处理后可得各三级指标分值，见表 7-11。

表 7-11　网络人才环境和谐度三级指标加权数值

二级指标	三级指标	指标数值
软件环境	人才规划	84
	政策制度	79
	人文环境	87
硬件环境	工作保障	81
	生活保障	72

对三级指标进行加权处理后，得到二级指标的加权数值，见表7－12。

表7－12　网络人才环境和谐度二级指标加权数值

一级指标	二级指标	指标数值
环境和谐度	软件环境	83
	硬件环境	72

根据上述结果，可以得出：网络学院网络人才环境和谐度得分为78分［（83＋72）／2］，评价结果为良。其中，软件环境的满意度高于硬件环境的满意度。事实上，该学院在网络人才工作保障和生活保障方面确实进行了大量的投入，包括为改善网络人才的办公环境而投入的大量经费；为网络人才参加各类学术活动而投入一定的公务用车；为提高了人均居住面积加快公寓住房建设等。事实证明，一系列具有针对性的改善措施，在提高环境和谐度方面发挥了积极、有效的作用。

本章按照设计的评价指标及相关方法对一所典型的某大学网络学院进行了评价，得到了该院在网络人才队伍结构合理度、创新效能度和环境和谐度上的评价数据，并分析了相关管理工作的优长和不足，得出评价结论，全面、直观、清晰地展现了该院网络人才培养效益现状。同时，验证了本书设计的网络人才培养效益评价指标体系和相关方法的科学性、可行性。

本章附录

附录1　技术院校类单位理想的三级参考指标

职称结构	正高职	副高职	中职	初职	初职以下
	10%～20%	20%～30%	30%～45%	10%～20%	0～5%
年龄结构	60岁以上	50～60岁	40～50岁	30～40岁	30岁以下
	0～5%	10%～20%	20%～30%	30%～40%	10%～20%
学历结构	博士	硕士	本科	专科	大专以下
	＞25%	＞45%	＜30%	＜10%	＜5%
学缘结构	重点大学毕业	本单位毕业	一般院校毕业	留学归国	
	＜60%	＞30%	＞20%	＞10%	

附录2 技术院校类单位理想的二级参考指标

职称与年龄结构合理度	正高职		副高职		中职		初职		初职以下	
	年龄	比例	年龄	比例	年龄	比例	年龄	比例	年龄	比例
	60岁以上	<5%	60岁以上	<5%	60岁以上		60岁以上		60岁以上	
	50~60岁	10%~20%	50~60岁	10%~20%	50~60岁	20%~45%	50~60岁		50~60岁	50%~60%
	40~50岁	30%~50%	40~50岁	20%~40%	40~50岁	15%~30%	40~50岁	<10%	40~50岁	<5%
	30~40岁	15%~30%	30~40岁	30%~45%	30~40岁	20%~45%	30~40岁	<20%	30~40岁	<15%
	30岁以下	<5%	30岁以下	<10%	30岁以下	>30%	30岁以下	>70%	30岁以下	>80%

学历与年龄结构合理度	博士		硕士		本科		专科		大专以下	
	年龄	比例	年龄	比例	年龄	比例	年龄	比例	年龄	比例
	60岁以上	<5%	60岁以上	<15%	60岁以上		60岁以上		60岁以上	
	50~60岁	10%~20%	50~60岁	10%~20%	50~60岁	<10%	50~60岁		50~60岁	
	40~50岁	20%~30%	40~50岁	15%~25%	40~50岁	15~%30%	40~50岁	<5%	40~50岁	
	30~40岁	20%~40%	30~40岁	30%~45%	30~40岁	20%~45%	30~40岁	<15%	30~40岁	<5%
	30岁以下	<20%	30岁以下	<30%	30岁以下	>40%	30岁以下	>80%	30岁以下	>95%

职称与学历结构合理度	正高职		副高职		中职		初职		初职以下	
	学历	比例	学历	比例	学历	比例	学历	比例	学历	比例
	博士	>35%	博士	>30%	博士	>20%	博士		博士	
	硕士	>55%	硕士	>60%	硕士	>50%	硕士	<10%	硕士	
	本科	<20%	本科	<30%	本科	<50%	本科	>70%	本科	<20%
	专科		专科	<5%	专科	<10%	专科	<20%	专科	>80%
	大专以下		大专以下		大专以下	<5%	大专以下	<10%	大专以下	<10%

	正高职		副高职		中职		初职		初职以下	
	学缘	比例	学缘	比例	学缘	比例	学缘	比例	学缘	比例
职称与学缘结构合理度	重点院校	>30%	重点院校	>30%	重点院校	>20%	重点院校	>10%	重点院校	>10%
	本单位	<60%	本单位	<70%	本单位	<80%	本单位	<85%	本单位	<90%
	一般院校	>20%	一般院校	>20%	一般院校	>20%	一般院校	>10%	一般院校	>5%
	留学归国	>10%	留学归国	>10%	留学归国	>5%	留学归国	<5%	留学归国	

第八章　我国网络人才发展方向与趋势

自 1994 年我国接入国际互联网以来至今，我国信息化之路经历了网络建设的重要阶段，未来 20 年网络行业的主要业务将集中在网络系统的维护和网络平台的优化上。如 2016 年 3 月 27 日，赛迪智库发布《2015 中国 IT 行业发展趋势报告》，针对 IT 技术创新、信息消费、信息安全、智能制造、集成电路、智能硬件、新能源和生态圈建设等领域做了趋势发布和分析，其中"互联网＋"、云计算、大数据、物联网和人工智能等最为引人关注。[①] 根据我国现有的互联网发展趋势，未来我国互联网行业最稀缺的技术性人才将集中分布在移动互联、大数据、云服务、网络安全、互联网金融这些领域，而这些领域的网络人才既面临需求缺口巨大的现状，又面临十分难得的发展机遇，这些领域的网络人才将成为今后我国网络人才发展的重要方向。

一、网络安全人才地位高企

自 2015 年国务院出台《国务院关于积极推进"互联网＋"行动的指导意见》以来，"互联网＋"已与各行各业深度融合，成为促进大众创业、万众创新，加快形成经济发展新动能的重要推手。但是，要想让"互联网＋"更安全、更高效、更便捷地为我国经济建设和社会发展服务，就必须高度重视网络安全问题，打造互联网安全长城，而解决这一问题的关键又在于加强网络安全人才的培

① 2015 中国 IT 行业发展趋势及人才需求［EB/OL］.（2015 - 09 - 09）［2016 - 06 - 23］. http：// home. bdqn. cn/thread - 71455 - 1 - 1. html.

养。网络安全在今后国家网络信息化建设中地位作用显著上升，网络安全人才成为今后网络人才发展的重要方向。

（一）严峻复杂网络安全形势催逼

当前，网站作为我国接入国际互联网的主要入口，面临着来自以窃取用户有价值信息、瘫痪目标业务系统、控制大规模设备（或服务器）资源等为主要目标的网络攻击及其威胁。2016 年 3 月 18 日，国家互联网应急中心发布《中国互联网站发展状况及其安全报告（2016）》，报告显示，"2015 年网页仿冒、拒绝服务攻击等已经形成成熟地下产业链的威胁仍然呈现增长趋势，针对中国网站的仿冒页面（URL 链接）191699 个，较 2014 年增长 85.7%，涉及 IP 地址 20488 个，较 2014 年增长 199.4%。网页篡改、网站后门等攻击事件层出不穷，党政机关、科研机构、重要行业单位网站依然是黑客组织攻击特别是 APT 攻击的重点目标。2015 年被植入后门的中国网站数量为 75028 个，较 2014 年增长 86.7%，其中政府网站为 3514 个，较 2014 年增长 130%。其中 3.1 万余个境外 IP 地址通过植入后门对境内 6.0 万余个网站实施远程控制，境外控制端 IP 地址和所控制境内网站数量分别较 2014 年增长 63% 和 82%，而位于美国的 4361 个 IP 地址通过植入后门控制了我国境内 11245 个网站，入侵网站数量居首位。APT28、图拉、方程小组、海莲花等多个具有特殊目的的 APT 攻击黑客组织不断浮出水面，网络空间的博弈愈演愈烈，党政机关、科研院所甚至商业公司都成为重要攻击目标。网站数据泄露风险则成为网站运营管理方需要直面的突出问题，同时也直接成为用户能具体感知的安全事件。"[①] 这些情况表明，网络安全关乎国家安全，在新国家安全观中，经济安全是基础，军事安全是保障，两者不可或缺；网络安全则是保障"互联网＋"经济安全的基础，网络安全在国家政治、经济、军事、社会生活中处于越来越重要的地位。这一问题必须引起社会的高度关注。与这一严峻形势相适应，必须充分认识网络安全人才在国家安全中的重要地位，使其在国家网络安全建设中发挥更大作用。

---

① 中国互联网站发展状况及其安全报告（2016）［EB/OL］.（2016 – 06 – 14）［2016 – 10 – 10］.
http://sanwen8.cn/p/1ddAzxM.html.

（二）网络安全人才巨大需求推动

网络安全是一个十分特殊的领域，从业者需要熟知网络安全的发展脉络、趋势和影响的范围、程度，从老的、静态的威胁到新型的 APT 威胁都需要掌握，而能做到兼具见识广度和技能深度的人才却少之又少。近年来，我国网络安全人才培养虽然取得一定进展，但专业人才缺乏、人才缺口较大的问题仍然很突出，现阶段我国网络安全人才培养远远不能满足网络大国向网络强国转变的需求。在 2016 年 2 月 2 日举行的中国互联网发展基金会网络安全专项基金捐赠仪式上，网信办网络安全协调局局长赵泽良指出，"目前我国网络安全方面人才缺口仍然很大，相关专业每年本科、硕士、博士毕业生之和仅 8000 余人，而我国网民数量近 7 亿人。"[1] 我国网络安全人才缺口达上百万人。[2] 而新加坡，其网民不到 500 万人，却对外声称网络安全人才缺口高达 8 万人。对我们国家来说，我国网络安全人才比例即使只达到新加坡的一半，也至少需要五六百万人。此外，我国不仅网络安全人才总量远远不够，人才结构也远远不能满足快速发展的信息化建设的需要，专业型人才、复合型人才、领军型人才明显短缺。这一现状将严重影响我国网络安全建设，制约我国信息化发展进程。这显然无法满足建设网络强国的海量人才需求。因此，网络安全人才在今后我国互联网建设和发展中地位作用将不断上升，成为今后我国网络人才发展的重要方向与趋势。

（三）网络安全人才培养任务牵引

网络安全人才是网络安全建设的核心资源。网络安全人才培养，不仅是经济社会发展需要重点关注的问题之一，更是一个当下时不我待的最紧迫问题。网络安全人才的数量、质量、结构和作用发挥怎么样，直接关系到网络安全建设水平的高低和保障能力的强弱。十年树木，百年树人。在我国由网络大国向网络强国迈进的过程中，在网络攻击事件每年攀升的背景下，网络空间的较量势必更加激烈胶着，一支政治强、业务精、作风好的强大的网络安全专业队伍是我们建设网

---

① 我国网络安全方面人才缺口很大 ［EB/OL］. （2016 – 02 – 03）［2016 – 10 – 11］. http：//www. zgqxb. com. cn/xwbb/201602/t20160203_ 59448. htm.

② 2015 年我国网络安全行业发展现状及趋势分析 ［EB/OL］. （2015 – 10 – 13）［2016 – 08 – 12］. http：//www. chinabgao. com/freereport/68965. html.

络强国、赢得网络空间竞争优势地位不可或缺的重要力量，必须加强网络安全人才培养，建设网络安全行业的人才梯队，才能及时有效应对网络安全问题。美国早在 2005 年就在 50 多所高等院校成立网络安全保障教育和学术中心，以提高各大学的网络安全人才培养能力。英国政府于 2011 年首次出版《英国网络安全战略》，英国政府还通过了《国家网络安全计划》，5 年投入 8.6 亿英镑专项资金，支持项目开发，提升网络安全能力，激励英国的网络安全市场。① 而我国，网络安全专业教育起步较晚，截至 2014 年，我国 2500 多所高校中开设信息安全专业的只有 103 所，其中博士点、硕士点不到 40 个，每年我国信息安全毕业生培养不到一万名。② 我国 2015 年才将网络安全设为一级学科。目前，我国网络安全、信息对抗、保密管理 3 个专业在全国各高校布点仅 121 个，电子信息类、计算机类等与网络人才培养相关的专业布点也只有 4800 余个③，无法在短期内满足国家"互联网＋"发展对网络安全人才的海量需求。2016 年 3 月，中共中央印发《关于深化人才发展体制机制改革的意见》，在政策、资金、人力、物力上加大对网络安全人才培养的支持，鼓励各高校在思路理念、培养模式、同企业的合作等方面探索出新路径，以快速壮大我国的网络安全人才队伍。此外，四川大学、西安电子科技大学、北京邮电大学、上海交通大学等正在建设国家网络安全人才培养基地，带动一批网络安全学院和学科建设。这些必将有力推动我国网络安全人才培养，提升网络安全人才地位作用。

二、网络技术人才持续走强

国家"十三五"规划明确提出，"加快构建高速、移动、安全、泛在的新一代信息基础设施，推进信息网络技术广泛运用，形成万物互联、人机交互、天地一体的网络空间。"④ 可以说，"互联网＋"时代的到来必将开启信息产业的第三

---

① 由鲜举，田素梅.2014 年《英国网络安全战略》进展和未来计划［J］.中国信息安全，2015（10）：83.
② 2015 年我国网络安全行业发展现状及趋势分析［EB/OL］.（2015 - 10 - 13）［2016 - 10 - 10］.http：//www.chinabgao.com/freereport/68965.html.
③ 网络安全行业人才缺口达百万 安全强国应建设人才梯队［N］.齐鲁晚报，2015 - 10 - 13.
④ 中华人民共和国国民经济和社会发展第十三个五年规划纲要［EB/OL］.（2016 - 03 - 22）［2016 - 09 - 25］.http：//www.yjbys.com/news/424555.html.

次浪潮。而这一切都将基于网络技术的开发和应用，计算机网络技术专业人才将成为支撑"互联网＋"时代的中坚力量。据中华英才网2014年的就业报告显示，我国现有符合新型网络人才要求的技术型人才缺口高达60万人，企业紧急呼吁社会要加紧培养此类人才，以解燃眉之急。① 网络技术人才出现这么大的缺口，从原因来看，一方面，高校培养网络人才的数量和速度不能与社会需求同步增长，网络人才的数量和培养速度滞后于人才需求；另一方面，不少高校培养的网络人才与社会实际需求错位，高校开设的计算机网络技术专业偏重于网络技术基本理论和基础知识的传授，知识更新速度远远落后于技术更新速度，缺乏网络技术应有的实际操作经验和技能锻炼，培养的大部分网络人才掌握的网络技术知识相对陈旧，经验缺乏，实战技术欠缺，很难满足用人单位要求。这种状况将使网络技术人才成为今后网络人才培养和发展的重点方向。

（一）全球网络化与软件研发需要网络人才提供技术支撑

这里的软件研发主要指从事操作系统、开发工具、应用软件等计算机软件的开发工作，要求研发人员要具有计算机软件专业或相关专业的学历或学位，并具有一定的软件开发经验。随着"互联网＋"经济的迅猛发展，越来越多的互联网企业把研发能力作为企事业的核心竞争力加以重视，研发人员的创造力水平成为互联网企业研发能力的重要表现，软件研发成为计算机行业的重要开发领域，软件研发和设计专家成为软件开发业的热门人才。据信息产业部统计，全国90%的企业网络技术人员属于传统网络管理人员，由于技能单一、专业知识更新速度滞后，不能满足企业信息化建设的要求。特别是传统概念的网络管理员、网络工程师由于技能单一、知识面狭窄、更新速度滞后，已经面临被淘汰的危险。随着4G、5G时代来临，国家大力推进"三网融合"，与此同时，伴随电子政务、电子商务和企业信息化的迅猛发展，互联网企业对高素质新型网络技术人才的需求量平均每年增长71.2%，预计今后5年将达到60万~100万人，而现有符合新型网络技术人才要求的专业人员还不足20万人。② 2018年2月，中国互联网络

① 网络技术人才炙手可热 [EB/OL]. (2015－03－04) [2016－09－25]. http：//edu. 163. com/15/
0304/17/ZAJSNF9JH00294MBF. html.

② 计算机网络技术专业人才需求分析报告 [EB/OL]. http：//3y. uu456. com/bp＿ 7xpss48k2142
3gi8fm30＿ 1. html.

信息中心（CNNIC）发布的第 41 次《中国互联网发展状况统计报告》显示，"截至 2017 年 12 月，中国网民规模达 7.72 亿人，全年共计新增网民 4074 万人。互联网普及率为 55.8%，较 2016 年年底提升了 2.6 个百分点。截至 2017 年 12 月，中国手机网民规模达 7.53 亿人，较 2016 年年底增加 5734 万人。网民中使用手机上网人群占比由 2016 年底的 95.1% 提升至 97.5%，网民手机上网比例继续攀升。"① 这么庞大的用户群必然要求相当多的网络人才提供技术支撑。特别是当前计算机网络发展呈现规模大、功能强、变化快三大特征，要保证网络能够正常运行并提供高质量服务，就必须依靠高技能型的网络人才，要求新型网络人才的知识体系和素质结构能全面涵盖网络组织管理和运行维护的各个方面，系统掌握网络系统的实施、维护、管理、安全防护和营运等多方面技能。新型网络技术人才将成为今后人才发展的重要方向。这项职业在未来相当长的时间里，将成为社会上的高技术和高待遇的职业。

（二）网络产业的专业化和规模化需要网络技术人才提供技术服务

信息网络作为战略性新兴产业，不但具备科技和经济发展的战略地位，而且具备涉及面广、影响力大和需求广阔的特征，信息网络的任何技术和产业的创新与发展，都将带动巨大相关产业发展和最终消费的乘数效应。人们对网络信息的依赖也越来越大，包含了网上购物、商业信息服务、广告媒体服务、技术信息咨询与服务等网络信息服务也成为社会上一个重要行业，这一行业涵盖与网络相关的一切领域，与人民群众的生产生活密切相关。如 2008 年以来，互联网开始面向生产服务应用。"互联网＋"即是在这种情况下出现的热词。"互联网＋"即互联网工作，是将互联网与传统行业相结合，达到的一种化腐朽为神奇的效果，比如"互联网＋通信"产生了微信，"互联网＋交通"产生了打车软件，"互联网＋金融"产生了各种"宝宝军团"等，互联网已经融入各行各业。2016 年中国互联网产业发展稳步增长，网络服务能力显著提升，应用服务蓬勃发展，产业整体实力进一步加强。比如，2016 年上半年，各类互联网公共服务类应用均实现用户规模增长，在线教育、网上预约出租车、在线政务服务用户规模均突

---

① 2018 年第 41 次中国互联网发展状况统计报告［N/OL］. 经济日报，（2018－02－02）［2018－06－08］.

破1亿人，多元化、移动化特征明显。① 特别是信息网络技术提供的服务涉及三网融合、物联网、信息安全、云计算等新领域，这些领域未来都是千亿级别的超级市场，拥有海量巨型需求，受这些行业影响，其规模效益也将达到万亿级。可以说，信息网络已经全面深入到社会经济和人民群众生产生活的各个方面，网络技术专业成为一个发展日新月异、渗透到各行各业、与国计民生紧密相连的专业。政府机构、无数企事业单位借助网络开展业务，互联网规模继续扩大，网络商业价值倍增，信息网络产业正面临着更加广阔的发展空间。这将需要大量的网络技术人才为网民提供技术服务。

三、网络金融人才融合发展

金融行业在人类发展过程中是个相对古老的话题，而互联网则是顺应人类社会发展的新兴行业，但是这两个行业却有着天然的共同基因，即他们本质上都是融通，一个是财富的融通，另一个是信息的融通。2014年政府工作报告第一次明确指出了互联网金融在我国正式全面发展，标志着我国互联网金融进入了普及且深入社会经济生活的时代。网络金融人才既是精通网络技术又深谙金融学的复合型人才。在网络与金融的深度融合发展过程中，网络金融人才将迎来融合发展的良好机遇和创新创业平台。

（一）互联网与金融的深度融合是时代发展的大趋势

近年来，互联网技术、信息通信技术不断取得突破，推动互联网与金融快速融合，诸如互联网支付、网络借贷、股权众筹融资、互联网基金销售、互联网保险、互联网信托和互联网消费金融等新的网络金融业务不断攀升，促进了金融创新，提高了金融资源配置效率。2015年7月，中国人民银行等十部门发布《关于促进互联网金融健康发展的指导意见》，在这份意见中，互联网金融被正式界定为："传统金融机构与互联网企业利用互联网技术和信息通信技术实现资金融

① 中国互联网发展状况统计报告（2016年7月）［EB/OL］. http://www.cnnic.net.cn/hlwfzyj/hlwxzbg/hlwtjbg/201608/P020160803367337470363.pdf.

通、支付、投资和信息中介服务的新型金融业务模式。"① 互联网金融对促进广大小微企业发展和扩大就业具有现有金融机构难以替代的积极作用，为大众创业、万众创新打开了方便之门。同时，互联网与金融的深度融合对金融产品、金融业务、金融组织和服务等方面产生的影响更加深刻。如互联网金融类应用在2016年上半年保持增长态势，网上支付、互联网理财用户规模增长率分别为9.3%和12.3%。电子商务应用的快速发展、网上支付厂商不断拓展和丰富线下消费支付场景，以及实施各类打通社交关系链的营销策略，带动非网络支付用户的转化；互联网理财用户规模不断扩大，理财产品的日益增多、产品用户体验的持续提升，带动大众线上理财的习惯逐步养成。平台化、场景化、智能化成为互联网理财发展新方向。② 互联网行业与金融行业的深度融合既是时代发展的大趋势，也是金融行业大发展的新契机。

（二）互联网与金融的深度融合有效集聚网络金融人才

互联网行业与金融行业的融合也是两个行业人才上的融合。在这个融合的网络金融领域中，既懂得金融产品与业务相关知识，又具备互联网思维与技术的优质网络金融人才相对较少。《2016年中国互联网金融人才白皮书》指出，"互联网金融发展迅猛，而与之对应的互联网金融的核心人才资源却不足。人才的供给已跟不上互联网金融扩张的步伐，复合型人才更是'一将难求'。未来，互联网金融企业的竞争更多会体现在对人才的争夺上。"③ 2015年9月15日，由中关村互联网金融研究院与中国人民大学出版社联合主办的以"建设人才保障体系、促进行业健康发展"为主题的"互联网金融人才培养体系建设成果发布会"在北京"互联网金融中心"成功举办。中关村互联网金融研究院执行院长、国培机构董事长刘勇先生在发布会上表示，"按照1997—2009年电子商务从业人员的增长速度来推算，2019年P2P网络借贷从业人员将达56万人，2024年将达234万人，而2014年P2P网络借贷从业人员仅为10万人。按银行系统和小贷公司从业

---

① 关于促进互联网金融健康发展的指导意见［EB/OL］.（2015－07－19）［2016－10－11］. http：//caijing. chinadaily. com. cn/2015－07/19/content_ 21322665. htm.
② 中国互联网发展状况统计报告（2016年7月）［EB/OL］. http：//www. cnnic. net. cn/hlwfzyj/hlwxzbg/hlwtjbg/201608/P020160803367337470363. pdf.
③ 2016年中国互联网金融人才白皮书［EB/OL］.（2016－05－17）［2016－10－11］. http：//mt. sohu. com/20160517/n450042286. shtml.

人员在金融系统中的占比为 53.76% 来估算，2019 年互联网金融从业人员将达104 万人，2024 年将达 435 万人。未来 5～10 年内，中国互联网金融行业人才缺口将达 100 万人以上。"① 随着互联网金融企业数量爆炸式的增长，互联网金融人才紧缺已经成为众多互联网金融企业发展的瓶颈之一，这将为网络金融行业集聚网络金融人才提供发展的良好平台，释放网络金融人才的巨量需求，推动网络金融业务与服务转型升级。

四、网络媒体人才前景广阔

这里的网络媒体人才主要指网络编辑，是指利用相关专业知识及计算机和网络等现代信息技术，从事互联网站内容建设的人员，他们既能从事信息传播时代内容方面的深度、综合、跨学科的信息传播工作，同时也能在新闻传播技术方面从事设计、制作、网络技术等方面的传播技术类工作。依据《国家职业标准网络编辑员》，网络编辑职业分为网络编辑员、助理网络编辑师、网络编辑师和高级网络编辑师四个等级。② 中国互联网协会、国家互联网应急中心联合发布的《中国互联网站发展状况及其安全报告（2016）》显示，截至 2015 年 12 月底，中国网站总量达到 426.7 万余个，同比年度净增长 62 万余个，超过前 5 年中国网站净增量总和。③ 我国拥有网络编辑从业人员多达 300 万人，在未来的 10 年内，网络编辑将呈需求上升趋势，总增长量将超过 26%，比其他各类职位的平均增长量还要高。网络编辑职业的发展，已日益引起业界和相关领域的密切关注。④ 网络媒体人才发展前景十分广阔。

（一）网络媒体人才展现信息传媒力量

新媒体是"相对于书信、电话、广播、电影、黑板报等传统媒体而言，依托

① 刘勇. 互联网金融行业人才缺口将达 100 万 [EB/OL]. (2015 – 09 – 15). http：//finance. sina. com. cn/hy/20150915/183723254059. shtml.
② 网络媒体人才 [EB/OL]. http：//baike. baidu. com/link? url = FUycL2FPf6_TcihU5bNgG06vFXkWz CX3qfD412Ek7SvpQCgtWe7kS9dbLOOSWDcBX_GA1XJmI9TBY17CEXfzx_.
③ 中国互联网站发展状况及其安全报告发布 [EB/OL]. (2016 – 03 – 18) [2016 – 10 – 11]. http：//tech. qq. com/a/20160318/029177. htm.
④ 网络媒体人才 [EB/OL]. http：//baike. baidu. com/link? url = FUycL2FPf6_TcihU5bNgG06vFXk WzCX3qfD412Ek7SvpQCgtWe7kS9dbLOOSWDcBX_GA1XJmI9TBY17CEXfzx_.

于数字技术、互联网技术和移动通信技术等向受众提供信息服务的新兴媒体。"①经过 20 多年快速发展，我国互联网和信息化水平取得了显著成就，网络不仅走入千家万户，而且中国网民数量世界第一，已然成为网络大国。在我国迈向网络强国征程中，新媒体表现出强大的力量，它不仅是信息传播的载体，更是推动经济、政治、文化、社会和生态文明不断发展的重要力量；它不仅成为党和政府的喉舌、社会信息传播的载体，更是公众的舆论阵地和社会监督的哨兵。网络时代条件下，网络媒体人才通过网络信息传播，全方位展现我国"四位一体"建设成就，将在全球互联网展现中国网络传媒力量。

(二) 网络媒体人才建设进一步专业化规范化

网络编辑职业是个新兴的职业。目前的从业人员一般是从传统媒体（如报纸、杂志、电视、电台等）编辑、记者、网站管理员、图文设计等职业中分流出来的，缺乏统一的职业标准与规范，在业务培训、业绩考核及人员使用上具有很多技术困难。同时，由于网络是一个开放的信息平台，网络传播即时化、碎片化、个性化明显，对于网络媒体来说，网络媒体从业人员不仅是信息的传播者，而且也是真实客观信息传播的"把关者"，他们的职业素养、思想道德素质以及法治观念直接影响着信息传播的质量和效能。随着网络媒体在新闻传播领域的发展，加强网络编辑人员专业队伍建设，把网络媒体人才管理纳入标准化、制度化、规范化的轨道，必须进一步规范网络媒体从业人员专业化建设，提升专业化素质，网络媒体人才将迎来一个更加规范和健康发展的良好环境。

---

① 顾永兴，周咏楫.对新媒体环境下培育当代革命军人核心价值观的思考 [J].军队政工理论研究，2012 (4)：60.

主要参考文献

著作类

[1] 马克思恩格斯选集（第三卷）［M］. 北京：人民出版社，2012.

[2] 邓小平. 邓小平文选（第3卷）［M］. 北京：人民出版社，1994.

[3] 辞海编辑委员会. 辞海（1999年版缩印本）［M］. 上海：上海辞书出版社，2000.

[4] 罗洪铁. 人才学原理［M］. 四川：四川人民出版社，2006.

[5] 叶忠海. 人才学基本原理［M］. 北京：蓝天出版社，2005.

[6] 韩庆祥. 建设人才强国的行动纲领［M］. 北京：中共中央党校出版社，2010.

[7] 秦剑军. 知识经济时代的人才强国战略［M］. 北京：中国社会科学出版社，2011.

[8] 吴江等. 建设世界人才强国［M］. 北京：党建读物出版社，2011.

[9] 梁茂信. 美国人才吸引战略与政策史研究［M］. 北京：中国社会科学出版社，2015.

[10] 王辉耀. 国际人才竞争战略［M］. 北京：党建读物出版社，2014.

[11] 戴长征. 发达国家人才流动与配置［M］. 北京：党建读物出版社，2014.

[12] 吴道槐等. 国外高技能人才战略［M］. 北京：党建读物出版社，2014.

[13] 王通讯. 宏观人才学［M］. 人民出版社，1986.

[14] 王通讯. 人才学通论（第二卷）［M］. 北京：中国社会科学出版社，2001.

[15] 刘圣恩，马抗美. 人才学简明教程［M］. 北京：中国政法大学出版社，1987.

[16] 大数据：未来创新、竞争、生产力的指向标，黄林，王正林. 数据挖掘与R实战［M］. 北京：电子工业出版社，2014.

[17] 国家教育发展研究中心. 2006年中国教育绿皮书［M］. 北京：教育科学出版社，2006.

[18] 方德英. 校企合作创新——博弈·演化与对策［M］. 北京：中国经济出版社，2007.

[19] 李明江. 学校管理学［M］. 郑州：河南大学出版社，2008.

[20] 吴军. 浪潮之巅［M］. 北京：电子工业出版社，2011.

[21] 孙小礼，张祖贵. 科学技术与生产力发展概论［M］. 南宁：广西教育出版社，1993.

[22] 郎加明. 创新的奥秘——创造新的世界与金三极思维法［M］. 北京：中国青年出版社，1993.

[23] 严三九. 网络传播概论［M］. 北京：化学工业出版社，2012.

[24] 潘云涛，袁军鹏，马峥. 科技评价理论、方法及实证［M］. 北京：科学技术文献出版社，2008.

[25] 刘新宪，朱道立. 选择与判断—AHP（层次分析法）决策［M］. 上海：上海科学普及出版社，1990.

[26] 孙密文. 人才学［M］. 长春：吉林教育出版社，1990.

[27] 戴尚理，徐永森. 激励原理与方法［M］. 长春：吉林大学出版社，1991.

[28] 王明姬，刘海骅. 组织行为学［M］. 北京：原子能出版社，2009.

[29] 赵恒平，雷卫平. 人才学概论［M］. 武汉：武汉理工大学出版社，2009.

[30] 叶忠海. 叶忠海人才文选（人才科学开发研究）［M］. 北京：高等教育出版社，2009.

[31] A拉契科夫. 科学学［M］. 北京：科学出版社，1984.

[32] 薛永武. 人才开发学［M］. 北京：中国社会科学出版社，2008.

[33] 世界主要国家网络空间发展年度报告（2014）［M］. 北京：国防工业出版社，2015.

学术论文类

[1] 吕欣. 网络空间人才体系涵盖七大方面［J］. 信息安全与通信保密，2014（34）.

[2] 陈代武，彭智朝. 地方本科院校网络工程特色专业建设［J］. 计算机教育，2012（24）.

[3] 曹介南，徐明，蒋宗礼. 网络工程专业方向设置与专业能力构成研究［J］. 中国大学教育，2012（9）.

[4] 余建年. 论企业网络文化的建设［J］. 湖北社会科学，2003（4）.

[5] 徐科等. 如何建设好专家库［J］. 中国政府采购，2007（9）.

[6] 黄青锋. 浅谈学习型企业文化建设［J］. 中国水运，2008（1）.

[7] 王涛等. 学习型公司建设研究［J］. 商业文化，2008（10）.

[8] 张新安. 网络时代的企业文化建设［J］. 理论前沿，2008（15）.

[9] 林捷. 浅论企业人才培养的误区与对策［J］. 河南商业高等专科学校学报，2009（7）.

[10] 胡伟等. 国外职业技能培训与启示［J］. 继续教育研究，2010（2）.

[11] 高年丰. 论职业技能培训与创新能力培养［J］. 现代人才，2013（8）.

[12] 吴军华等. 高校研究院的发展模式、价值及问题［J］. 中国高等教育，2013（24）.

[13] 吕欣. 网络空间人才体系涵盖七大方面［J］. 信息安全与通信保密，2014（5）.

[14] 于世梁. 论习近平建设网络强国的思想［J］. 江西行政学院学报，2015（4）.

[15] 吴菁等. 企业人才培养模式的策略思考［J］. 管理世界，2015（6）.

[16] 张静. "人才结构"理论与高职院校人才培养规格［J］. 科教文汇，2012（10）.

[17] 雷祯孝，蒲克. 应当建立一门"人才学"［J］. 人民教育，1979（7）.

[18] 王慧，沈凤池. 高职计算机网络技术专业人才培养体系的探索与研究［J］. 教育与职业，2008（11）.

[19] 刘建贤. 高层次人才队伍建设要抓好四个重点［J］. 中国人才，2009（1）.

[20] 赵光辉. 信息产业人才结构与产业结构互动研究［J］. 科技与经济，2006（50）.

[21] 张静. "人才结构"理论与高职院校人才培养规格［J］. 科教文汇，2012（10）.

[22] 万征，刘谦，凌传繁. 财经院校网络规划与应用人才培养模式创新［J］. 实验技术与管理，2010（10）.

[23] 张小松. 网络安全人才培养的一种新模式［J］. 实验科学与技术，2008（6）.

[24] 康建辉，宋振华. 高校网络安全人才培养模式研究［J］. 商场现代化，2008（1）.

[25] 曹介南，徐明，蒋宗礼，陈鸣. 网络工程专业方向设置与专业能力构成研究［J］. 中国大学教学，2012（9）.

[26] 九三学社. 关于加快培养网络安全人才的建议［J］. 中国建设信息，2015（7）.

[27] 赵晋琴，彭剑，肖杰，席光伟［J］. 网络应用型人才培养实践教学环境的创新研究，计算机与网络，2015（9）.

[28] 杨金山. 网络应用型创新人才培养实践教学体系的构建［J］. 承德民族师专学报，2011（8）.

[29] 曹介南，徐明，蒋宗礼，陈鸣. 网络工程专业方向设置与专业能力构成研究［J］. 中国大学教学，2012（9）.

[30] 张纯容，施晓秋，吕乐. 面向应用型网络人才培养的实践教学改革初探［J］. 电子科技大学学报：社会科学版，2008（4）.

[31] 罗新安. 人才的能力结构［J］. 人才开发，2013（3）.

[32] 付微，秦书生. 拔尖人才的能力结构探析［J］. 科学与管理，2007（1）.

[33] 张永清. 试论人才的能力结构与测评方法［J］. 江苏科技信息，1996（1）.

[34] 马光，胡星星. 从技术本身的三要素看技术人才的素质结构［J］. 襄樊职业技术学院学报，2008（10）.

[35] 宋大力. 创新型人才素质结构及其培养——以行政管理专业为例［J］. 教育教学论坛，2015（9）.

[36] 朱培栋，郑倩冰，徐明. 网络思维的概念体系与能力培养［J］. 高等教育研究学报，2012（35）.

[37] 吕欣. 网络空间人才体系涵盖七大方面［J］. 信息安全与通信保密，2014（5）.

[38] 顾永兴，周咏樨. 对新媒体环境下培育当代革命军人核心价值观的思考［J］. 军队政工理论研究，2012（4）.

[39] 陈代武，彭智朝. 地方本科院校网络工程特色专业建设［J］. 计算机教育，2012（24）.

[40] 诚格. 美国网络安全人才市场研究 [J]. 信息安全与保密通信, 2015 (3).

[41] 张保明. 美国全方位收罗网络安全人才 [J]. 环球财经, 2012 (9).

[42] 潘志高. 美军网络空间行动战略计划分析 [J]. 国际问题调研, 2011 (12).

[43] 孙宝云. 全球网络部队建设、网络安全人才培养与网络安全教育: 2014 年新动向 [J]. 北京电子科技学院学报, 2015 (3).

[44] 高年丰. 论职业技能培训与创新能力培养 [J]. 现代人才, 2013 (8).

[45] 胡伟等. 国外职业技能培训与启示 [J]. 继续教育研究, 2010 (2).

[46] 吴军华等. 高校研究院的发展模式、价值及问题 [J]. 中国高等教育, 2013 (24).

[47] 王涛等. 学习型公司建设研究 [J]. 商业文化, 2008 (10).

[48] 于世梁. 论习近平建设网络强国的思想 [J]. 江西行政学院学报, 2015 (4).

[49] 吴菁等. 企业人才培养模式的策略思考 [J]. 管理世界, 2015 (6).

[50] 钟龙彪. 优化我国宏观文化人才结构的思考 [J]. 岭南学刊, 2014 (1).

[51] 高田钦. 我国高校对人才结构优化的影响及策略 [J]. 南通大学学报 (教育科学版), 2007 (6).

[52] 祝家贵. 深化以能力为导向的人才培养模式改革 [J]. 中国高等教育, 2015 (12).

[53] 王磊. 人才发展体制机制创新 [J]. 环球市场信息导报 (理论), 2015 (5).

[54] 赵全军, 阎其凯. 人才政策创新: 内涵特点、形式范畴与影响因素 [J]. 中共宁波市委党校学报, 2013 (6).

[55] 武欣. 创新政策: 概念、演进与分类研究综述 [J]. 生产力研究, 2010 (7).

[56] 耿爱生, 董林. 我国社会政策创新研究的主要内容及其趋向 [J]. 改革与开放, 2016 (3).

[57] 许卫华, 王锋正. 环境规制对资源型企业技术创新能力影响的研究——基于两阶段模型视角 [J]. 经济论坛, 2015 (9).

[58] 贺志强, 巨荣峰. 高职院校人才培养模式顶层设计与分类实施的研究与实践——以潍坊职业学院为例 [J]. 职大学报, 2015 (5).

[59] 钱海鹏. 高校规模效益的实施策略 [J]. 江苏科技信息, 2015 (33).

[60] 吴向明. 高校人才培养的长尾理论: 从规模到质量 [J]. 高教与经济, 2008 (3).

[61] 康建辉, 宋振华. 高校网络安全人才培养模式研究 [J]. 商场现代化, 2008 (1).

[62] 王雷. 制药制剂专业校企合作技能人才培养模式可行性研究 [J]. 黑龙江科技信息, 2012 (21).

[63] 李政涛. 图像时代的教育论纲 [J]. 教育理论与实践, 2004 (8).

[64] 肖英, 石立君, 袁波, 谭彬, 曾宪文. 网络研究性学习模式平台的设计与实现 [J]. 井冈山大学学报 (自然科学版), 2012 (11).

［65］袁慧芳. 网络学习环境的内涵、特征及其功能［J］. 广州广播电视大学学报，2006
（12）.

［66］王亚鸽. 基于 php 技术交流平台的设计与实现［J］. 电子科技，2011（24）.

［67］赵欣. 超级计算机能力［J］. 兵器知识，2010（5）.

［68］邬贺铨. 迎接产业互联网时代［J］. 电信技术，2015（1）.

［69］盛伟. 发展个性 激发创造力［J］. 教育纵横，2003（5）.

［70］孙秋柏. 校企协同培养应用型工程人才机制的构建与深化［J］. 现代教育管理，2014
（1）.

［71］由鲜举，田素梅. 2014 年《英国网络安全战略》进展和未来计划［J］. 中国信息安全，
2015（10）.

［72］王锁明. 凝聚社会共识的重要性及路径思考［J］. 人民论坛：中旬刊，2014（4）.

［73］蔡敏，曾路. 人才流动的意义与对策［J］. 石油教育，2005（5）.

［74］熊生杰. 成也孔明，败也孔明——也谈马谡失街亭之过［J］. 文教资料，2012（3）.

［75］网络"神童"创业历程［J］. 科技创业，2001（1）.

［76］李珊. 守住水库还是管好河流——谈领导的人才流动管理观［J］. 领导科学，2005
（2）.

［77］史青戈. 企业人力资源开发中的激励问题研究［J］. 交通企业管理，2007（22）.

［78］陈明，封智勇，余来文. 华为如何有效激励人才［J］. 化工管理，2006（3）.

［79］喻阳. 略论中小企业确立经营战略［J］. 网友世界·云教育，2014（1）.

［80］金顶兵. 英国高等教育评估与质量保障机制：经验与启示［J］. 教育研究，2007（5）.

［81］安然. 本科特色人才培养质量评估多元主体研究——以海洋经贸人才为例［J］. 才智，
2014（17）.

［82］鞠蕊. 网络信息化背景下拔尖创新人才培养探究［J］科技论坛. 2013（23）.

［83］于世梁. 论习近平建设网络强国的思想［J］. 江西行政学院学报，2015（2）.

［84］张晔. 反思中国 IT 人才流失现象［J］. 电子科技，2000（18）.

［85］赵必隆. 人才流失问题研究［J］. 企业家天地旬刊，2014（1）.

［86］王勇. 人才集聚研究综述［J］. 成才之路，2013（24）.

［87］张伟东. 论人力资本的正外部性与公共政策选择［J］. 新学术，2007（3）.

报纸类

［1］习近平. 在网络安全和信息化工作座谈会上的讲话［N］. 人民日报，2016 – 04 – 26.

［2］总体布局统筹各方创新发展 努力把我国建设成为网络强国［N］. 光明日报，2014 –
02 – 28.

［3］国家中长期人才发展规划纲要（2010—2020 年）［N］. 人民日报，2010 - 06 - 07.

［4］习近平纵论互联网［N］. 人民日报（海外版），2015 - 12 - 16.

［5］胡锦涛在中国共产党第十八次全国代表大会上的报告（全文）［N］. 人民日报，2012 - 11 - 08.

［6］互联网业数据分析人才最稀缺［N］. 北京日报，2016 - 02 - 14.

［7］2016 互联网数据分析人才高度稀缺［N］. 国际金融报，2016 - 02 - 21.

［8］章雯. 八类网络人才奇缺（职场分析）［N］. 市场报，2001 - 07 - 08.

［9］郭玉志. 人才合作是成为"中国企业"的重要条件——访 SK 集团大中华区董事长、总裁金泰振［N］. 中国企业报，2008 - 08 - 28.

［10］李清泉. 人才培养必须做好顶层设计［N］. 南方日报，2016 - 02 - 24.

［11］党管人才：管什么？如何管？解读《关于进一步加强党管人才工作的意见》［N］. 新华每日电讯，2012 - 10 - 09.

［12］赵永乐. 党管人才怎么管［N］. 光明日报，2014 - 10 - 04.

［13］仲祖文. 遵循人才成长规律［N］. 人民日报，2014 - 08 - 19.

［14］人民日报评论员. 既要整体推进，也要重点突破——二论准确把握全面深化改革重大关系［N］. 人民日报，2013 - 08 - 08.

［15］郝时远. 应急性研究太多 前瞻性思想太少［N］. 中国社会科学报，2013 - 10 - 09.

［16］互联网助力深化改革，建设网络强国［N］. 光明日报，2015 - 11 - 02.

［17］孔悦. "互联网＋"时代，有什么技能才算人才？［N］. 新京报，2015 - 04 - 27.

［18］赵爱明. 全面改善人才发展环境［N］. 人民日报，2014 - 09 - 10.

［19］潘旭涛，刘家琛，林济源. 中国接入互联网二十年 一根网线改写中国［N］. 人民日报海外版，2014 - 04 - 18.

［20］中共中央关于全面深化改革若干重大问题的决定［N］. 人民日报，2013 - 11 - 16.

［21］孙悦. 建立科学有效的人才评价新机制［N］. 中国青年报，2016 - 03 - 31.

［22］申孟哲. "天河二号"蝉联全球第一［N］人民日报海外版，2013 - 11 - 21.

［23］张峰. 构建适合我国国情的人才安全政策［N］. 中国人事报，2006 - 10 - 23.

［24］王辉耀. 遵循国际人才流动规律引进人才［N］. 中国组织人事报，2014 - 06 - 05.

［25］李晓春. 质量认证——美国高等教育评价体系的典型特征［N］. 中国社会科学报，2015 - 07 - 23.

［26］张长生，白丽. 人才是创新驱动战略关键因素［N］. 南方日报，2014 - 06 - 16.

［27］沈忠浩，崇大海. 从战略高度培养人才是建设网络强国之关键［N］. 中国信息报，2014 - 8 - 19.

［28］曹蓉，邱力生. 人才安全问题与战略应对［EB/OL］. 光明日报，2008 - 06 - 10.

［29］王庆东. 人才安全是强国战略［N］. 环球时报，2003 – 12 – 12.

［30］网络安全行业人才缺口达百万 安全强国应建设人才梯队［N］. 齐鲁晚报，2015 –
10 – 13.

［31］郝时远. 应急性研究太多 前瞻性思想太少［N］. 中国社会科学报，2013 – 10 – 09.

学位论文类

［1］卢姗. 面向知识导航的专家库构建机制研究［D］. 石家庄：河北大学，2015.

［2］李晓春. 语言哲学与俄语主体评价问题［D］. 北京：首都师范大学，2005.

网络引用类

［1］十八大以来习近平关于人才工作话语摘编［EB/OL］. 中国人才网 中国青年网，（2015 –
08 – 07）［2011 – 11 – 13］. http：//agzy. youth. cn/qsnag/zxbd/201508/t20150815_7007
791_1. htm.

［2］网络技术方向人才调查报告［EB/OL］. （2016 – 08 – 23）［2016 – 10 – 11］. http：//
www. docin. com/p – 1715333572. html.

［3］网络技术人才的职业发展［EB/OL］. （2011 – 01 – 13）［2016 – 10 – 11］. http：//
wenku. baidu. com/link？ url = hO4kSUjO3FNx6JJ_5Bc54EJLwTunIanmPGrPAe7nhAs Eouuuelc-
zdKzSGuapSBDSLOFsaBWPQ_KMiV5WdLc5knqu2uihmebGDBTG75pkwRK.

［4］第38次中国互联网发展状况统计报告（2016 年 7 月）［EB/OL］［2016 – 10 – 10］.
http：//www. cnnic. net. cn/hlwfzyj/hlwxzbg/hlwtjbg/201608/P020160803367337470363. pdf.

［5］网络工程师发展前景与发展方向分析［EB/OL］. （2014 – 07 – 26）［2016 – 10 – 10］.
http：//www. myzhidao. com/zczx/4224. html.

［6］互联网法制人才稀缺 复合型人才少［EB/OL］. （2014 – 11 – 22）［2016 – 10 – 10］.
http：//tech. qq. com/a/20141122/024304. htm.

［7］美国掀网络安全培训热，加大投入培养信息安全人才［EB/OL］. （2014 – 03 – 28）
［2016 – 10 – 10］. http：//finance. huanqiu. com/view/2014 – 03/4937883. html.

［8］美国试图培养女性填补网络安全人才缺口［EB/OL］. （2015 – 11 – 25）［2016 – 10 – 10］.
http：//www. pcpop. com/doc/1/1242/1242586. shtml.

［9］美国国土安全部网络人才建设目标解析［EB/OL］. （2013 – 10 – 29）［2016 – 10 – 11］.
http：//www. ccidreport. com/market/article/content/3698/201310/492427. html.

［10］习近平. 把我国从网络大国建设成为网络强国［EB/OL］. （2014 – 02 – 28）［2016 –
10 – 11］. http：//news. xinhuanet. com/info/2014 – 02/28/c_133148804. htm.

[11] 中共中央关于制定国民经济和社会发展第十二个五年规划的建议（全文）[EB/OL]. (2010 – 10 – 28) [2016 – 10 – 11]. http：//www. china. com. cn/policy/txt/2010 – 10/28/content_21216295_5. htm.

[12] 习近平. 改革不可能一蹴而就 须加强顶层设计 [EB/OL]. (2013 – 11 – 14) [2016 – 10 – 11]. http：//finance. sina. com. cn/china/20131114/023917315179. shtml.

[13] 中共中央办公厅. 关于进一步加强党管人才工作的意见 [EB/OL]. (2012 – 09 – 26) [2016 – 10 – 12]. http：//www. law – lib. com/law/law_view. asp? id = 397384.

[14] 中共中央. 关于深化人才发展体制机制改革的意见 [EB/OL]. (2016 – 03 – 21) [2016 – 10 – 12]. http：//news. xinhuanet. com/politics/2016 – 03/21/c_1118398308. htm.

[15] 习近平经济观：技术和人才是网络强国关键 [EB/OL]. (2015 – 12 – 15) [2016 – 10 – 12]. http：//www. liuxuehr. com/news/jiaodianzixun/2015/1215/22445. html.

[16] 推进人才体制机制改革和政策创新 [EB/OL]. (2015 – 12 – 20) [2016 – 10 – 12]. http：//www. qstheory. cn/llqikan/2015 – 12/20/c_1117517963. htm.

[17] 习近平在欧美同学会成立 100 周年庆祝大会上的讲话 [EB/OL]. (2013 – 10 – 21) [2016 – 10 – 12]. http：//www. gov. cn/ldhd/2013 – 10/21/content_2511441. htm.

[18] 上海. 关于深化人才工作体制机制改革促进人才创新创业的实施意见 [EB/OL]. (2015 – 07 – 07) [2016 – 10 – 14]. http：//www. chinajob. gov. cn/InnovateAndServices/content/2015 – 07/07/content_1081097. htm.

[19] 教育部关于印发《教育部 2016 年工作要点》的通知 [EB/OL]. (2016 – 02 – 06) [2016 – 10 – 14]. http：//news. sciencenet. cn/htmlnews/2016/2/338034. shtm.

[20] 国务院关于加快发展现代职业教育的决定（2014 年 5 月）[EB/OL]. (2014 – 06 – 09) [2016 – 10 – 14]. http：//www. srzy. cn/show. asp? id = 512.

[21] 教育部关于推进高等职业教育改革创新引领职业教育科学发展的若干意见 [EB/OL]. (2011 – 09 – 29) [2016 – 10 – 14]. http：//baike. baidu. com/link? url = B – tKZWint-HilQFXLan1Q3HH719IfStO1ATPCxo41DIRdX5WR5haXl8Ro _ jWaYumYdAe5dzuwUMeRBasb NktRuK.

[22] 高技能人才培养体系建设"十一五"规划纲要（2006—2010 年）[EB/OL]. (2008 – 03 – 11) [2016 – 10 – 14]. http：//www. chinatat. com/new/165 _ 167/2009a8a21 _ sync 508315195711289002780. shtml.

[23] 国家留学基金管理委员会. 2016 年创新型人才国际合作培养项目实施办法 [EB/OL]. (2015 – 09 – 24) [2016 – 10 – 14]. http：//www. esrjob. com/boshihouzhaopin/boshihoujiao-dian/2015/0924/23911. html.

[24] 我国网络安全人才发展策略 [EB/OL]. (2015 – 03 – 05) [2016 – 10 – 14]. http：//

www. cismag. net/html/news/2015/0305/17939. html.

[25] 信息产业人才队伍建设中长期规划（2010—2020 年）［EB/OL］.（2013 – 04 – 03）
［2016 – 10 – 14］. http：//www. zjkdj. gov. cn/shownews. asp? newsid = 37124.

[26] 中国科学院积极构建国际合作交流人才计划体系［EB/OL］.（2010 – 01 – 25）［2016 –
10 – 14］. http：//www. chinanews. com/gn/news/2010/01 – 25/2090684. shtml.

[27] 计算机网络技术专业人才需求分析报告［EB/OL］.［2016 – 10 – 14］. http：//3y.
uu456. com/bp_7xpss48k21423gi8fm30_1. html.

[28] 中国互联网发展状况统计报告（2016 年 7 月）［EB/OL］.［2016 – 10 – 14］. http：//
www. cnnic. net. cn/hlwfzyj/hlwxzbg/hlwtjbg/201608/P020160803367337470363. pdf.

[29] 网络工程师发展前景与发展方向分析［EB/OL］.（2014 – 07 – 26）［2016 – 10 – 14］.
http：//www. myzhidao. com/zczx/4224. html.

[30] 关于促进互联网金融健康发展的指导意见［EB/OL］.（2015 – 07 – 19）［2016 – 10 –
14］. http：//caijing. chinadaily. com. cn/2015 – 07/19/content_21322665. htm.

[31] 2016 年中国互联网金融人才白皮书［EB/OL］.（2016 – 05 – 17）［2016 – 10 – 24］.
http：//mt. sohu. com/20160517/n450042286. shtml.

[32] 刘勇. 互联网金融行业人才缺口将达 100 万［EB/OL］.（2015 – 09 – 15）［2016 – 10 –
24］. http：//finance. sina. com. cn/hy/20150915/183723254059. shtml.

[33] 习近平. 创新的事业呼唤创新的人才［EB/OL］.［2016 – 10 – 24］. http：//
news. sohu. com/20160417/n444567770. shtml2016 – 04 – 1710：59：12.

[34] 习近平. 让互联网更好造福国家和人民［EB/OL］.［2016 – 10 – 24］. http：//
news. sohu. com/20160419/n444973511. shtml 2016 – 04 – 19.

[35] 2015 中国 IT 行业发展趋势及人才需求［EB/OL］.（2015 – 09 – 09）［2016 – 10 – 24］.
http：//home. bdqn. cn/thread – 71455 – 1 – 1. html.

[36] 中国互联网站发展状况及其安全报告（2016）［EB/OL］.（2016 – 06 – 14）［2016 –
10 – 24］. http：//sanwen8. cn/p/1ddAzxM. html.

[37] 我国网络安全方面人才缺口很大［EB/OL］.（2016 – 02 – 03）［2016 – 10 – 24］.
http：//www. zgqxb. com. cn/xwbb/201602/t20160203_59448. htm.

[38] 2015 年我国网络安全行业发展现状及趋势分析［EB/OL］.（2015 – 10 – 13）［2016 – 10 –
24］. http：//www. chinabgao. com/freereport/68965. html.

[39] 2015 年我国网络安全行业发展现状及趋势分析［EB/OL］.（2015 – 10 – 13）［2016 –
10 – 24］. http：//www. chinabgao. com/freereport/68965. html.

[40] 常城. 正确对待人才外流问题 高度重视我国的人才安全政策［EB/OL］.［2016 – 10 –
24］. http：//htzl. china. cn/txt/2003 – 03/12/content_5292077. htm.

后 记

网络人才是我国人才资源的重要组成部分。加速网络人才培养，建设网络人才大国、强国，既是我国人力资源管理的重要内容，又是推动实施网络强国战略的关键支撑和重要引领。本书立足网络强国战略对我国人才队伍建设的紧迫现实需求和长远建设要求，比较规范、相对集中地研究了当前我国网络人才培养面临的若干理论和现实问题。

全书提纲由吴一敏拟定，撰写人员如下。第一章：吴一敏、王红英；第二章：司剑岭；第三章：袁付成、张明；第四章：吴一敏；第五章：晁志伟；第六章：田华丽、司剑岭、晁志伟；第七章：朱志；第八章：吴一敏。全书由吴一敏、晁志伟、司剑岭校对统稿，吴一敏修改定稿。

本书在写作过程中，得到了信息工程大学党委、机关的鼎力支持和亲切指导，得到了全校相关学科领域专家的关心帮助，得到了知识产权出版社的大力支持和细致指导，这些支持、指导、关心和帮助，是本书得以顺利出版的重要因素。我们在写作过程中，还参阅、借鉴和吸收了国内外专家、学者的大量著作、论文等研究成果，在此，我们深表感谢！

网络人才的研究刚刚起步。由于我们自身学术水平、专业能力和掌握资料匮乏的限制，书中缺点、谬误之处在所难免，敬请各位专家和广大读者不吝赐教，批评指正。